高超声速飞行器弹道规划与制导

谢　愈　朱建文　张远龙　著

科学出版社

北　京

内 容 简 介

本书系统介绍助推滑翔高超声速飞行器弹道规划与制导理论及方法，重点围绕高超声速飞行器飞行过程中具备的复杂多约束性、强机动性、强不确定性、高动态性等特点，按照助推段、滑翔段和下压段三个飞行阶段展开弹道规划与制导问题研究。

本书可供从事高超声速飞行器总体设计、制导与控制、飞行任务规划等方向研究的科研人员和工程技术人员阅读，也可作为航空宇航科学与技术、控制科学与工程等相关专业研究生的参考用书。

图书在版编目（CIP）数据

高超声速飞行器弹道规划与制导 / 谢愈，朱建文，张远龙著. —北京：科学出版社，2024.1
　　ISBN 978-7-03-076455-3

　　Ⅰ. ①高… 　Ⅱ. ①谢… ②朱… ③张… 　Ⅲ. ①高超音速飞行器-弹道控制 ②高超音速飞行器-弹道导弹-导弹制导 　Ⅳ. ①V47 ②TJ761.3

中国国家版本馆 CIP 数据核字（2023）第 186895 号

责任编辑：张艳芬 / 责任校对：崔向琳
责任印制：师艳茹 / 封面设计：无极书装

科 学 出 版 社 出版
北京东黄城根北街 16 号
邮政编码：100717
http://www.sciencep.com
北京天宇星印刷厂印刷
科学出版社发行　各地新华书店经销

*

2024 年 1 月第　一　版　开本：720×1000　1/16
2024 年 9 月第二次印刷　印张：17
字数：343 000

定价：**140.00 元**
（如有印装质量问题，我社负责调换）

前　言

　　高超声速滑翔飞行器利用大升阻比气动外形，以飞行马赫数超过 5 的速度在 20～100km 高度的临近空间作远距离、无动力高速滑翔飞行，具有飞行速度快、机动能力强、终端精度高等特点，在远程快速精度打击、民用高速运输等领域具有十分广阔的应用前景。近年来，高超声速滑翔飞行技术已取得突破并逐步投入实际军事应用。制导控制系统是高超声速飞行器的"大脑"，而弹道规划是飞行器总体设计、动力学特性分析和制导控制的基础。因此，弹道规划与制导技术是高超声速飞行器的关键技术之一。高超声速飞行器整个飞行过程具有复杂多约束性、强机动性、强不确定性、高动态性的特点，对飞行器弹道规划与制导提出了很大挑战。本书针对上述特点，较为系统地研究高超声速飞行器助推段、滑翔段和下压段全程弹道规划与制导理论与方法。

　　全书共 5 章。第 1 章为绪论，主要概述高超声速飞行器的概念、特点和发展现状，并对各飞行阶段的特点和弹道规划与制导问题进行分析。第 2 章为助推弹道设计与制导方法。针对助推段复杂多约束下弹道优化设计与制导需求，重点研究助推运动建模与制导策略、助推弹道快速生成、助推多约束弹道优化设计及助推多约束制导方法，并研究助推终端能量大范围可调的制导策略和预测校正制导方法。第 3 章为高超声速滑翔弹道优化设计方法。建立滑翔段换极运动模型并进行运动特性分析，进一步研究复杂多约束条件下滑翔弹道优化设计方法，以及考虑强不确定条件下的滑翔弹道优化设计方法，最后从提高突防效果的角度设计对抗条件下摆式滑翔机动策略和机动弹道。第 4 章为高超声速滑翔制导方法。首先对航天飞机经典再入制导方法的特点进行分析，并分别研究复杂约束条件下基于 D-E 剖面的滑翔制导方法和基于三维剖面的滑翔制导方法。最后，针对滑翔飞行过程中的强不确定性问题，重点研究强不确定条件下鲁棒自适应滑翔制导方法。第 5 章为下压弹道设计与制导方法。构建三维耦合相对运动模型，进而研究基于 H_∞ 控制的鲁棒制导方法。此外，设计能够满足终端多种约束并能实现机动飞行的机动弹道，进而通过弹道跟踪实现机动飞行；为进一步增强突防性能并协调机动飞行与高精度制导之间的矛盾，基于三维耦合运动方程建立机动飞行的控制模型，构建突防性能评价准则，利用最优控制提出不同攻防条件下、考虑控制能力约束与终端制导精度的机动策略。

　　本书得到国家自然科学基金项目(92271108、62173336、11902346、61703409、

11502289)的资助。感谢汤国建、陈克俊、郑伟、刘鲁华、陈璟、潘亮等教授在本书相关研究工作中给予的指导与帮助；感谢课题组彭双春、范锦秀、程俊仁、李颖等同事在本书撰写过程中提供的大力支持。

限于作者水平，书中难免存在不妥之处，恳请读者提出宝贵意见。

作　者

2023 年 10 月

目　　录

第1章 绪 论

一般认为,高超声速飞行器的概念最早起源于 20 世纪 40 年代 Sänger 构想的
"银鸟"(Silverbird)飞行器[1,2]。钱学森先生也是高超声速飞行器概念研究先驱之一。
1948 年,钱学森先生提出一种可以完成助推滑翔式洲际机动飞行的高速运输系
统。其飞行弹道被称为钱学森弹道。高超声速飞行技术在民用运输和军事应用领
域均具有十分广阔的应用潜力,受到世界各主要大国的高度重视。目前,高超声
速飞行技术的研究如火如荼,并取得巨大进展。本章对高超声速飞行器基本概念、
主要特点、起源、发展现状等进行介绍,并对助推滑翔高超声速飞行器各飞行阶
段及弹道规划与制导的主要特点进行分析。

1.1 高超声速飞行器概述

1.1.1 高超声速飞行器的概念、特点与意义

1. 基本概念与特点

1) 临近空间及临近空间飞行器

关于临近空间的范围有不同的定义。根据国际航空联合会的定义,临近空间
是指距离地面 23~100km 的空域。目前,人们更趋向于将临近空间的范围定义为
20~100km[3,4],大致包括大气平流层区域、中间层区域和部分电离层区域。临近
空间空域范围示意图如图 1.1.1 所示。在空间资源日益宝贵的今天,临近空间由于
其重要的开发利用价值在国际上引起广泛的关注。随着航空航天技术的发展,人
们开始考虑如何利用临近空间这一宝贵却又相对难以掌控的空间资源。显然,开
发临近空间飞行器是开展临近空间探索的必然途径。临近空间飞行器是指只在或
能在临近空间作长时间、持续飞行的飞行器。临近空间飞行器一般包括超高空气
球、平流层飞艇、超高空无人机、空天飞机、高超声速飞行器等[4]。

2) 高超声速及高超声速飞行器

1945 年,钱学森先生在《论高超声速相似律》中,首次使用 Hypersonic 表示
马赫数大于 5 时的飞行速度,后来该词在世界范围内得到广泛认可。顾名思义,

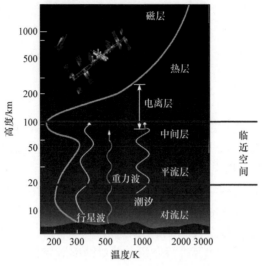

图 1.1.1　临近空间空域范围示意图

高超声速飞行器是指能以 $Ma>5$ 的速度持续飞行的飞行器。广义上讲，传统弹道导弹弹头、卫星、载人飞船等都属于高超声速飞行器的范畴。一般来说，高超声速飞行器特指在临近空间以 $Ma>5$ 的速度持续巡航或滑翔飞行的飞行器。按飞行器是否有动力可分为高超声速巡航飞行器(hypersonic cruise vehicle，HCV)和高超声速滑翔飞行器(hypersonic glide vehicle，HGV)。

高超声速巡航飞行器是依靠发动机(一般为超燃冲压发动机)提供动力，在临近空间以 $5Ma$ 以上的速度进行高超声速巡航飞行的飞行器。因此，高超声速巡航飞行器是一种有动力飞行器，能够在临近空间保持较为稳定的高度和速度飞行。其射程主要取决于发动机推力的大小和工作时间。高超声速巡航飞行器的典型代表包括美国的 X-51A 飞行器(图 1.1.2)和俄罗斯的"锆石"高超声速导弹等(图 1.1.3)。

图 1.1.2　X-51A 飞行器

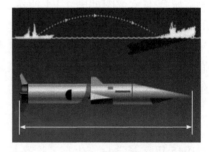

图 1.1.3　"锆石"高超声速导弹概念图

高超声速滑翔飞行器是一种具有大升阻比气动外形的飞行器，通过助推火箭(助推器)发射到一定高度或从天基平台释放后，利用自身特殊的气动外形产生升力，在临近空间作远距离高超声速无动力滑翔飞行，航程可达几千公里，甚至上万公里。由此可见，与高超声速巡航飞行器不同，高超声速滑翔飞行器自身并不携带动力系统，而是依靠助推火箭或从天基平台释放等方式提供初始机械能。由于大气阻力的存在，其飞行速度一般是逐步衰减的，滑翔飞行高度的变化则取决于弹道设计或制导方式。滑翔弹道通常包括平衡滑翔式弹道和跳跃滑翔式弹道两种。

高超声速滑翔飞行器可以通过火箭助推和天基平台释放两种方式提供初始机械能。因此，高超声速滑翔飞行器又可分为天基再入式和助推滑翔式两种。图 1.1.4 给出美国早期提出的一种被称为 CAV(common aero vehicle)的高超声速滑翔飞行器示意图。

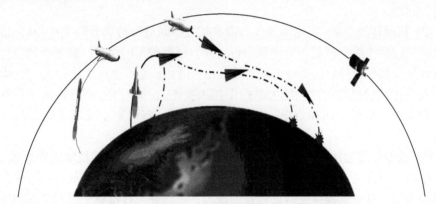

图 1.1.4　天基再入式和助推滑翔式 CAV 示意图

本书研究的对象为助推滑翔高超声速飞行器，主要由助推火箭和滑翔飞行器(也称滑翔体)组成。助推火箭为滑翔飞行器提供初始机械能，利用火箭推力将滑翔飞行器助推到给定的高度和速度，满足姿态角相关约束后释放。滑翔飞行器与助推火箭分离后，利用助推火箭提供的初始能量在临近空间进行远距离高超声速滑翔飞行。在飞行过程中，滑翔飞行器全程进行制导控制，能利用气动控制力实现较大范围的机动变轨。为了描述方便，在不引起概念混淆的情况下，本书将助推滑翔高超声速飞行器简称为高超声速飞行器。

2. 高超声速飞行器的重要意义

1) 军事意义

远程快速精确打击武器是现代战争的先锋和利器。高超声速飞行器作为一种新型武器平台，具有飞行速度快、突防能力强、打击范围广、命中精度高等显著特点，必将成为现代战争的"撒手锏"武器。可以说，谁先掌握了高超声速飞行技术，谁就掌握了未来战场的主动权。因此，以美俄为代表的军事强国不惜投入巨大的人力、物力和财力，争相发展临近空间高超声速飞行技术。概括地说，发展高超声速飞行器的军事意义主要体现在以下方面。

(1) 提升远程快速精确打击能力。高超声速飞行器具备全球远程快速精确打击的能力。据报道,2003 年美国国防部高级研究计划局(Defense Advanced Research Projects Agency,DARPA)和美国空军(United States Air Force,USAF)联合制定了"猎鹰"(Force Application and Launch from the Continental US,FALCON)计划,旨在实现 2 小时内从美国本土把有效载荷精确投送到地球任何地方的长远目标。高超声速飞行器能以最大马赫数超过 20 的速度在临近空间滑翔飞行,并且能够借助气动力实现大范围机动变轨,大大增加传统反导系统预警探测、弹道预报和拦截的难度,有效弥补传统弹道导弹在面对反导系统体系拦截方面面临的突防能力不足的问题。

(2) 拓展作战空域。高超声速飞行器在临近空间进行持续滑翔飞行,从而将远程攻防对抗的作战空域真正延伸到临近空间。根据美军的构想,高超声速飞行器还可以从天基平台释放,实现天基对地打击。例如,美军正在实施的 X-37B 太空驻留和飞行试验已经对这一能力进行了初步验证。由此可见,高超声速飞行器具备实现太空、临近空间和空中一体化打击的能力,将对防空反导系统提出巨大挑战。

(3) 改变作战运用方式。高科技武器装备的使用往往遵从"技术决定战术"的基本原则。简言之,武器系统的技术特点能够决定武器系统的作战运用方式。高超声速飞行器具备全程可控的远程打击能力,可以在飞行过程中进行全程制导和控制,理论上具备在线任务规划、决策和调整打击目标的能力。可以预见,随着军事智能技术的发展,高超声速飞行器与人工智能技术结合[5],远程自主快速精确打击将可能成为现实。

2) 民用价值

在民用方面,高超声速飞行技术同样具有广阔的应用前景。一方面,高超声速飞行技术为实现低成本可重复的跨大气层飞行和天地往返提供支撑。美国航天飞机可以说是高超声速飞行器商业应用的一个成功案例。航天飞机为美国空间站货物及人员运输、开展科研试验等发挥了巨大的作用,带来巨大的经济和社会效益,但是受发射和维护费用远超预期,以及多次严重事故等影响,服役近 30 年的航天飞机已经全部退役。为此,美国自 20 世纪 90 年代开始研究第二代可重复使用飞行器(reusable launch vehicle,RLV)技术,研发了 X-33、X-34、X-37(B)等系列技术验证机,并开展了大量飞行试验。另一方面,高超声速飞行技术在实现全球洲际快速航行方面提供了可能。可以预见,随着高超声速飞行器技术的成熟及成本的降低,钱学森先生构想的洲际高超声速运输系统在将来很有可能成为现实。此外,高超声速飞行技术还将直接或间接为火星着陆、飞船返回再入等方面提供技术支持。

1.1.2　高超声速飞行器的起源与发展现状

1. 起源

20 世纪 40 年代，Sänger 设想的"银鸟"助推滑翔式飞行器一般被认为是助推滑翔高超声速飞行器的起源。受军事需求的牵引，Sänger 牵头开展了高超声速滑翔飞行器技术的长期研究，并于 1944 年发表了名为 *A rocket drive for long range bombers* 的长篇报告，系统阐述了这种远程高超声速滑翔飞行器的飞行原理、推进系统、几何外形、任务剖面、导航方案、发射方式和作战模式等。此外，钱学森先生也是高超声速滑翔飞行器概念研究的先驱之一。1945 年，钱学森先生首次公开提出高超声速的概念。1948 年，钱学森先生提出一种可以完成助推滑翔式洲际机动飞行的高速运输系统。

从飞行弹道的角度看，Sänger 弹道和钱学森弹道虽然都是利用飞行器的大升阻比气动外形在临近空间进行远距离滑翔飞行，但两者的弹道形式具有较大的区别。如图 1.1.5 所示，Sänger 弹道是一种助推-跳跃滑翔式飞行弹道。飞行器通过助推火箭送入亚轨道高度后，沿着大气层边缘跳跃滑翔飞行。钱学森弹道是一种助推滑翔弹道，其在临近空间飞行过程中起伏很小，以一种近似平飞的弹道滑翔。依据钱学森先生的设想，飞行器的平均飞行速度可达 12000km/h。在火箭发动机关机后，飞行器沿着一条椭圆轨道继续升高至 300km，然后再入大气层，依靠气动升力实现远距离滑翔[6-8]。目前，关于高超声速滑翔飞行器弹道规划的研究基本上都是基于 Sänger 弹道或钱学森弹道开展的。

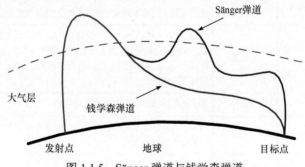

图 1.1.5　Sänger 弹道与钱学森弹道

第二次世界大战结束后，美国和苏联分别开展了自己的高超声速滑翔飞行器技术研究。苏联在 20 世纪四五十年代对"银鸟"飞行器进行了大量的风洞试验，积累了丰富的试验数据，并且在 60 年代中期设计了滑翔飞行器 MiG-105[9]。虽然 MiG-105 最终只研究出原型机，但为高超声速滑翔飞行器技术奠定了坚实的基础。此后，苏联/俄罗斯又陆续开展了"暴风雪"号航天飞机、"快船"号新一代可重复使用载人航天飞行器、"鹰-31"高超声速飞行器、"针"式滑翔机动弹头等项目的研究。美国以 Sänger 的"银鸟"飞行器为基础，从 20 世纪 40 年代末开始进行了一系列高超声速飞行器技术研究，其中比较有代表性的研究计划有 BOMI (Bomber-Missile)[10]、Dyna-Soar[11]、Alpha Draco[12]、助推滑翔再入飞行器(boost glide reentry vehicle，BGRV)[13]、HGV[14]、CAV[15]等。

2. 发展现状

美国和俄罗斯在高超声速飞行器方面开展了大量研究。特别是，美国启动了一系列研究计划，并开展了相关技术验证试验，而俄罗斯称已经率先装备部署了高超声速武器。

1) 美国

美国在高超声速滑翔飞行技术研究与演示验证方面陆续开展了大量工作。美国助推滑翔武器研制项目如表 1.1.1 所示。

表 1.1.1　美国助推滑翔武器研制项目[16]

序号	项目名称	启动时间	概况
1	Alpha Draco	1958 年	首飞试验成功，射程 386km
2	HGV	1987 年	战略核导弹，射程 15000km
3	CAV	1996 年	90min 内可对全球多目标进行精确实时打击，后合并为 FALCON 计划
4	Hypersoar	1998 年	在大气层边缘进行跳跃飞行，可以在 2h 内将武器投放到地球表面的任何位置，跳跃周期在"波谷"时，其吸气式发动机可短暂点火
5	HTV-2	2003 年	HTV-2 是 FALCON 计划唯一的保留项目，助推爬升至亚轨道空间后，与助推火箭分离，进入受控再入滑翔飞行阶段。其再入飞行马赫数可达 20 以上。HTV-2 已经进行了两次试验(HTV-2a 和 HTV-2b)，均以失败告终
6	CSM	2006 年	基于陆基弹道导弹发展助推滑翔武器
7	AHW	2006 年	2011 年 11 月首飞试验取得成功，2014 年 8 月第二次试飞时由于火箭发动机故障而失败
8	ArcLight	2010 年	30min 内飞行 3700km，获得 2 年经费后停止
9	CHR	2013 年	设计制造并验证战术级助推滑翔高超声速飞行器
10	TBG	2014 年	战术助推滑翔项目，主要验证战术级射程高超声速助推滑翔系统的关键技术，目标是在 HTV-2 的基础上发展空射或舰上垂直发射的战术武器，以实现在 10min 内飞行 1800km 的目标

20 世纪 90 年代以来，美国在高超声速滑翔飞行器研究方面最重要的研究计

划包括 RLV、FALCON[17]、先进高超声速武器(advanced hypersonic weapon，AHW)、战术助推滑翔(tactical boost glide，TBG)等。

(1) RLV 项目。

RLV 是美国为了降低发射成本、缩短发射准备时间、提高可靠性提出的可重复使用飞行器的统称。RLV 的种类较多，但是大多数飞行器返回再入过程均采用无动力滑翔再入模式，因此这些 RLV 也可以纳入高超声速滑翔飞行器的范畴。

航天飞机是第一代 RLV，属于部分 RLV。美国于 1946 年成立第一个高速飞行研究所，开始载人高速飞行器相关研究。1957 年，美国国家航空航天局(National Aeronautics and Space Administration，NASA)将几项高超声速飞行器研究计划合并为 Dyna-Soar 研究计划，研究一种依靠大气反弹、可绕地球滑翔飞行的空天飞机。这种空天飞机可看作航天飞机的雏形。1963 年，NASA 又联合 USAF 研究和测试再入大气层飞行器技术。这些前期的研究工作为美国航天飞机的研制奠定了坚实的基础。1969 年 2 月，NASA 正式开始航天飞机概念研究，次年 6 月进入方案研究。1981 年 4 月，美国第一架航天飞机"哥伦比亚号"实现首飞，开创了 RLV 时代。2010 年初，NASA 正式决定将日渐老化的第一代航天飞机全部退役。在服役的 30 年内，美国航天飞机往返于天地之间，执行人员输送、空间站维修补给、在轨释放卫星等空间设施维护与太空科研工作。航天飞机采用的技术在航天领域(如飞行控制系统、气动外形设计、电传系统、热防护系统等)仍然是领先、实用和可靠的。航天飞机的成功运营开创了 RLV 时代，为研究下一代完全 RLV 奠定了坚实的基础。

尽管航天飞机的运营很成功，但是其发射和维护费用大大超出预期，可靠性也远没有达到人们对它的期望。因此，美国 20 世纪 90 年代开始研究第二代 RLV 技术，并研制了一系列试验飞行器。由洛克希德·马丁公司负责研制和生产的 X-33 (图 1.1.6(a))是 NASA 下一代空间运载技术的一个演示平台，用于测试单级入轨、RLV 所需要的一系列技术。X-34(图 1.1.6(b))是 NASA 的另一个第二代 RLV 关键技术演示平台，它是由轨道科学公司(Orbital Sciences Corporation)研制的小型 RLV 技术验证机。目前，美国虽然已不再资助 X-33 和 X-34 项目，但是通过这两个研究项目，对新一代 RLV 关键技术进行大量研究和试验，为后续 RLV 研究奠定了基础。X-37(图 1.1.6(c))是一种轨道与再入环境技术验证机。X-37 的研究始于 1999 年，最初是 NASA 与波音公司签订的合同项目，其目标是进行轨道飞行试验，并验证先进再入技术，通过新技术的运用降低航天成本。2001 年，X-37 的一种小尺寸测试飞行器 X-40A(图 1.1.6(d))进行了多次无动力投放试验，对相关技术进行验证。2004 年，该项目被 USAF 接手，发展出 X-37B 轨道试验飞行器(orbital test vehicle，OTV)。2006 年，X-37B 先后进行三次无动力投放自由滑翔飞行试验。2010 年 4 月，第一架 X-37B 由宇宙神(Atlas)火箭发射入轨，演示验证可重复使用空间飞行器的 20 多项重大技术，在轨运行 220 多天，共进行 5 次大的机动变轨。2011 年 3 月，第 2 架 X-37B 发射进入轨道运行，并于 2012 年 6 月安全返回，进一步验证了太空持久驻留技术、自动再入大气层和着陆能力等。

(a) X-33 飞行器

(b) X-34 飞行器

(c) X-37 飞行器

(d) X-40A 飞行器

图 1.1.6　美国 X 系列飞行器

(2) FALCON 计划。

1996 年，美国空军航天司令部(Air Force Space Command，AFSPC)对军用航天飞机概念进行论证时，提出 CAV 的概念[18]。CAV 是一种基于本土的、能远程精确打击敌方目标而不需要海外部署兵力的一种武器运输系统[19]。具体来说，CAV 是一种可以携带多种有效载荷的武器运输系统，通过搭载在合适的运载器上发射至空间，可以在轨道上驻留并在需要的时候再入返回，也可采用助推-再入模式返回。CAV 在再入过程中的速度逐渐降低，并释放载荷[18]。

文献[15]介绍了两种典型的 CAV 模型，一种是波音公司提出的低性能 CAV(low performance CAV，CAV-L)，其升阻比范围为 2.0～2.5；另一种是洛克希德·马丁公司提出的高性能 CAV(high performance CAV，CAV-H)，升阻比范围为 3.5～5.0。CAV-L 和 CAV-H 的外形如图 1.1.7 所示。

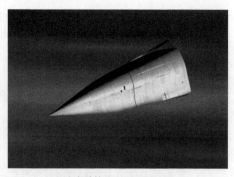

(a) 波音公司的CAV-L   (b) 洛克希德·马丁公司的CAV-H

图 1.1.7   CAV-L 和 CAV-H 的外形

2003 年 6 月，DARPA 和 USAF 将 CAV 飞行器和 Hypersoar 飞行器两项研究项目合并，联合制定 FALCON 计划。FALCON 计划的短期目标是，在 2010 年前使采用小型运载火箭(small launch vehicle，SLV)发射的 CAV 具备 5000km 射程的初步作战能力。FALCON 计划的长远目标是，在 2 小时内，从美国本土把有效载荷精确投送到地球上的任何地方。FALCON 计划的核心内容包括两个方面，即尽快研制快速、机动、廉价的小型运载火箭；持续发展高超声速武器系统(hypersonic weapon system，HWS)技术，具体包括 CAV、ECAV 等一次性使用的远程精确打击武器和可重复使用的高超声速巡航飞行器。

2004 年 10 月，美国决定将 FALCON 计划限制为非武器的技术验证计划，但最终目的是为近太空高超声速实用武器系统进行技术储备。受此影响，CAV 更名为高超声速技术验证飞行器(hypersonic technology vehicle，HTV)，计划重点研制和试验三架 HTV，即 HTV-1、HTV-2 和 HTV-3，如图 1.1.8 所示[19]。HTV-1 方案因复合材料的制造技术问题而被撤销；HTV-3 由于预算过高等原因也被取消。因此，美国重点研制 HTV-2，并已进行两次试飞试验。

2010 年 4 月，HTV-2 从美国范登堡空军基地发射升空，进行首次飞行试验，但试验仅取得部分成功。飞行器在飞行约 9min 后与遥测站失去联系，没有完成预定的全程试验。事后分析认为，偏航角超出偏差控制范围，耦合到横滚，超出自动飞行控制系统的控制能力。在分析第一次试验失败原因并对飞行器进行相应改正后，2011 年 8 月，美国进行第二架 HTV-2 的飞行试验，主要验证飞行器操纵性，以及高超声速长时间飞行技术，但飞行器在升空后飞行不久再次失去联系。主要失败原因是，过高的飞行速度使得飞行器外壳难以承受高温，导致飞行器大部分外壳损毁，机身出现较大裂缝，进而使飞行器剧烈颠簸而坠毁。虽然 HTV-2 两次试飞试验均以失败告终，但美国从飞行试验中获得大量数据，发现诸多地面试验未发现的问题。

指标	HTV-1	HTV-2	HTV-3
图片			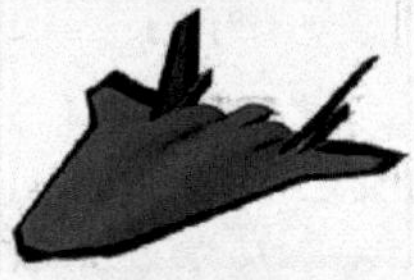
长度/m	3.44	4.05	4.33
升阻比	2~2.5	3.5~4	4~5
试验马赫数Ma	10	>20	巡航6
试验时间	800秒	30分钟	
试验射程/km		7590	
滑翔/km		5740	
项目进展	项目已撤销	2010年4月22日首飞	项目已撤销

图 1.1.8　HTV 系列飞行器[19]

(3) AHW 项目。

在 FALCON 计划执行的同时,隶属于美国陆军的航天与导弹防御司令部,以及战略司令部于 2006 年又联合提出 AHW 项目。AHW 项目旨在开发一种小升阻比构型,战役、战术射程范围的 HWS,以加强美军常规快速精确打击能力。2008年,该项目被美国国防部列为常规快速全球打击(conventional prompt global strike, CPGS)战略的重点建设方案。

AHW 由一枚三级火箭助推发射升空,其中第一级和第二级使用的是已经退役的北极星 A3 火箭,第三级为 Orbus 1A 火箭。AHW 由高超声速滑翔体(hypersonic glide body,HGB)和战略目标系统(strategic target system,STARS)运载火箭组成。如图 1.1.9 所示,HGB 采用旋成体外形,主体分为前端尖锥和尾部平截头体,尾部 4 片大后掠角小翼展三角翼呈 X 形对称布置。HGB 长约 3.5m,结构质量约 430kg,可携带最大载荷为 408kg。该系统被设计成可在 35min 内飞行 6000km,末段攻击飞行马赫数可达到 4,命中精度在 10m 之内。

AHW 第一次飞行试验轨迹如图 1.1.10 所示。与助推火箭分离后,滑翔体以极高的速度成功飞行半小时,并命中设置在 3700km 外里根试验场的预定目标。这次试飞的目的是考核三项核心技术,即空气动力技术,导航、制导与控制技术,以及热防护技术。

图 1.1.9　AHW 飞行示意图

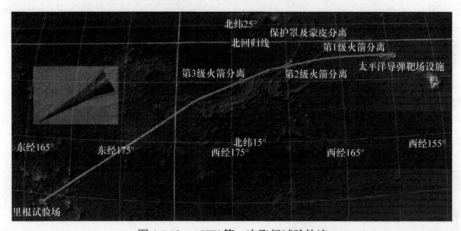

图 1.1.10　AHW 第一次飞行试验轨迹

　　2014 年 8 月 25 日，美国陆军在阿拉斯加科迪亚克发射场进行 AHW 第二次飞行试验，试飞射程原预定为 6300km，但在起飞 4s 后因发射台故障，飞行器出现异常，研究人员启动弹上自毁装置。

　　(4) TBG 项目。

　　2014 年 3 月 26 日，DARPA 联合空军研究实验室(Air Force Research Laboratory，AFRL)提出两个新高速打击武器项目，即 TBG 项目与高超声速吸气式武器概念(Hypersonic Air-breathing Weapon Concept，HAWC)项目。两项目分别为 HTV-2 和 X-51A 飞行器的继承与发展，主要差异在于新项目致力于研制高超声速导弹武器的验证机，并完成相关战术环境下的试飞，标志着美国战术级高超声速导弹技术已进入武器化的研发阶段。

　　相对于 HTV-2，TBG 的尺寸存在同比例的缩小，以使其能够通过空基与海基等多种平台发射。其不同点在于，HTV-2 重点验证适应于远程飞行的高升阻比气动外形，而 TBG 项目旨在发展和演示验证战术级高超声速助推滑翔系统所需的技术，主要包括热结构与热防护技术、高性能材料开发与制造技术、鲁棒自适应制导导航与控制技术、先进的飞行试验与测试技术、高速导引头技术等。项目研究的目标是最大飞行马赫数为 9~10、射程范围为 1000~2000km、能够进行空基和海基发射的战术级高超声速导弹。2016 年 9 月 19 日，DARPA 授权洛克希德·马丁公司为 TBG 项目研制战术级高超声速助推滑翔导弹演示验证原型机。

　　综上所述，由 DARPA 新启动的 FALCON、HAWC、TBG，以及 AHW 项目可以看出，美国的高超声速项目武器化特征非常明显，并由战略级与战术级武器构成，将通过陆基、海基、空基等多种平台发射。

　　2) 俄罗斯

　　20 世纪 60 年代中期，苏联 Mikoyan 设计局开展了滑翔飞行器 MiG-105 的研究，并进行了数次高空投放飞行试验，积累了丰富的试验数据，为助推滑翔高超声速飞行器的后继研究打下了基础。

　　1983 年，苏联提出一种可以携带"滑翔有翼再入飞行器"的洲际弹道导弹项目，即"信天翁"项目。项目中，助推火箭为 SS-19("匕首")导弹，滑翔飞行器被称为 Yu-70。1990 年 2 月，苏联进行首飞试验，但是 Yu-70 未能与助推火箭分离。

　　在 2003 年的莫斯科航展上，俄罗斯公开了基于 SS-25 与高超声速试验飞行器 GLL-VK 的飞行方案，即 SS-25 在助推段后期压低飞行高度，在与 SS-25 助推火箭分离之后，GLL-VK 在约 33km 高度进行超远距离的高超声速跳跃飞行。GLL-VK 飞行器模型如图 1.1.11 所示。

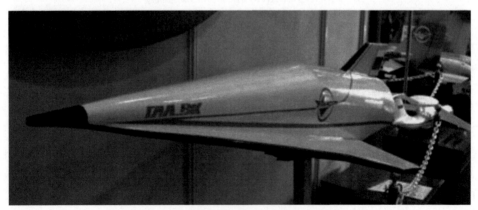

图 1.1.11　俄罗斯 GLL-VK 飞行器模型

2007 年，俄罗斯军方重启了滑翔飞行器项目，并进行关键技术的改造和升级。据有关报道称，重启后的项目代号为"4202"，新研制的滑翔飞行器仍采用 SS-19 洲际弹道导弹进行助推，滑翔高度为 250～300km，最高飞行马赫数有可能超过 20，可从陆地或海上平台进行发射，代号为 Yu-71。俄罗斯称 Yu-71 将搭配圆概率误差(circular error probable，CEP)为 2～6m 的自主制导系统导引头，可按照需要装备核弹头和常规弹头，预计 2025 年前后具备一定的作战能力。从公开报道推测，俄罗斯在 2011～2016 年至少已经进行了 6 次高超声速飞行器试验。

2018 年 3 月，俄罗斯披露了其在研的高超声速滑翔导弹——"先锋"(Avangard)。"先锋"高超声速滑翔飞行器概念图如图 1.1.12 所示。

图 1.1.12 "先锋"高超声速滑翔飞行器概念图

据称，"先锋"来源于"4202"项目的研究成果，弹头编号为 15Yu71。据推测，15Yu71 弹头部分长度约为 5.4m，高于美国之前试验的 HTV-2(3.6m)，可携带 15～100 万吨 TNT 当量的核战斗部，或者常规战斗部。在俄罗斯官方公布的"先锋"飞行模拟动画视频中(图 1.1.13)，其可以实时接收外部卫星信息，并进行飞行弹道的重规划，有效避开禁飞区和敌方防御系统，具有较强的机动性能。据俄罗斯国防部透露，"先锋"已经签署生产，新型洲际弹道导弹 RS-28 研制成功后将替换原先的 SS-19 助推火箭。此外，俄罗斯国防部表示，"先锋"已在 2018 年底前交付部队，2019 年开始正式服役。

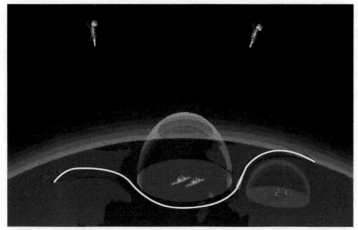

图 1.1.13　"先锋"飞行模拟动画视频截图

1.2　高超声速飞行器弹道规划与制导概述

1.2.1　飞行阶段划分

根据高超声速飞行器飞行特性的不同，可以将整个飞行过程划分为助推段、滑翔段、下压段三个主要飞行阶段。需要说明的是，部分文献也将助推段称为主动段，下压段称为俯冲段或末段。另外，也有部分文献将滑翔段中的再入段(或称初始下降段)作为一个单独的飞行阶段加以考虑，将整个飞行阶段划分为助推段、再入段、滑翔段和下压段四个阶段。考虑再入段与滑翔段在力学特性方面并无本质区别，并且在弹道设计和制导方法研究上可以一并考虑，因此我们将再入段视为滑翔段的一部分加以考虑。以 DARPA 发布的 HTV-2 飞行过程为例，其主要飞行阶段划分示意图如图 1.2.1 所示。

1.2.2　各阶段飞行特性

1. 助推段

助推段是助推滑翔高超声速飞行器第一个飞行阶段。飞行器通常采用垂直发射方案，在助推火箭推力作用下到达指定高度和速度，满足到达目标所需的机械能。助推段一般采用多级助推的方案，并根据需要采用级间无动力滑翔。由于高超声速飞行器在临近空间飞行，弹道最高点高度较低，因此高超声速飞行器助推段一般采取快速转弯，这与传统弹道导弹相比是有显著差异的。如图 1.2.2 所示，与传统弹道导弹相比，高超声速飞行器助推段弹道高度更低(一般小于 100km)，射程更远，弹道也更平缓。这意味着，高超声速飞行器助推段大气层内转弯更快，对相关约束条件要求也更高。此外，还需要考虑满足滑翔飞行器释放所需的姿态条件。

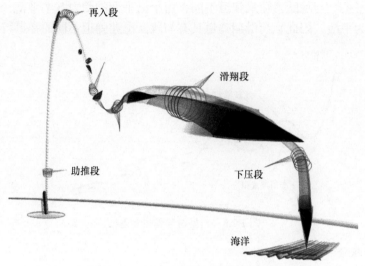

图 1.2.1 HTV-2 飞行阶段划分示意图

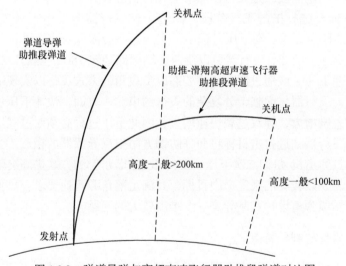

图 1.2.2 弹道导弹与高超声速飞行器助推段弹道对比图

2. 滑翔段

滑翔段是高超声速飞行器的主要飞行阶段。如图 1.2.3 所示，根据弹道特性的不同，高超声速飞行器的弹道一般又可分为跳跃滑翔式弹道和平衡滑翔式弹道两种。飞行器具有较大升阻比时，受大气地球径向梯度快速变化的影响，结合动能、势能和升力的共同作用，形成独特的逐渐衰减的跳跃滑翔式弹道。平衡滑翔是指在大气层内进行无动力滑翔飞行的过程中，飞行器所受的升力纵平面分量和重力达到基本平衡。与跳跃滑翔式弹道不同，由于纵平面的受力基本平衡，平衡滑翔式弹道较为平缓，因此平衡滑翔弹道具有与跳跃滑翔弹道不同的弹道特性。

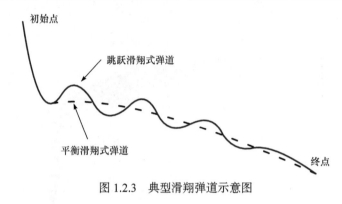

初始点

跳跃滑翔式弹道

平衡滑翔式弹道

终点

图 1.2.3　典型滑翔弹道示意图

3. 下压段

下压段也称俯冲段，是飞行器从滑翔飞行状态转为下压飞行状态并完成精确着陆或对目标实施打击的飞行阶段。高超声速飞行器多采用倾侧转弯(bank to turn，BTT)的控制方式。在下压过程中，飞行器一般需要对姿态进行调整，以满足下压飞行需求。例如，飞行器可以绕速度轴倾侧翻转180°，然后以机腹朝上的姿态进行快速下压，或通过调整俯仰姿态以负攻角的方式飞行以实现下压。下压飞行过程中，飞行器将面临十分复杂的飞行约束。一方面，快速下压过程中大气密度将随之急剧增大，导致过载快速增大，因此下压过程必须对过载进行约束。另一方面，飞行器临近打击目标将面临防御方防空反导武器的拦截。为此，下压段通常可通过弹道机动(如二次下压、侧向 S 型机动等)的方式提高突防能力。同时，飞行器需要以较高的精度命中目标，并满足落角和落速要求。可见，高超声速飞行器下压段弹道设计和制导是一个难度较大的问题。

1.2.3　弹道规划与制导特点

飞行动力学是高超声速飞行器弹道规划与制导研究的基础。飞行动力学也称飞行力学，是研究飞行器运动规律的一门学科，是应用力学的一个分支。从力学的观点来看，飞行器飞行动力学与理论力学中的质点系动力学没有本质区别。飞行器动力学是根据力学的普遍规律，深入分析飞行器这一特定对象做机械运动时的特殊规律，建立描述其运动的微分方程，揭示并运用飞行器运动的客观规律来解决工程实际问题[20]。飞行动力学是型号设计、飞行器性能和使用条件分析、武器系统的可靠性和精度分析、攻防对抗、飞行仿真、飞行试验和作战使用的理论基础。

　　飞行器制导是指导引和控制飞行器按照一定的规律飞向目标或跟踪预定弹道的技术和方法。传统意义上的飞行器制导方法可以分为两类：一类是基于标准弹道的制导方法，称为标准弹道法。另一类是基于对落点偏差进行预测的制导方法，称为预测制导法。在弹道导弹制导中，这两类制导方法一般习惯称为摄动制导方法和闭路制导方法，而高超声速飞行器制导大体上也可对应地分为标准弹道(剖面)制导和预测-校正制导两类。

　　高超声速飞行器是一类新型飞行器，其弹道规划与制导具有其自身的特点，主要表现在以下方面。

　　(1) 复杂多约束性。如前所述，高超声速飞行器的主要飞行阶段包括助推段、滑翔段和下压段，各飞行阶段的弹道规划和制导均需要考虑各种复杂约束影响。对助推段来说，为控制弹道高度，助推段采用垂直发射、快速转弯的飞行方式，这将增大飞行器过载。此外，为增大射程覆盖范围，要求助推终端速度和高度能够实现大范围可调，这对弹道规划和制导提出了较高的要求。对滑翔段而言，由于高超声速飞行器在临近空间进行长时间高超声速滑翔飞行，在飞行过程中需要考虑各种复杂约束条件的影响。这些约束不仅包括过载、动压、气动热等一般飞行约束，也包括控制量约束和禁飞区、航路点等路径约束。对下压段而言，需要综合考虑过载约束、机动突防约束，以及终端精度和落角落速等约束。此外，由于高超声速飞行器助推段、滑翔段、下压段各飞行阶段的动力学特性和飞行任务存在较大差异，各飞行阶段之间还存在交班点状态约束。由此可见，高超声速飞行器弹道规划与制导问题需要结合各飞行阶段的特点，综合考虑各类复杂多约束影响。

　　(2) 强机动性。高超声速飞行器具有较强的机动突防能力，但突防能力的发挥，需要通过对弹道及制导律进行精心设计才能实现。高超声速飞行器机动突防主要在滑翔段和下压段进行。在滑翔飞行阶段，需要在飞行弹道规划及制导中考虑对防空反导系统区域规避机动，或通过设计特殊的机动模式(如螺旋机动、S 形机动、跳跃机动等)，以提高滑翔段机动突防能力。在下压攻击阶段，需要结合末段防御系统的拦截能力和特点，综合考虑下压机动突防和高精度命中目标等要求，提出下压机动突防弹道设计及高精度末制导方法。

　　(3) 强不确定性。飞行器在临近空间高超声速滑翔飞行，由于飞行环境和飞行器本体等原因，飞行器面临强不确定因素的影响。在飞行环境方面，临近空间大气密度和温度不确定性强，难以建立准确的大气模型。在飞行器本体方面，最主要的不确定因素为气动参数的不确定性。一方面，由于风洞试验无法准确模拟临近空间实际飞行环境，风洞试验获得的气动数据不准确。另一方面，飞行器在临近空间高速飞行期间，气动加热的烧蚀影响气动外形，导致气动参数的不确定。除此之外，其他不确定因素还包括气动烧蚀导致的飞行器质量变化、交班点状态偏差等。这些不确定因素的影响是飞行器弹道规划和制导控制中需要加以考虑的，即要求高超声速飞行器弹道及制导方法能够适应强不确定性要求。

(4) 高动态性。高超声速飞行器全程飞行马赫数在 5 以上，在滑翔飞行初段(再入段)，甚至可能达到 20 以上，整个飞行过程具有高动态性的特点，这对弹道设计及制导算法效率提出了很高的要求。

本书紧密围绕助推滑翔高超声速飞行器复杂多约束性、强机动性、强不确定性和高动态性四个基本特点，分别针对助推段、滑翔段和下压段三个飞行阶段开展弹道规划与制导问题讨论。

参 考 文 献

[1] Sänger E, Bredt J. A rocket drive for long range bombers. Washington, D.C.: Deutsche Luftfahrtforschung UM-3538, 1944.

[2] Sänger E, Hartmut E S, Alexandre D. From the silverbird to interstellar voyages//The 54th International Astronautical Congress, Bremen, 2003: 1217.

[3] Stephens H. Near space. Air Force Magazine, 2005, 88(7): 36-40.

[4] 沈海军, 程凯, 杨莉. 近空间飞行器. 北京: 航空工业出版社, 2012.

[5] 林旭斌, 张斌, 葛悦涛. 国外智能化技术在高超声速飞行器领域的应用研究. 飞航导弹, 2020, 12(16): 1-5.

[6] 钱学森. 工程控制论. 北京: 科学出版社, 1958.

[7] Tsien H S. Engineering Cybernetics. New York: McGraw-Hill, 1954.

[8] 钱学森. 星际航行概论. 北京: 科学出版社, 1963.

[9] Mikoyan MiG 105 Spira1&50-50. http://www.deepcold.com/deep cold/spiral_main.html[2001-10-09].

[10] Bomi. http://astronautix.com/b/bomi.htm[2004-08-25].

[11] Steven R S. The history of the dyna-soar. http://www.aero.org /publications/crosslink/winter2004/01.html[2004-08-20].

[12] Cliff L. ALPHA DRACO Fact Sheet. http://www.spaceline.org/rocketsum/draco.html[2003-05-05].

[13] 汤国建, 何睿智, 谢愈. 高超声速飞行器轨迹规划理论与方法. 北京: 科学出版社, 2021.

[14] Andreas Parsch. Lockheed HGV. http://www.designation-systems.net/dusrm/app4/hgv.html [2003-08-25].

[15] Phillips T H. A common aero vehicle(CAV) model, description, and employment guide. Arlington: Schafer Corporation for AFRL and AFSPC, 2003.

[16] 屈聪颖, 钱红庆. 美国助推滑翔武器发展分析. 战术导弹技术, 2015, 4: 1-4.

[17] David S W, Steven H W, Robert L S. Small satellites and the DARPA/Air Force FALCON Program. Acta Astronautica, 2005, 57(2): 469-477.

[18] Richie G. The common aero vehicle: space delivery system of the future//AIAA Space Technology Conference and Exposition, Albuquerque, 1999: 1-9.

[19] 太空探索. HTV-2 的来龙去脉. 太空探索, 2011, (3): 12-13.

[20] 赵汉元. 飞行器再入动力学与制导. 长沙: 国防科技大学出版社, 1997.

第 2 章　助推弹道设计与制导方法

助推段是助推滑翔高超声速飞行器的第一飞行阶段，提供全程飞行所需的全部能量，是飞行任务能够完成的基本前提。助推段飞行过程与弹道导弹主动段类似，但其灵活多样的飞行任务对制导方法的自主性与适应性提出了更高的要求。本章以三级固体助推火箭为研究对象。其低空段飞行需要以标准弹道为基础，但是中高空段飞行无须严格受限于标准飞行程序，需要在级间分离、控制能力、最大过载等多种复杂约束的限制下，高精度地满足终端高度、速度及当地速度倾角约束，为实现高超声速飞行器全程飞行目标创造有利条件。

2.1　助推弹道设计与制导技术综述

本节针对新型助推弹道设计与制导的核心任务，分析所面临的多约束弹道设计、非程序制导，以及终端能量大范围调整关键技术问题，总结运载火箭上升段、弹道导弹主动段等相关领域的研究现状，提出主要技术思路。

2.1.1　关键技术问题

助推制导的任务是，压缩发射准备时间，在满足过程约束的条件下生成能够满足终端高度、速度及当地速度倾角约束的制导指令。新型助推制导包含三层含义，即增强对新任务的适应能力，需要助推制导律脱离标准飞行程序，并根据当前飞行状态实时生成制导指令；为增强助推段突防能力，要求助推火箭在大气层内实现关机，并将终端弹道倾角控制到零，以保证助推飞行全部处于大气层内。此外，为增大滑翔段的射程覆盖范围，要求助推终端速度能够实现大范围可调。助推段弹道设计与制导存在以下关键技术问题。

1) 非程序助推制导策略设计问题

针对发射准备时间压缩、低弹道突防、终端能量大范围可调等复杂的助推制导需求，以及多种过程与终端约束，必须综合利用弹道优化设计、多约束制导、终端速度预测校正完成既定的制导任务。

2) 非线性制导律的解析求解问题

助推段运动模型是一组非线性时变的微分方程。基于该运动模型，设计能够满足终端多种约束的解析制导律具有较大的难度，因此需要对现有的模型进行合理转换，进而利用先进的控制方法设计助推制导律。

3) 大偏差条件下的高精度助推制导问题

在助推飞行过程中，大气密度、气动系数、发动机推力必然存在偏差，必将影响制导指令的解算与耗尽关机时间的精确性，因此必须实时估计主要偏差，并将其反馈到制导解算中，以增强制导方法的鲁棒性。

4) 终端能量宽域大范围控制问题

增大助推终端的能量调整域是拓宽助推滑翔全射程覆盖范围的重要途径，因此需要基于离线弹道优化方法获得剩余能量在各级的分配比例，进而在不同的飞行阶段进行速度控制，以拓宽终端能量调节域。

5) 终端速度混合预测校正控制问题

助推火箭的飞行环境与受力条件随飞行时间的推移而迅速改变，因此需要在不同的飞行阶段分析助推火箭的主要受力因素，对运动模型进行合理简化，进而提出适用于中高空飞行的混合预测校正制导方法。

2.1.2　国内外研究现状

在助推滑翔高超声速飞行器发射中，不同射程、不同目标类型对助推段制导的要求不同。助推制导与运载火箭上升段制导及弹道导弹主动段制导一脉相承，其制导任务是根据当前运动状态实时确定能够满足给定约束条件的姿态角指令[1]。另外，无推力中止系统的固体火箭采用燃料耗尽关机，因此需要采用能量管理进行多余能量耗散。目前，针对助推制导方法的研究主要包括摄动制导、闭环制导、能量管理。

1. 摄动制导方法

摄动制导是一种基于标准弹道的制导方法。它将弹道偏差控制泛函展开为关机点附近关于位置、速度、时间偏差的泰勒级数，飞行中将控制泛函变为零并关机，从而消除飞行误差。该方法包含离线弹道设计与在线弹道跟踪两部分。

针对弹道设计问题，目前主要采用数值方法设计助推弹道，包括直接法和间接法[2]。直接法首先将连续时间的最优控制问题转化为离散时间的非线性规划(nonlinear programming，NLP)问题，其次通过数值求解该问题获得最优解。直接法应用广泛，且包含多种不同的类型，如 Gauss 伪谱法(Gauss pseudospectral method，GPM)与 Radau 伪谱法(Radau pseudospectral method，RPM)[3]。间接法首先基于极值原理推导满足最优性的一阶必要条件，结合系统模型构成最优控制求解的 Hamilton 边值问题，进而利用当前运动状态与终端约束条件求解最优控制[4]。间接法基于经典的变分法或 Pontryagin 极小值原理，将最优控制问题转化为两点边界问题，并通过相应的数值方法进行求解，可有效用于离线弹道设计与优化[5]。

文献[6]综合利用上述两种方法实现上升段轨迹优化和最优制导。该方法能以较少的离散节点获得较高的寻优精度，具有较高的计算效率。

针对在线弹道跟踪问题，Lu[7]提出一种跟踪名义轨迹的非线性跟踪制导律，能够保证上升段攻角和法向力约束。Seywald 等[8]针对两级运载飞行器提出一种近似最优反馈控制律。这种离线优化在线跟踪的制导方法易于实施，并且弹载计算量小。然而，当实际弹道与标准弹道的偏差较大时，会带来很大的方法误差。此外，由于不能在线调整轨道、改变打击目标，该方法不适合全天候快速发射、高精度打击任务，因此多用于稠密大气层内飞行段，以便保证火箭的稳定飞行。

2. 闭环制导方法

闭环制导方法主要包括闭路制导、迭代制导、在线弹道优化制导。闭路制导是在二体假设下，根据火箭当前位置和目标位置，通过椭圆轨道方程求解需用速度，并通过其与当前速度的偏差决定进一步调整推力方向，直到需用速度与当前速度一致时才关闭发动机。由于需用速度在飞行过程中实时更新，从而形成与目标点相适应的闭环，因此称为闭路制导[9]。实际上，即使最简单的二体问题，过两限定点仍有无穷多的解，须附加约束才能确定唯一轨道。Battin 等[10]详细讨论了该问题，给出 Lagrange 和 Gauss 发现的几何解。李连仲[11]基于椭圆轨道详细讨论约束端点弹道倾角的轨道确定方法，并给出最小能量弹道。

迭代制导一般用于大气层外的火箭助推飞行段。该方法在每个制导周期内，以火箭当前位置、速度为初始条件预估满足终端约束条件的曲线，并求出控制规律和关机时间，然后对火箭推力方向和关机时间进行控制。由于该方法可在每一制导周期重新规划一个适应于目标点的弹道，其弹道具有自适应特性，因此称为弹道自适应制导方法。迭代制导法中最具有代表性的是用于 Saturn V 火箭的迭代制导法[12]和航天飞机的显示制导法[13]。迭代制导精度很高，但是要求发动机可控关机，因此需要与液体火箭发动机相配合。

近年来，为实现卫星直接精确入轨，研究人员对助推段提出全程采用在线弹道优化制导以满足飞行约束并克服复杂多变的大气因素，实现精确入轨[14]。在线弹道优化在方法上与离线弹道优化基本相同，不同之处在于，离线弹道优化在地面完成，飞行过程中弹道不再更新。在线弹道优化根据当前状态、过程约束、目标函数实时计算最优弹道[15]。由于在线弹道优化对算法计算效率要求很高，目前适应于非线性、收敛速度快的优化算法受到广泛研究，如多重打靶法、直接配点法、伪谱法等[16]。

在实际工程应用中，常将不同制导方式结合起来使用。例如，将远程火箭、空间飞行器发射制导分成两段。在大气层内通过跟踪离线设计名义弹道，降低非线性规划的难度并适应各种干扰变化和条件约束。在大气层外采用闭环制导方式，可以实现精确入轨或目标打击任务。

3. 能量管理方法

对于无推力终止系统的固体助推火箭而言，只有通过调整制导指令的方式才能实现对终端速度大小的控制，通常称为能量管理。针对剩余能量耗散问题，文献[17]、[18]通过调整发动机推力与需要推力方向之差实现能量控制，并基于对耗尽关机时间的估计来补偿耗尽关机时间偏差对制导精度的影响，但是其制导任务实现的前提是发动机比冲恒定不变。文献[19]针对大气层外固体弹道导弹能量管理问题，首先设计俯仰角双梯形变化模型，并以视速度表征剩余能量，然后利用迭代方法计算姿态角调整幅度。该方法通过改变推力方向与速度方向的夹角来实现耗能，实际属于终端速度解析预测校正控制的范畴。文献[20]分析了在燃料随机耗尽的条件下，关机时间偏差对制导精度的影响，在能量耗散段之后增加闭路导引段来保证制导精度。文献[21]综合利用交变姿态控制能量管理和一般能量管理方法，提出样条能量管理制导方法，即将需要速度设计为样条曲线，根据终端位置、速度，以及速度倾角约束反求未知系数以实现终端多约束制导。文献[22]利用 GPM 实现固体火箭上升段的弹道优化设计，并分析姿态角大小及其变化率对能量管理能力的影响。文献[23]针对运载器不同的任务，采用分步方法来满足终端多约束。总之，助推段能量管理通过调整控制推力和速度之间的夹角来改变推力在速度方向上的分量，进而实现助推段剩余能量耗散。其中，姿态角调整幅度取决于剩余能量大小、发动机比冲，以及能量管理经历的时间范围。

4. 小结

高超声速飞行器在助推段一般具备发射准备时间短、弹道高度低、助推终端能量大范围可调等特点。传统的摄动制导方法需要大量的射前计算，由此导致的较长的发射准备时间限制了其在助推滑翔背景下的应用。迭代制导能够有效用于弹道导弹大气层外制导，但其对大气层内飞行的助推火箭仍具有较大的局限性。另外，助推终端约束较多，并且其非线性运动模型会导致最优控制问题的解析求解具有很大的难度。数值优化方法中的初值选取较复杂，无法保证优化在每一制导周期内都能够收敛，同时其巨大的寻优计算量也是弹载计算机无法接受的。另外，传统的助推段能量管理只在真空段进行，缺乏剩余能量在助推全程的分配，因此终端速度调整范围较小，不适合终端能量大范围调整的助推制导。

因此，针对新型固体助推制导问题，需要研究不依赖飞行程序且能根据当前飞行状态实时生成指令的自适应制导方法，提出剩余能量在助推第二、三级的分配策略，进一步研究适用于不同飞行阶段的能量控制方法。

2.2　助推运动建模与制导策略

基于发射坐标系下建立的助推运动方程，给出助推终端的高度、速度、当地速度倾角模型，以及飞行过程中的攻角、控制能力和过载约束模型，进而根据助推制导任务提出多级固体助推制导策略。

2.2.1　助推运动建模

根据对助推段的受力分析，可在发射坐标系下建立矢量形式的运动模型[24]，即

$$
\begin{cases}
\dfrac{\mathrm{d}\boldsymbol{r}}{\mathrm{d}t} = \boldsymbol{V} \\[2mm]
M\dfrac{\mathrm{d}\boldsymbol{V}}{\mathrm{d}t} = \boldsymbol{P} + \boldsymbol{R} + \boldsymbol{F}_c + \boldsymbol{G} + \boldsymbol{F}_k' - M\boldsymbol{\omega}_e \times (\boldsymbol{\omega}_e \times \boldsymbol{r}) - 2M\boldsymbol{\omega}_e \times \dfrac{\delta \boldsymbol{r}}{\delta t} \\[2mm]
\dfrac{\mathrm{d}M}{\mathrm{d}t} = \dot{M}
\end{cases}
\tag{2.2.1}
$$

其中，$\boldsymbol{r}$ 与 $\boldsymbol{V}$ 分别为发射系下的位置与速度矢量；$\boldsymbol{P}$ 为推力矢量；$\boldsymbol{R}$ 为气动力矢量；$\boldsymbol{F}_c$ 为控制力矢量；$\boldsymbol{G}$ 为地球引力矢量；$\boldsymbol{\omega}_e$ 为地球自转角速度矢量；M 为质量；$\boldsymbol{F}_k'$ 为附加科氏力矢量。

式(2.2.1)用于描述助推段飞行特性和弹道仿真。为方便后续制导律的设计，进一步引入速度坐标系下的运动方程。针对助推段飞行时间短的特点，在制导律设计中，可假设地球为不旋转均质圆球，考虑轴对称助推火箭无倾侧角控制，则在速度坐标系下，运动方程可简化为

$$
\begin{cases}
\dot{V} = \dfrac{P_e \cos\alpha \cos\beta}{M} - \dfrac{\rho V^2 S_r C_D}{2M} - g\sin\theta \\[3mm]
\dot{\theta} = \dfrac{P_e \sin\alpha}{MV} + \dfrac{\rho V^2 S_r C_L}{2MV} - \dfrac{g\cos\theta}{V} + \dfrac{V\cos\theta}{R_e + h} \\[3mm]
\dot{h} = V\sin\theta
\end{cases}
\tag{2.2.2}
$$

其中，V 为速度大小；P_e 为发动机推力大小；R_e 为地球平均半径；θ 为当地速度倾角；h 为飞行高度；ρ 为大气密度；S_r 为飞行器参考面积；$g = \mu / r^2$ 为地球引力加速度，r 为地心距，μ 为地球引力常数；C_D 与 C_L 分别为阻力系数和升力系数；α 为攻角；β 为侧滑角。

助推制导任务是，基于式(2.2.1)或式(2.2.2)，通过调整控制量攻角与侧滑角同时满足终端速度、当地速度倾角及高度约束，即

$$\begin{cases} \lim_{t \to t_f} h(t) = h_f \\ \lim_{t \to t_f} V(t) = V_f \\ \lim_{t \to t_f} \theta(t) = \theta_f \end{cases} \quad (2.2.3)$$

其中，t_f 为助推飞行结束时间。

固体助推火箭的过程约束为

$$\begin{cases} \alpha < \alpha_{\max} \\ |q\alpha| < n_{q_{\max}} \end{cases} \quad (2.2.4)$$

其中，$q = \rho V^2 / 2$ 为动压大小；$\alpha_{\max}$ 为最大攻角；$n_{q_{\max}}$ 为动压与攻角乘积的最大值，用于间接表征助推火箭的控制能力与过载约束。

2.2.2 助推制导策略

为同时保证助推火箭的安全性与终端制导精度，设计如下制导策略：第一级采用程序导引；第二级与第三级采用最优制导方法计算攻角指令以满足终端高度与当地速度倾角约束，并利用预测校正方法计算侧滑角以控制终端速度大小。多级固体助推火箭非程序制导策略如图 2.2.1 所示。

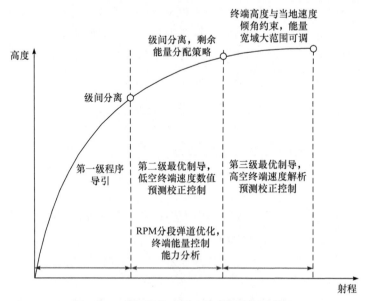

图 2.2.1　多级固体助推火箭非程序制导策略

在第一级飞行程序设计中，建立可实现多次转弯的攻角控制模型，将该模型描述为两个关键参数的抽象函数，结合终端高度与当地速度倾角约束，利用牛顿迭代方法计算制导参数。在第二级与第三级制导中，将速度坐标系下的运动方程作为制导问题研究的基本模型，引入过载为控制变量，以高度与高度变化率为状态变量，建立能量损耗最小性能指标，设计能够满足终端高度与当地速度倾角约束的最优制导律，并利用二分法将过载指令转化为攻角指令。针对助推终端能量大范围调整问题，首先利用 RPM 分析助推终端能量调整范围，进一步研究能量大范围调整时剩余能量在各级的分配策略；然后利用预测校正方法实现速度控制，即在低空段采用数值方法计算侧滑角来消耗剩余能量，在高空段利用解析方法精确控制终端速度。

2.3　助推弹道快速生成

针对助推制导任务及过程约束条件，建立可实现多次弹道转弯的俯仰飞行程序及攻角控制模型，并将该模型描述为两个关键参数的抽象函数，结合终端高度与当地速度倾角约束利用牛顿迭代方法计算制导参数。

2.3.1　助推弹道设计

助推段弹道规划需要设计标准飞行程序，即俯仰角随时间变化规律。根据助推火箭运动规律，设计的助推段俯仰飞行程序如图 2.3.1 所示。

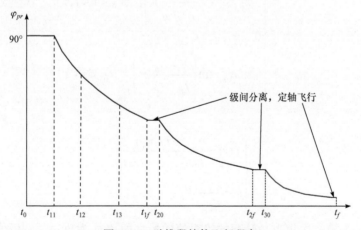

图 2.3.1　助推段俯仰飞行程序

在图 2.3.1 中，$t_0 \sim t_{11}$ 为垂直上升段，$t_{11} \sim t_{12}$ 为负攻角转弯段，$t_{12} \sim t_{13}$ 为跨声速段，$t_{13} \sim t_{1f}$ 为二次负攻角转弯段，$t_{1f} \sim t_{20}$ 为级间分离的定轴飞行段，$t_{20} \sim t_{2f}$ 为第二级飞行段，$t_{2f} \sim t_{30}$ 为级间分离的定轴飞行段，$t_{30} \sim t_f$ 为第三级飞行段。为

获得上述俯仰飞行程序，可根据终端约束对攻角进行设计，并利用欧拉角转换关系获得俯仰程序角。为在较低的终端高度处使弹道尽量拉平，可设计如图 2.3.2 所示的助推段攻角变化模型。

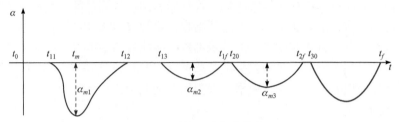

图 2.3.2　助推段攻角变化模型

图 2.3.2 所示的攻角变化模型可描述为以下分段函数，即

$$
\alpha(t) = \begin{cases}
0, & t_0 < t \leqslant t_{11} \\[2mm]
-\alpha_{m1} \sin^2 f(t), & t_{11} < t \leqslant t_{12} \\[2mm]
0, & t_{12} < t \leqslant t_{13} \\[2mm]
-\alpha_{m2} \sin\left(\dfrac{t - t_{13}}{t_{1f} - t_{13}} \pi \right), & t_{13} < t \leqslant t_{1f} \\[2mm]
0, & t_{1f} < t \leqslant t_{20} \\[2mm]
-\alpha_{m3} \sin\left(\dfrac{t - t_{20}}{t_{2f} - t_{20}} \pi \right), & t_{20} < t \leqslant t_{2f} \\[2mm]
0, & t_{2f} < t \leqslant t_{30} \\[2mm]
-1.5\alpha_{m3} \sin\left(\dfrac{t - t_{30}}{t_f - t_{30}} \pi \right), & t_{30} < t \leqslant t_f
\end{cases}
\tag{2.3.1}
$$

其中

$$
\begin{cases}
f(t) = \dfrac{\pi(t - t_{11})}{k(t_{12} - t) + t - t_{11}} \\[3mm]
k = \dfrac{t_m - t_{11}}{t_{12} - t_m}
\end{cases}
\tag{2.3.2}
$$

其中，α_{m1} 为第一次负攻角转弯的绝对值的最大值；t_m 为攻角达到极值 α_{m1} 的时间；t_{12} 为负攻角转弯结束时间；α_{m2} 与 α_{m3} 分别为第二次与第三次转弯的最大负攻角绝对值。

在攻角模型中，确定时间节点参数和攻角调整幅度便可确定攻角变化规律。进一步，利用欧拉角变换关系可获得俯仰飞行程序，矩阵表达形式为

$$B_G = B_V V_G \tag{2.3.3}$$

其中，B_G 为发射坐标系到飞行器体坐标系的转换矩阵；B_V 为速度坐标系到飞行器体坐标系的转换矩阵；V_G 为发射坐标系到速度坐标系的转换矩阵。

俯仰角 φ 定义为发射平面内助推火箭主轴与发射坐标系 x 轴的夹角，直接影响助推段发动机推力在不同方向的分解，是助推制导的主要控制量，即

$$\varphi = \arctan\left(\frac{B_G(1,2)}{B_G(1,1)}\right) \tag{2.3.4}$$

其中，$B_G(i,j)$ 为矩阵 B_G 第 i 行第 j 列元素。

2.3.2 弹道参数迭代计算

助推段弹道设计需要满足终端高度及当地速度倾角约束，由于攻角模型中的转弯时间及最大攻角皆可对终端状态产生影响，因此可对其中的一些参数进行固化，通过调整第一次转弯结束时间 t_{12} 和第三次转弯最大负攻角 α_{m3} 满足给定的终端约束。由于终端约束与制导参数的表达式无法解析给出，因此只能采用数值方法求解 t_{12} 与 α_{m3}。本节利用牛顿迭代方法计算制导参数。

1) 牛顿迭代方法基本原理

设 x 为非线性方程组，即

$$F(x) = 0 \tag{2.3.5}$$

的解，$x^{(k)}$ 是近似解。若 $F(x)$ 在 $x^{(k)}$ 附近可微，则在 $x^{(k)}$ 附近可将 $F(x)$ 线性化为

$$F(x) \approx F(x^{(k)}) + F'(x^{(k)})(x - x^{(k)}) \tag{2.3.6}$$

因此，在 $x^{(k)}$ 附近可以近似地简化为

$$F(x^{(k)}) + F'(x^{(k)})(x - x^{(k)}) = 0 \tag{2.3.7}$$

当 $F'(x^{(k)})$ 非奇异时，式(2.3.7)存在唯一解，记为 $x^{(k+1)}$。因此，可得

$$x^{(k+1)} = x^{(k)} - (F'(x^{(k)}))^{-1} F(x^{(k)}) \tag{2.3.8}$$

对于离散方程 $F(x) = [f_1(x), f_2(x), \cdots, f_n(x)]^{\mathrm{T}}$，可得

$$\frac{\partial f_i(x)}{\partial x_j} = \lim_{h_j \to 0} \frac{1}{h_j}(f_i(x + h_j e_j) - f_i(x)) \tag{2.3.9}$$

其中，$h_j \in \mathrm{R}$；$e_j \in \mathrm{R}^n$ 是第 j 个分量为 1 的单位向量。

记

$$\begin{cases} \boldsymbol{h} = [h_1, h_2, \cdots, h_n]^{\mathrm{T}} \\ a_{ij} = \dfrac{1}{h_j}(f_i(\boldsymbol{x}+h_j\boldsymbol{e}_j) - f_i(\boldsymbol{x})) \\ \boldsymbol{J}(\boldsymbol{x},\boldsymbol{h}) = [a_{ij}] \in \mathrm{R}^{n\times n} \end{cases} \tag{2.3.10}$$

当 $\|\boldsymbol{h}\|$ 充分小时，存在

$$\boldsymbol{F}'(\boldsymbol{x}) \approx \boldsymbol{J}(\boldsymbol{x},\boldsymbol{h}) \tag{2.3.11}$$

因此，为避免计算偏导数，以 $\boldsymbol{J}(\boldsymbol{x},\boldsymbol{h})$ 代替 $\boldsymbol{F}'(\boldsymbol{x})$，可得离散牛顿迭代公式，即

$$\boldsymbol{x}^{(k+1)} = \boldsymbol{x}^{(k)} - (\boldsymbol{J}(\boldsymbol{x}^{(k)},\boldsymbol{h}^{(k)}))^{-1}\boldsymbol{F}(\boldsymbol{x}^{(k)}) \tag{2.3.12}$$

在一定条件下，离散牛顿迭代公式是超线性收敛的。实用中通常取

$$h_j^{(k)} = \left\| \boldsymbol{F}(\boldsymbol{x}^{(k)}) \right\| h_j, \quad j=1,2,\cdots,n \tag{2.3.13}$$

其中，$h_j \neq 0$ 为不依赖 k 的常数。

2) 制导参数迭代计算

助推段终端高度 h_f 及当地速度倾角 θ_f 是关于 t_{12} 与 α_{m3} 的函数，即

$$\begin{cases} h_f = h_f(t_{12},\alpha_{m3}) \\ \theta_f = \theta_f(t_{12},\alpha_{m3}) \end{cases} \tag{2.3.14}$$

同理，制导参数 t_{12} 与 α_{m3} 也是终端状态的函数，即

$$\begin{cases} t_{12} = t_{12}(h_f,\theta_f) \\ \alpha_{m3} = \alpha_{m3}(h_f,\theta_f) \end{cases} \tag{2.3.15}$$

式(2.3.15)包含两个未知数与两个约束方程，可以利用牛顿迭代算法进行迭代计算。首先，对制导参数赋初值 t_{120} 与 α_{m30}，并对式(2.3.14)进行线性微分，进而在初值附近进行线性展开，可得

$$\begin{bmatrix} h_f(t_{12},\alpha_{m3}) \\ \theta_f(t_{12},\alpha_{m3}) \end{bmatrix} = \begin{bmatrix} h_f(t_{120},\alpha_{m30}) \\ \theta_f(t_{120},\alpha_{m30}) \end{bmatrix} + \begin{bmatrix} \dfrac{\partial h_f}{\partial t_{12}} & \dfrac{\partial h_f}{\partial \alpha_{m3}} \\ \dfrac{\partial \theta_f}{\partial t_{12}} & \dfrac{\partial \theta_f}{\partial \alpha_{m3}} \end{bmatrix} \begin{bmatrix} t_{12}-t_{120} \\ \alpha_{m3}-\alpha_{m30} \end{bmatrix} \tag{2.3.16}$$

同理，将式(2.3.15)在 h_{f0} 和 θ_{f0} 处线性展开，可得

$$\begin{bmatrix} t_{12}(h_f,\theta_f) \\ \alpha_{m3}(h_f,\theta_f) \end{bmatrix} = \begin{bmatrix} t_{12}(h_{f0},\theta_{f0}) \\ \alpha_{m3}(h_{f0},\theta_{f0}) \end{bmatrix} + \begin{bmatrix} \dfrac{\partial t_{12}}{\partial h_f} & \dfrac{\partial t_{12}}{\partial \theta_f} \\ \dfrac{\partial \alpha_{m3}}{\partial h_f} & \dfrac{\partial \alpha_{m3}}{\partial \theta_f} \end{bmatrix} \begin{bmatrix} h_f-h_{f0} \\ \theta_f-\theta_{f0} \end{bmatrix} \tag{2.3.17}$$

事实上，式(2.3.17)中的偏导数存在如下关系，即

$$
\begin{bmatrix} \dfrac{\partial t_{12}}{\partial h_f} & \dfrac{\partial t_{12}}{\partial \theta_f} \\[3mm] \dfrac{\partial \alpha_{m3}}{\partial h_f} & \dfrac{\partial \alpha_{m3}}{\partial \theta_f} \end{bmatrix} = \begin{bmatrix} \dfrac{\partial h_f}{\partial t_{12}} & \dfrac{\partial h_f}{\partial \alpha_{m3}} \\[3mm] \dfrac{\partial \theta_f}{\partial t_{12}} & \dfrac{\partial \theta_f}{\partial \alpha_{m3}} \end{bmatrix}^{-1} \tag{2.3.18}
$$

式(2.3.18)右端的偏导数可以利用差分法得到，即

$$
\begin{bmatrix} t_{12}(h_f,\theta_f) \\[2mm] \alpha_{m3}(h_f,\theta_f) \end{bmatrix} = \begin{bmatrix} t_{12}(h_{f0},\theta_{f0}) \\[2mm] \alpha_{m3}(h_{f0},\theta_{f0}) \end{bmatrix} + \begin{bmatrix} \dfrac{\Delta h_f}{\Delta t_{12}} & \dfrac{\Delta h_f}{\Delta \alpha_{m3}} \\[3mm] \dfrac{\Delta \theta_f}{\Delta t_{12}} & \dfrac{\Delta \theta_f}{\Delta \alpha_{m3}} \end{bmatrix}^{-1} \begin{bmatrix} h_f - h_{f0} \\[2mm] \theta_f - \theta_{f0} \end{bmatrix} \tag{2.3.19}
$$

取终端高度与当地速度倾角的迭代精度要求分别为 ε_h、ε_θ。制导参数迭代流程如图 2.3.3 所示。

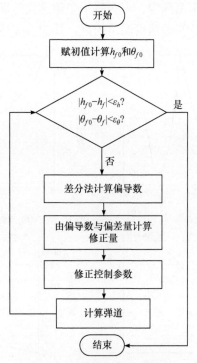

图 2.3.3　制导参数迭代流程

2.3.3　仿真分析

本节对上述助推弹道设计方法进行仿真验证，取发射点经纬度 $\lambda_0 = \phi_0 = 0°$，

高度 $h_0 = 0$，速度 $V_0 = 10\text{m/s}$，当地速度倾角 $\theta_0 = 90°$；助推终端高度为 90km，当地速度倾角为 0°；过程约束设置为 $\alpha_{\max} \in [-30°, 30°]$、$n_{q\max} = 200\text{kPa} \cdot (°)$。

基于上述仿真条件设置，耗尽关机条件下的助推弹道设计主要弹道曲线如图 2.3.4 所示。由图 2.3.4(a)可知，助推火箭在第一级需要经历两次负攻角转弯过程，以使助推火箭在过程约束的限制下增大转弯程度。由于速度单调递增，第二次转弯处的高度约为 10km，其稠密的大气必然导致动压攻角的乘积迅速增大，因此设计两次转弯的最大负攻角分别为 –8° 与 –4°。两次转弯之间为跨声速飞行段，此时攻角保持为零，以减小纵向过载。同时，为满足终端当地速度倾角约束，助推火箭在第二、三级进行两次弹道下压，并使级间分离时的攻角收敛到零，以保证飞行器的安全性。另外，在第三级中，即使存在较大的攻角与飞行速度，但较高飞行高度，以及稀薄的大气导致动压迅速减小，因此设计该段的攻角大于第二级。由图 2.3.4(b)与图 2.3.4(c)可知，经过攻角的多次调整，助推终端当地速度倾角偏差为 0.004°，高度偏差为 2.63m。由图 2.3.4(f)可知，助推飞行过程中动压攻角的乘积在给定的约束范围内，表明基于牛顿迭代的助推段弹道设计方法能够高精度地满足终端高度及当地速度倾角约束。其弹道曲线变化平缓，易于实现。

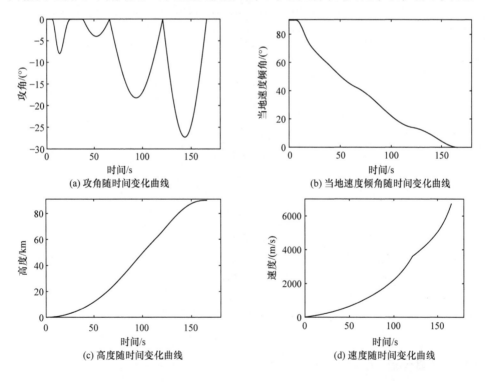

(a) 攻角随时间变化曲线　　　　　　　(b) 当地速度倾角随时间变化曲线

(c) 高度随时间变化曲线　　　　　　　(d) 速度随时间变化曲线

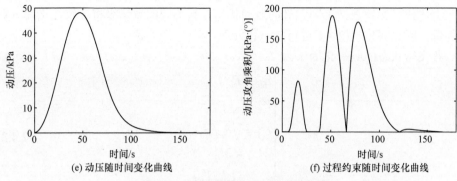

（e）动压随时间变化曲线　　　　　　　（f）过程约束随时间变化曲线

图 2.3.4　助推弹道设计主要弹道曲线

2.4　助推多约束弹道优化

助推弹道优化的目的是获得满足给定约束条件并能使性能指标达到最优的弹道。伪谱方法是一种直接优化算法，凭借其在可靠性，以及计算高效性上的优势，已在运载火箭上升段轨迹优化等领域广泛应用，其中 RPM 相对其他伪谱方法具有更快的收敛速度[3]。本节利用 RPM 优化助推弹道，获得固体助推终端能量调节域，分析控制能力约束对调节域的影响。

2.4.1　助推段弹道优化问题建模

助推段弹道优化一般需要建立归一化的运动方程，并在满足过程约束与终端约束的前提下使给定的性能指标达到最优。

1）扩展运动方程

以发射坐标系下的位置矢量、速度矢量、质量及姿态角为扩展状态变量，以姿态角速率为控制变量，构建扩展运动方程，即

$$
\begin{cases}
\dfrac{\mathrm{d}\boldsymbol{r}}{\mathrm{d}t} = \boldsymbol{V} \\[2mm]
M\dfrac{\mathrm{d}\boldsymbol{V}}{\mathrm{d}t} = \boldsymbol{P} + \boldsymbol{R} + \boldsymbol{F}_c + \boldsymbol{G} + \boldsymbol{F}_k' - M\boldsymbol{\omega}_e \times (\boldsymbol{\omega}_e \times \boldsymbol{r}) - 2M\boldsymbol{\omega}_e \times \dfrac{\delta \boldsymbol{r}}{\delta t} \\[2mm]
\dfrac{\mathrm{d}M}{\mathrm{d}t} = \dot{M} \\[2mm]
\dfrac{\mathrm{d}\boldsymbol{\varGamma}}{\mathrm{d}t} = \boldsymbol{u}
\end{cases}
\tag{2.4.1}
$$

其中，$\boldsymbol{\varGamma} = [\varphi, \psi]^{\mathrm{T}}$ 为俯仰角与偏航角构成的矢量；$\boldsymbol{u}$ 为新引入的控制量，表示俯仰角与偏航角速率。

上述状态参数表征不同含义的运动状态，其不同的数量级将导致优化计算效率降低，因此需将式(2.4.1)进行归一化处理。

各飞行状态的归一化因子为

$$
\begin{cases}
r_{\text{ref}} = R_e \\
V_{\text{ref}} = \sqrt{g_0 R_e} \\
t_{\text{ref}} = \sqrt{R_e / g_0} \\
M_{\text{ref}} = M_0 \\
P_{\text{ref}} = M_{\text{ref}} \dfrac{V_{\text{ref}}}{t_{\text{ref}}}
\end{cases}
\tag{2.4.2}
$$

其中，g_0 为地球海平面标准引力加速度大小；M_0 为起飞总质量。

2) 过程约束

助推段的过程约束主要为控制能力约束，以及飞行器结构强度约束，即

$$
\begin{cases}
|\boldsymbol{\Gamma}| < |\boldsymbol{\Gamma}_{\max}| \\
|\dot{\boldsymbol{\Gamma}}| < |\dot{\boldsymbol{\Gamma}}_{\max}| \\
|q\alpha(t)| < n_{q_{\max}}
\end{cases}
\tag{2.4.3}
$$

其过程约束的物理意义是，受控制能力的限制，俯仰角与偏航角及其变化率必须在合理的范围内，同时受飞行器结构强度的影响，动压与攻角的乘积不宜过大。

3) 终端约束

助推弹道优化需要在满足终端高度和当地速度倾角的前提下使性能指标到达最优，因此终端约束只包含当地速度倾角与高度，即

$$
\begin{cases}
\theta(t_f) = \theta_f \\
h(t_f) = h_f
\end{cases}
\tag{2.4.4}
$$

4) 性能指标

助推弹道优化的目的是在给定的终端约束条件下分析速度大小调整范围，设计终端速度最大性能指标，即

$$
J = \min(-V(t_f))
\tag{2.4.5}
$$

终端速度最小性能指标为

$$
J = \min(V(t_f))
\tag{2.4.6}
$$

2.4.2　基于 RPM 的多级助推弹道优化

作为一种直接优化法，RPM 将连续时间最优控制问题转化为离散的非线性规

划问题，然后通过非线性规划求解器进行相应的寻优，进而得到原最优控制问题的解。

1) 时域变换

最优控制问题的时间区间为 $[t_0,t_f]$，RPM 优化的时间区间为[-1, 1]，因此在求解中需要对时间区间进行转换。将原时间区间 $[t_0,t_f]$ 分割为 K 个网格，并且 $\forall t \in [t_{k-1},t_k], k=1,2,\cdots,K,\ t_0=t_1<t_2<\cdots<t_K=t_f$，设计新的时间变量为

$$\tau = \frac{2t}{t_k - t_{k-1}} - \frac{t_k + t_{k-1}}{t_k - t_{k-1}} \tag{2.4.7}$$

2) 状态量与控制量的全局多项式逼近

RPM 需要在一系列 LGR(Legendre-Gauss-Radau)离散点上对连续时间最优控制问题进行离散化，即对控制变量与状态变量进行全局插值多项式逼近。其中，控制变量在 $1,2,\cdots,K-1$ 个网格处采用 N_k 阶 Lagrange 多项式来逼近，即

$$\begin{cases} \boldsymbol{u}(\tau) \approx \boldsymbol{U}(\tau) = \sum_{i=1}^{N_k+1} \boldsymbol{U}_i \hat{L}_i(\tau) \\ \hat{L}_i(\tau) = \prod_{\substack{i=1 \\ i \neq j}}^{N_k+1} \frac{\tau - \tau_i}{\tau_j - \tau_i}, \quad i=1,2,\cdots,N_k+1 \end{cases} \tag{2.4.8}$$

同理，状态变量可近似逼近为

$$\begin{cases} \boldsymbol{x}(\tau) \approx \boldsymbol{X}(\tau) = \sum_{j=1}^{N_k+1} \boldsymbol{X}_j L_j(\tau) \\ L_j(\tau) = \prod_{\substack{l=1 \\ l \neq j}}^{N_k+1} \frac{\tau - \tau_l}{\tau_j - \tau_l}, \quad j=1,2,\cdots,N_k+1 \end{cases} \tag{2.4.9}$$

其中，$L_j(\tau)$ 为 Legendre 插值多项式；$\tau_1,\tau_2,\cdots,\tau_{N_k}$ 为网格的 LGR 配置点，$\tau_{N_k+1}=1$ 为结束时刻，无须配置。

3) 运动方程转换

通过全局插值多项式近似表示状态变量后，其导数也可通过对多项式求导近似描述，即飞行器动力学方程可完全转换为代数约束，即

$$\dot{\boldsymbol{x}}(\tau) \approx \dot{\boldsymbol{X}}(\tau) = \sum_{j=1}^{N_k+1} \boldsymbol{X}_j \dot{L}_j(\tau) = \sum_{j=1}^{N_k+1} D_{jk} \boldsymbol{X}_j \tag{2.4.10}$$

因此，助推运动方程在 LGR 配置点上可离散为

$$\sum_{j=1}^{N_k+1} D_{jk} \boldsymbol{X}_j = \frac{t_f - t_0}{2} \boldsymbol{f}(\boldsymbol{X}_j, \boldsymbol{U}_j, \tau_k, t_0, t_f) \tag{2.4.11}$$

其中

$$\begin{cases} D_{jk} = \begin{cases} \dfrac{\dot{g}(\tau_j)}{(\tau_j - \tau_k)\dot{g}(\tau_k)}, & j \neq k \\[3mm] \dfrac{\ddot{g}(\tau_k)}{2\dot{g}(\tau_k)}, & j = k \end{cases} \\[6mm] g(\tau_i) = (\tau_i + 1)(P_{N_k}(\tau_i) - P_{N_k-1}(\tau_i)) \end{cases} \tag{2.4.12}$$

其中，$i = 1, 2, \cdots, N_k + 1$ 为 N_k 个 LGR 配置点加上终端点；$P_{N_k}(\tau_i)$ 和 $P_{N_k-1}(\tau_i)$ 分别为 N_k 阶和 $N_k - 1$ 阶 Legendre 多项式。

4) 性能指标与边界条件

经过上述 LGR 配置点离散转换后，性能指标可近似表示为

$$J = \boldsymbol{\Phi}(\boldsymbol{X}_1, t_0, \boldsymbol{X}_{N_k+1}, t_K) \tag{2.4.13}$$

其中，$\boldsymbol{X}_1$、$\boldsymbol{X}_{N_k+1}$ 分别为 $\boldsymbol{X}(t_0)$、$\boldsymbol{X}(t_f)$ 的插值近似。

类似地，边界条件可转化为

$$\boldsymbol{\phi}(\boldsymbol{X}_1, t_0, \boldsymbol{X}_{N_k+1}, t_K) = \boldsymbol{0} \tag{2.4.14}$$

基于上述离散化处理和数值近似，原连续时间的最优控制问题被转换为非线性规划问题。该问题可采用成熟的序列二次规划(sequential quadratic programming，SQP)方法求解，此处不做详细描述。

2.4.3　仿真分析

设置终端高度为 90km，当地速度倾角为 0°，控制量攻角与侧滑角在第一级的变化范围为 [−20°, 20°]，在第二级的变化范围为 [−30°, 30°]，在第三级的变化范围为 [−45°, 45°]，$n_{q\max}$=200kPa·(°)。如图 2.4.1 和图 2.4.2 所示，在满足给定过程约束及终端约束的前提下，助推终端速度调节范围为 5205～6703m/s，幅度为 22.348%。由于 RPM 采用 LGR 离散点对助推弹道进行全局插值多项式逼近，其精度受离散点数的影响，因此优化获得的弹道与动力学积分弹道存在小偏差。终端当地速度倾角相差约为 0.05° 时，速度相差 15～50m/s，高度相差约为 300m。当以最大终端速度为性能指标时，控制量攻角与侧滑角的变化幅度较小，以增大推力在速度方向的分量，进而减小能量损耗。当以最小速度为性能指标时，控制量均大幅度变化以增加机动范围，进而耗散剩余能量。上述仿真表明，RPM 可有效用于解决助推弹道优化问题，终端速度可通过调整控制量实现大范围可调，其速度调控范围受助推火箭控制能力、结构强度等多因素影响。

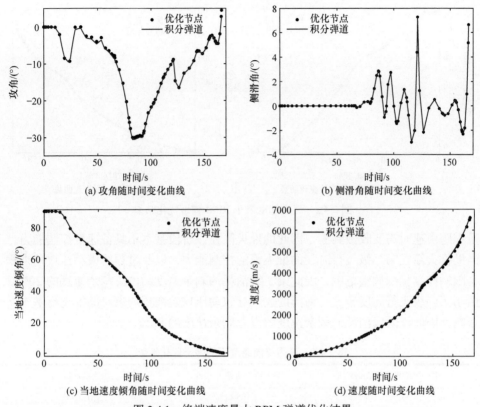

(a) 攻角随时间变化曲线　　　　　　　　(b) 侧滑角随时间变化曲线

(c) 当地速度倾角随时间变化曲线　　　　(d) 速度随时间变化曲线

图 2.4.1　终端速度最大 RPM 弹道优化结果

　　在上述终端速度控制范围内，设置不同的终端速度分析剩余能量在各级的分配。弹道优化结果如表 2.4.1 所示。由仿真结果可知，当终端速度在 5205～6703m/s 变化时，第一级交班速度变化范围约为 10m/s，第二级变化范围约为 335m/s。主要原因在于，助推火箭在第一级飞行时，攻角与侧滑角的调整范围较小，并且控制

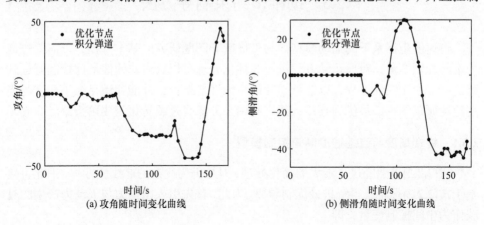

(a) 攻角随时间变化曲线　　　　　　　　(b) 侧滑角随时间变化曲线

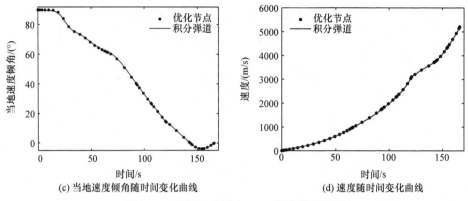

(c) 当地速度倾角随时间变化曲线　　　　　　　　(d) 速度随时间变化曲线

图 2.4.2　终端速度最小 RPM 弹道优化结果

量在跨声速时需要收敛到零,因此助推火箭在该阶段基本不具备速度控制能力。当助推火箭在第二级飞行时,助推火箭的控制能力,以及过程约束动压攻角乘积会限制控制量的调整范围,因此第二级消耗的剩余速度约占总剩余速度的 20%。由于第三级飞行高度较高,稀薄的大气导致动压攻角乘积约束对助推飞行基本无影响,因此该阶段消耗的剩余速度约占总剩余速度的 80%。

表 2.4.1　不同终端速度下的弹道优化结果

第一级交班速度/(m/s)	第二级交班速度/(m/s)	第三级终端速度/(m/s)
991.621	3105.415	5205.834
991.834	3214.543	5700.000
992.676	3326.357	6200.000
1003.128	3439.893	6703.631

2.5　助推多约束制导方法

将速度坐标系下的运动模型作为最优制导问题研究的基本方程,以需要过载为中间控制变量,对原运动方程进行线性化处理,以获得非线性最优控制问题的解析解。基于线性方程,以能量损耗最小为性能指标设计能够满足终端高度与当地速度倾角约束的最优制导律,然后利用二分法将过载转化为攻角指令。

2.5.1　终端高度与当地速度倾角控制模型

式(2.2.2)虽然经过了较大的简化处理,但是仍为复杂的非线性方程,因此直接基于式(2.2.2)很难获得解析最优制导律。为此,首先引入由推力与气动力产生的过载作为中间控制变量,即

$$
\begin{cases}
n_x = \dfrac{P_e \cos\alpha\cos\beta}{Mg_0} - \dfrac{\rho V^2 S_r C_D}{2Mg_0} \\[3mm]
n_y = \dfrac{P_e \sin\alpha}{Mg_0} + \dfrac{\rho V^2 S_r C_L}{2Mg_0}
\end{cases}
\tag{2.5.1}
$$

将式(2.5.1)代入式(2.2.2)，并假设 $g_0 = g$，可得

$$
\begin{cases}
\dot{V} = g_0 n_x - g_0 \sin\theta \\[2mm]
\dot{\theta} = \dfrac{g_0 n_y}{V} - \dfrac{g_0 \cos\theta}{V} + \dfrac{V\cos\theta}{R_e + h} \\[3mm]
\dot{h} = V\sin\theta
\end{cases}
\tag{2.5.2}
$$

根据助推终端约束条件，满足高度与当地速度倾角约束的制导问题实际是高度与高度变化率的控制问题。对高度求二阶导数，可建立高度控制系统，即

$$
\begin{cases}
\dot{h} = V\sin\theta \\[2mm]
\ddot{h} = \dot{V}\sin\theta + V\cos\theta\,\dot{\theta} \overset{\text{def}}{=\!=} f(\boldsymbol{x}) + g(\boldsymbol{x})n_y
\end{cases}
\tag{2.5.3}
$$

其中

$$
\begin{cases}
f(\boldsymbol{x}) = \dot{V}\sin\theta - g_0 \cos^2\theta + \dfrac{V^2\cos^2\theta}{r} \\[3mm]
g(\boldsymbol{x}) = g_0 \cos\theta
\end{cases}
\tag{2.5.4}
$$

定义状态变量 $\boldsymbol{x} = [h, \dot{h}]^{\mathrm{T}}$，控制变量 $u = n_y$，则由微分方程(2.5.3)可得

$$
\begin{cases}
\dot{x}_1 = x_2 \\[2mm]
\dot{x}_2 = f(\boldsymbol{x}) + g(\boldsymbol{x})u
\end{cases}
\tag{2.5.5}
$$

式(2.5.5)第一式为严格的线性方程，第二式包含非线性项，因此可引入新的控制变量将第二式转化为线性方程以便制导问题的求解，即

$$
u_{ny} = f(\boldsymbol{x}) + g(\boldsymbol{x})u
\tag{2.5.6}
$$

其中，u_{ny} 为新的控制变量，转化之后的制导模型为

$$
\begin{cases}
\dot{x}_1 = x_2 \\[2mm]
\dot{x}_2 = u_{ny}
\end{cases}
\tag{2.5.7}
$$

式(2.5.7)对应的状态空间方程为

$$
\begin{cases}
\dot{\boldsymbol{x}} = \boldsymbol{A}\boldsymbol{x} + \boldsymbol{B}u_{ny} \\[2mm]
\boldsymbol{A} = \begin{bmatrix} 0 & 1 \\ 0 & 0 \end{bmatrix}, \quad \boldsymbol{B} = \begin{bmatrix} 0 \\ 1 \end{bmatrix}
\end{cases}
\tag{2.5.8}
$$

其中，$\mathrm{rank}(\boldsymbol{B}, \boldsymbol{AB}) = 2$，表明该线性系统完全能控。

相对于原制导模型(2.5.3)，新模型(2.5.8)形式更加简洁，其最优制导律的求解更加简便。

2.5.2　能量损耗最小制导律设计

最优制导的描述是，基于制导模型(2.5.8)，以能量最优为性能指标，利用最优控制设计制导律 u_{ny}，将其代入式(2.5.8)所示的输入变换中，获得能够高精度满足终端高度及当地速度倾角约束的非线性最优制导律。为获得系统(2.5.8)的最优控制，建立能量损耗最小的性能指标，即

$$J = \min\left(\frac{1}{2}\int_0^{t_f} u_{ny}^2 \mathrm{d}t\right) \tag{2.5.9}$$

基于式(2.5.9)与式(2.5.8)，可进一步构建 Hamilton 函数，即

$$H = \lambda_h x_2 + \lambda_\theta u_{ny} + \frac{1}{2}u_{ny}^2 \tag{2.5.10}$$

由此可得协态变量，即

$$\begin{cases} \dfrac{\mathrm{d}\lambda_h}{\mathrm{d}t} = -\dfrac{\partial H}{\partial x_1} = 0 \\ \dfrac{\mathrm{d}\lambda_\theta}{\mathrm{d}t} = -\dfrac{\partial H}{\partial x_2} = -\lambda_h \end{cases} \Rightarrow \begin{cases} \lambda_h = C_h \\ \lambda_\theta = -C_h t + C_\theta \end{cases} \tag{2.5.11}$$

最优控制条件为

$$\frac{\partial H}{\partial u_{ny}} = 0 \Rightarrow u_{ny}^* = -\lambda_\theta = C_h t - C_\theta \tag{2.5.12}$$

由式(2.5.12)可知，最优控制问题的求解转化为对系数 C_h 与 C_θ 的求解。将式(2.5.12)代入式(2.5.8)中，求解该微分方程，可得

$$\begin{cases} x_1(t) = \dfrac{C_h t^3}{6} - \dfrac{C_\theta t^2}{2} + C_{h1} t + C_{\theta 1} \\ x_2(t) = \dfrac{C_h t^2}{2} - C_\theta t + C_{h1} \end{cases} \tag{2.5.13}$$

其中，C_{h1} 和 $C_{\theta 1}$ 为最优状态的系数。

结合当前飞行状态与终端约束，可得式(2.5.12)最优控制中的系数为

$$\begin{cases} C_h = \dfrac{6[(t - t_f)(\dot{h}_f + \dot{h}) - 2h + 2h_f]}{t^3 - 3t^2 t_f + 3t t_f^2 - t_f^3} \\ C_\theta = \dfrac{2[t t_f(\dot{h} - \dot{h}_f) - t_f^2(2\dot{h} + \dot{h}_f) + t^2(2\dot{h}_f + \dot{h}) + 3(t_f + t)(h_f - h)]}{t^3 - 3t^2 t_f + 3t t_f^2 - t_f^3} \end{cases} \tag{2.5.14}$$

结合式(2.5.6)、式(2.5.12)、式(2.5.14)，可获得过载指令，即

$$n_y^* = \frac{1}{g_0 \cos\theta}\left(C_h t - C_\theta - \dot{V}\sin\theta + g_0 \cos^2\theta - \frac{V^2 \cos^2\theta}{r}\right) \tag{2.5.15}$$

利用式(2.5.15)与式(2.5.1)中的过载，采用二分法便可计算获得攻角指令。

2.5.3 仿真分析

本节对上述最优制导方法进行仿真验证，取发射点经纬度 $\lambda_0 = \phi_0 = 0°$、高度 $h_0 = 0$、速度 $V_0 = 10\text{m/s}$、当地速度倾角 $\theta_0 = 90°$；助推终端高度为 90km、当地速度倾角为 0°；过程约束设置为 $\alpha \in [-30°, 30°]$、$n_{q\max} = 200\text{kPa} \cdot (°)$。

1. 制导基本性能仿真分析

基于上述仿真条件，第一级采用标准飞行程序进行制导，第二级与第三级采用最优制导方法生成制导指令。助推最优制导主要弹道曲线如图 2.5.1 所示。由图 2.5.1(a)与图 2.5.1(b)可知，攻角与俯仰角在助推过程中变化平缓，并在级间分离时定轴飞行，即俯仰角在分离前后 4s 的范围内保持不变。由图 2.5.1(c)与图 2.5.1(d)

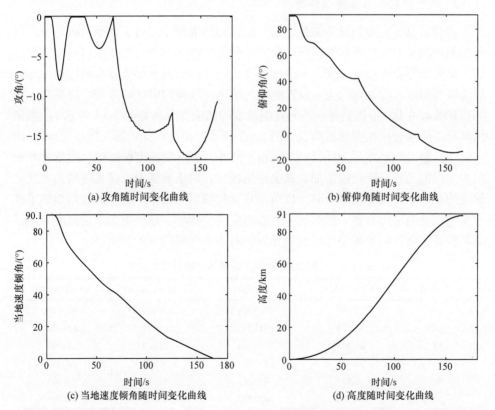

(a) 攻角随时间变化曲线
(b) 俯仰角随时间变化曲线
(c) 当地速度倾角随时间变化曲线
(d) 高度随时间变化曲线

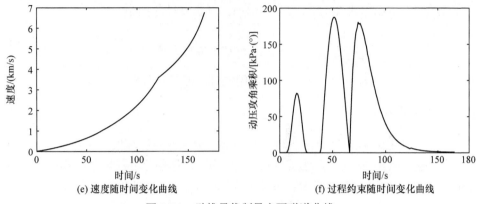

(e) 速度随时间变化曲线   (f) 过程约束随时间变化曲线

图 2.5.1 助推最优制导主要弹道曲线

可知，最优制导作用下的助推终端当地速度倾角偏差为 0.004°，终端高度偏差为 -1.932m。由图 2.5.1(e) 与图 2.5.1(f) 可知，在满足终端约束与过程约束的前提下，以能量损耗最小为性能指标的最优制导方法能够获得最大终端速度。上述结果验证了最优制导方法在标称条件下的精确性，以及能量最优性。

2. 制导适应性与鲁棒性分析

本章提出的助推制导策略是在第一级采用标准程序飞行，在第二级与第三级利用最优制导方法生成制导指令。作为一种不依赖标准飞行程序的自适应制导方法，最优制导需要在不改变第一级标准飞行程序的前提下仍能够高精度地满足终端高度与当地速度倾角约束。设置终端当地速度倾角约束始终为 0°，终端高度在 80~100km 变化。最优制导对不同终端高度的适应性分析如表 2.5.1 所示。助推最优制导适应性分析主要弹道曲线如图 2.5.2 所示。由此可知，第三级结束前 2s 的定轴飞行使终端高度误差始终约为 -2m。另外，当终端高度增加时，攻角首先正向增大以使飞行高度快速增加，其次使用较大攻角压低弹道以满足终端当地速度倾角约束；当终端高度降低时，攻角及其变化幅度均较小。较小的攻角增加了推力在速度方向上的分量，同时其阻力加速度也将减小，最终增大终端速度。上述结果验证了助推制导策略与最优制导方法对不同终端约束的适应性。

表 2.5.1 最优制导对不同终端高度的适应性分析

需要高度/km	实际高度/km	速度/(m/s)	当地速度倾角/(°)	$q\alpha$ /[kPa·(°)]
80	79.998	6838.989	-0.014	200.000
84	83.998	6817.578	-0.007	200.000
88	87.998	6789.853	-0.002	200.000
92	91.998	6751.064	0.004	187.495
96	95.997	6707.002	0.008	200.000
100	99.998	6659.815	0.015	200.000

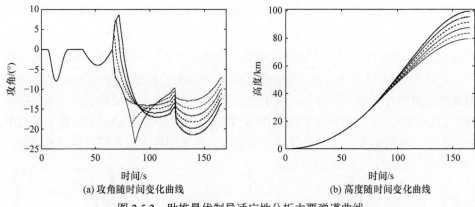

(a) 攻角随时间变化曲线　　　　　　(b) 高度随时间变化曲线

图 2.5.2　助推最优制导适应性分析主要弹道曲线

为进一步验证制导方法的鲁棒性，在标称条件仿真分析的基础上拉偏推力、大气密度和气动系数，并假设制导系统对上述偏差未知。如表 2.5.2 所示，终端高度误差在 5m 以内，当地速度倾角偏差均小于 0.12°。由于本节研究的最优制导方法只控制高度与当地速度倾角，因此终端速度大小散布较大，且终端速度随推力的增大而增大，随大气密度和气动系数的增大而减小。另外，由于助推飞行过程中的主要受力因素是推力项，因此推力偏差对制导精度、终端速度的影响最大，其最大正偏差为+13%，最大负偏差为−7%。当推力减小时，助推火箭需要增大攻角来满足终端约束，因此过程约束 $q\alpha$ 达到饱和。当推力进一步减小时，攻角长时间受 $q\alpha$ 的影响，导致终端误差增大。当大气密度增大时，虽然有增大的阻力使速度减小，但是大气密度直接影响动压，进而使过程约束 $q\alpha$ 达到饱和。上述结果验证了最优制导方法对外界偏差的鲁棒性。

表 2.5.2　助推最优制导最大拉偏测试

偏差项	偏差量/%	高度/km	速度/(m/s)	当地速度倾角/(°)	$q\alpha$ /[kPa · (°)]
—	0	89.998	6771.392	0.004	187.495
推力 (最大偏差)	+13	89.998	7405.262	−0.115000	156.234
	−7	89.995	6165.434	−0.062000	199.899
大气密度	+30	89.998	6758.375	−0.002000	199.976
	−30	89.997	6782.189	0.000763	131.658
升力系数	+30	89.997	6768.952	0.000350	194.177
	−30	89.997	6773.645	−0.000557	187.631
阻力系数	+30	89.997	6762.688	−0.000058	187.044
	−30	89.997	6779.918	−0.000452	193.164

为了验证制导方法在随机扰动条件下的鲁棒性，进行三自由度蒙特卡罗弹道

仿真。对每一时刻的推力添加 3σ 为 10%的零均值高斯白噪声，气动系数与大气密度偏差为 30%，并假设制导系统对误差大小未知，仍按标称参数计算制导指令，设置 $n_{q\max} = 200\text{kPa} \cdot (°)$ 来严格保证动压攻角乘积约束。如图 2.5.3 所示，终端高度误差约为 2m，终端当地速度倾角偏差约为–0.003°，并且过程约束 $q\alpha$ 的严格限制使终端速度有所减小。另外，由于过程随机偏差的影响，部分动压攻角乘积的峰值超过约束，但其均值为 199.227kPa · (°)。上述制导精度验证了在较大随机干扰情况下，所提制导方法能够满足精度要求，表明制导方法具有较强的鲁棒性。

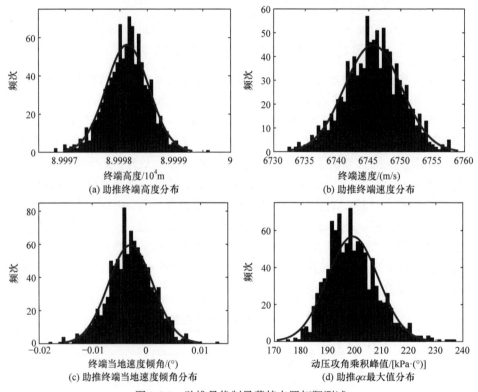

图 2.5.3　助推最优制导蒙特卡罗打靶测试

2.6　助推终端能量大范围可调能量管理

传统的助推火箭只在高空段进行速度控制，即能量管理，该方法限制了速度调节范围，因此不适用于终端能量大范围调整的新型助推制导。本节分析能量控制机理，提出针对能量大范围可调的控制策略，进而在低空段与高空段分别研究满足终端速度大小约束的能量管理方法，实现助推终端能量大范围可调。

2.6.1 终端能量大范围可调制导策略

为实现助推终端能量的大范围可调，本节分析影响终端能量的主要因素，提出通过调整侧滑角实现剩余能量耗散进而控制终端速度大小的策略，并将剩余能量分配到第二、三级，以同时进行侧向机动，进而拓宽终端速度的调整范围。

1. 考虑气动力影响的能量调节机理分析

对于大气层内飞行的助推火箭，由动力学方程可知，速度大小始终受发动机推力、气动力，以及地球引力的共同作用，即

$$\dot{V} = \frac{P_e \cos\alpha\cos\beta}{M} - \frac{\rho V^2 S_r C_D(Ma,\alpha,\beta)}{2M} - g\sin\theta \tag{2.6.1}$$

在速度微分方程(2.6.1)中，控制量攻角与侧滑角皆可影响推力与气动力加速度，但无法直接改变引力大小，因此速度控制只能通过调整推力与气动力实现。由于攻角可由最优制导解算获得，且较低的终端高度约束已使攻角基本达到饱和，因此速度控制只能通过调整侧滑角实现。速度微分与侧滑角绝对值的关系为

$$\frac{\partial\dot{V}}{\partial|\beta|} = -\frac{P_e\cos\alpha\sin|\beta|}{M} - \frac{\rho V^2 S_r}{2M}\frac{\partial C_D}{\partial|\beta|} \tag{2.6.2}$$

对于助推飞行而言，存在

$$\begin{cases} \beta \in \left[-\dfrac{\pi}{2},\dfrac{\pi}{2}\right] \\ \dfrac{\partial C_D}{\partial|\beta|} > 0 \end{cases} \tag{2.6.3}$$

结合式(2.6.2)与式(2.6.3)可知，速度微分随着侧滑角绝对值的增大而减小，因此大气层内助推终端能量控制的机理是，通过调整控制量攻角与侧滑角来改变推力在速度方向上的分量，并且通过调整之后的姿态角改变气动阻力，进而控制终端速度。由于气动阻力的影响，当消耗同样的剩余能量时，大气层内能量控制所需的姿态角调整幅度小于真空段，两种情况下的调整量之差与推力成反比关系，与动压及阻力系数成正比关系。

2. 终端能量大范围可调制导策略设计

为拓宽终端能量控制范围，需要在第二级与第三级同时进行速度控制。由于助推火箭的速度大小主要受推力影响，因此首先分析推力单独作用下的速度增量，即

$$V(t_{fi}) - V(t_{0i}) = \int_{t_{0i}}^{t_{fi}} \frac{P_{ei} \cos\alpha \cos\beta}{M(t_{0i}) - \dot{M}_i t} dt = \frac{P_{ei} \cos\alpha \cos\beta}{\dot{M}_i} \ln\left(\frac{M(t_{0i})}{M(t_{fi})}\right) \tag{2.6.4}$$

其中，i 表示不同的飞行阶段。

在给定姿态角时，同一飞行阶段内的速度增量与发动机比冲和初终端质量相关。当助推火箭总体参数给定时，单独由推力引起的速度增量可解析获得，而各飞行阶段的速度控制能力受攻角与侧滑角调节范围的影响。然而，在控制量攻角与侧滑角的计算中，需要考虑助推火箭控制能力，以及动压攻角乘积等过程约束的影响。当助推火箭在第二级飞行时，较低的飞行高度对应较稠密的大气和较大的动压，从而限制控制量的调整幅度，因此在保证过程约束的前提下，助推火箭在第二级的能量控制能力弱于第三级。另外，由于能量控制采取的机动飞行必然对制导精度产生影响，而第三级直接决定着终端制导精度，因此该段不宜采用过大幅度机动。根据基于弹道优化对助推终端速度控制能力的分析，以剩余速度表征剩余能量。设计剩余能量在不同飞行阶段的分配策略为

$$\begin{cases} \Delta V_{\text{stage2}} = \frac{1}{4} \Delta V_{\text{required}} \\ \Delta V_{\text{stage3}} = \frac{3}{4} \Delta V_{\text{required}} \end{cases} \tag{2.6.5}$$

其中，ΔV_{stage2} 与 ΔV_{stage3} 为第二级与第三级需要消耗的剩余能量；$\Delta V_{\text{required}} = V_{\text{max}} - V_f$ 为总剩余能量，V_{max} 为弹道优化获得的最大终端速度，V_f 为终端速度约束。

由式(2.6.5)可得，第二级与第三级的交班速度为

$$V_{f2} = V_f - \left(\Delta V_{\text{optimal3}} - \frac{3}{4} \Delta V_{\text{required}}\right) \tag{2.6.6}$$

其中，$\Delta V_{\text{optimal3}}$ 为弹道优化获得的第三级速度增量，也是弹道初始生成中的第三级速度增量。

根据最优制导与预测校正控制，姿态角指令可确定为

$$\begin{cases} \alpha = \alpha_{\text{optimal}} \\ \beta = \beta_{\text{vcontrol}} \end{cases} \tag{2.6.7}$$

其物理意义为，助推飞行中的攻角由满足终端高度与当地速度倾角约束的最优制导律获得，侧滑角需要根据终端能量控制任务确定，第二级的交班速度为 V_{f2}，第三级的终端速度约束为 V_f，其中用于控制速度的侧滑角 β_{vcontrol} 可通过预测校正方法得出。

2.6.2　终端能量大范围可调预测校正制导

助推火箭在不同飞行高度的受力环境与飞行特性差异较大，因此本节提出低空段能量管理方法与高空段解析预测校正，实现终端能量的大范围调整与速度大小的高精度控制。

1. 低空段速度数值预测校正控制

助推火箭在低空飞行时主要受发动机推力、气动力和地球引力的共同作用。由于气动力对终端速度的影响较难获得，因此需要采用数值方法预测终端速度并校正制导参数。

1) 制导指令参数化

在速度数值预测-校正中，控制量参数化是实现制导任务的第一步，即将助推段制导指令抽象描述为有限个控制参数的函数。控制量参数化方式直接决定预测-校正制导的基本模型框架与弹道形式。由于数值预测-校正制导的每一制导周期均需要对后续轨迹进行预测，而轨迹预测的依据是将每一时刻的制导指令作为控制量作用于飞行器，因此数值预测过程必须确定每一时刻的控制量。

对于固体助推火箭而言，攻角与侧滑角共同决定推力和气动力在不同方向上的分配，其中攻角可基于最优制导获得，因此速度控制中的控制量参数化实际是设计侧滑角的变化模型。另外，由速度微分方程可知，推力在速度方向上的分量与气动阻力均随侧滑角单调变化，因此通过调整侧滑角实现速度大小控制是可行的。为减小速度控制产生的侧向位移，设计侧滑角为图 2.6.1 所示的双梯形变化形式。

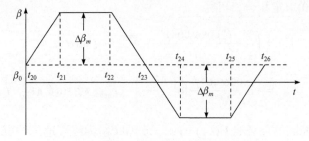

图 2.6.1　基于能量控制的侧滑角变化模型

图 2.6.1 给出的侧滑角变化模型为以下分段函数，即

$$\beta(t) = \begin{cases} \beta_0 + \dot{\beta}_{\max}(t - t_{20}), & t \in [t_{20}, t_{21}] \\ \beta_0 + \Delta\beta_m, & t \in [t_{21}, t_{22}] \\ \beta_0 + \Delta\beta_m - \dot{\beta}_{\max}(t - t_{22}), & t \in [t_{22}, t_{24}] \\ \beta_0 - \Delta\beta_m, & t \in [t_{24}, t_{25}] \\ \beta_0 - \Delta\beta_m + \dot{\beta}_{\max}(t - t_{25}), & t \in [t_{25}, t_{26}] \end{cases} \qquad (2.6.8)$$

其中，$\dot{\beta}_{\max}$ 为最大侧滑角变化率；β_0 为速度控制前的基准侧滑角；$\Delta\beta_m$ 为最大调姿角。

设计侧滑角在 $t_{20}\sim t_{21}$、$t_{22}\sim t_{24}$、$t_{25}\sim t_{26}$ 均以最快速度变化，以消耗更多的剩余能量。

2) 终端速度数值预测

对制导参数赋初值是预测终端速度的前提。合理的制导参数初值可加快后续校正的收敛速率，进而提高计算效率并保证制导精度。由于助推段主要受推力的影响，因此可采用平均参数法固化气动力与地球引力，进而设计迭代初值，即

$$\begin{cases} F_{\text{aero}} = \overline{F}_{\text{aero}}\left(\dfrac{t_{20}+t_{26}}{2}\right) \\[2mm] g = \overline{g} = \dfrac{g_{t_{20}}+g_{t_{26}}}{2} \\[2mm] \theta = \overline{\theta}\left(\dfrac{t_{20}+t_{26}}{2}\right) \end{cases} \tag{2.6.9}$$

基于式(2.6.9)中的假设，速度微分可转换为

$$\frac{\mathrm{d}V}{\mathrm{d}t} = \frac{P_e\cos\alpha\cos\beta}{M_0 - \dot{M}t} - \overline{F}_{\text{aero}} - \overline{g}\sin\overline{\theta} \tag{2.6.10}$$

其中，M_0 为速度控制开始时刻的质量，在 $t\in[t_{20},t_{26}]$ 范围内进行速度控制时 $M_0 = M(t_{20})$。

对式(2.6.10)求定积分，可得

$$\begin{aligned} V_{t_{26}} - V_{t_{20}} &= \int_{t_{20}}^{t_{26}} \frac{P_e\cos\alpha\cos\beta}{M_{t_{20}} - \dot{M}(t-t_{20})} - \overline{F}_{\text{aero}} - \overline{g}\sin\overline{\theta}\,\mathrm{d}t \\[2mm] &= \frac{P_e\cos\alpha\cos\beta}{\dot{M}}\ln\left(\frac{M_{t_{20}}}{M_{t_{26}}}\right) - (\overline{F}_{\text{aero}} + \overline{g}\sin\overline{\theta})(t_{26}-t_{20}) \end{aligned} \tag{2.6.11}$$

由于速度控制的任务是 $V(t_{26}) = V_{f2}$，其中 V_{f2} 为终端速度约束，因此最大调姿角 $\Delta\beta_m$ 的迭代初值可设计为

$$\cos\Delta\beta_{m0} = \frac{V_{f2} - V_{t_{20}} + (\overline{F}_{\text{aero}} + \overline{g}\sin\overline{\theta})(t_{26}-t_{20})}{\dfrac{P_e\cos\alpha}{\dot{M}}\ln\left(\dfrac{M_{t_{20}}}{M_{t_{26}}}\right)} \tag{2.6.12}$$

基于式(2.6.12)计算迭代初值 $\Delta\beta_{m0}$ 与式(2.6.8)，结合纵向最优制导给出的攻角指令，基于方程(2.6.13)利用四阶 Runge-Kutta 方法预测终端速度，即

$$\begin{cases} \dot{V} = \dfrac{P_e \cos\alpha\cos\beta}{M} - \dfrac{\rho V^2 S_r C_D}{2M} - g\sin\theta \\[2mm] \dot{\theta} = \dfrac{P_e \sin\alpha}{MV} + \dfrac{\rho V^2 S_r C_L}{2MV} - \dfrac{g\cos\theta}{V} + \dfrac{V\cos\theta}{R_e + h} \\[2mm] \dot{h} = V\sin\theta \end{cases} \tag{2.6.13}$$

3) 制导指令校正

在终端速度数值预测-校正控制中，根据终端速度预测与期望值的偏差，对原制导指令进行校正以使终端状态等于期望值。从数学角度讲，制导指令的校正属于非线性代数方程的求解过程，即

$$F(\Delta\beta_m) = V_{f\text{predict}}(\Delta\beta_m) - V_{f2} = 0 \tag{2.6.14}$$

其中，预测速度 $V_{f\text{predict}}$ 关于调姿角 $\Delta\beta_m$ 的解析函数表达式无法获得，因此只能通过数值方法求解满足速度约束 V_{f2} 的侧滑角。

基于迭代初值 $\Delta\beta_{m0}$，采用牛顿迭代方法，确定非线性系统(2.6.14)的零点，校正方程为

$$\begin{aligned} \Delta\beta_m &= \Delta\beta_{m0} - \left(\frac{\partial F(\Delta\beta_m)}{\partial \Delta\beta_m}\right)^{-1} (V_{f\text{predict}}(\Delta\beta_{m0}) - V_{f2}) \\ &= \Delta\beta_{m0} - \left(\frac{\partial V_{f\text{predict}}}{\partial \Delta\beta_m}\right)^{-1} (V_{f\text{predict}}(\Delta\beta_{m0}) - V_{f2}) \end{aligned} \tag{2.6.15}$$

其中，预测速度 $V_{f\text{predict}}$ 对调姿角 $\Delta\beta_m$ 的微分可利用差分方法获得，即

$$\frac{\partial V_{f\text{predict}}}{\partial \Delta\beta_m} = \frac{V_{f\text{predict}}(\Delta\beta_m + \Delta\beta'_m) - V_{f\text{predict}}(\Delta\beta_m)}{\Delta\beta'_m} \tag{2.6.16}$$

其中，$\Delta\beta'_m$ 为计算偏导数所需的侧滑角增量。

2. 高空段速度解析预测校正控制

大气密度随高度的增加不断减小，因此有别于低空助推飞行，当飞行高度较高时，气动力对助推火箭的影响基本可忽略不计。考虑推力与地球引力的速度微分方程为

$$\dot{V} = \frac{P_e \cos\alpha\cos\beta}{M(t)} - g\sin\theta(t) \tag{2.6.17}$$

在某一给定的飞行阶段，假设推力为恒定值，攻角可利用式(2.5.15)给出的最优过载指令获得，质量是时间的函数，即

$$M(t) = M_{t_{c0}} - \dot{M}(t - t_{c0}), \quad t_{c0} < t < t_f \tag{2.6.18}$$

其中，t_{c0} 为当前时刻。

最优制导律给出了当地速度倾角随时间的变化关系，但是该表达式形式复杂，不易解析求解，因此可将其简化为

$$\theta(t) = \theta_{t_{c0}} + \dot{\theta}_{t_{c0}}(t - t_{c0}), \quad t_{c0} < t < t_f \tag{2.6.19}$$

其中，$\theta_{t_{c0}}$ 为当前当地速度倾角；$\dot{\theta}_{t_{c0}}$ 为当前当地速度倾角变化率。

另外，引力加速度可利用平均方法假设为常数，即

$$\bar{g} = \frac{g_{t_{c0}} + g_{t_f}}{2} \tag{2.6.20}$$

将式(2.6.18)~式(2.6.20)代入式(2.6.17)并对其求定积分，可得忽略大气阻力影响的速度增量，即

$$
\begin{aligned}
V_{t_f} - V_{t_{c0}} &= \int_{t_{c0}}^{t_f} \frac{P_e \cos\alpha \cos\beta}{M_{t_{c0}} - \dot{M}(t - t_{c0})} - \bar{g}\sin(\theta_{t_{c0}} + \dot{\theta}_{t_{c0}}(t - t_{c0})) \mathrm{d}t \\
&= \left(\frac{\bar{g}}{\dot{\theta}_{t_{c0}}}\cos(\theta_{t_{c0}} + \dot{\theta}_{t_{c0}}(t - t_{c0})) - \frac{P_e \cos\alpha \cos\beta}{\dot{M}}\ln(M_{t_{c0}} - \dot{M}(t - t_{c0})) \right) \Bigg|_{t_{c0}}^{t_f}
\end{aligned} \tag{2.6.21}
$$

其中，$V_{t_{c0}}$ 和 V_{t_f} 为当前飞行速度和终端预测速度。

速度控制的目标是通过调整侧滑角使 V_{t_f} 等于速度约束 V_f，因此可将 V_f 代入式(2.6.21)求解侧滑角，即

$$\cos\beta = \frac{\dfrac{\bar{g}}{\dot{\theta}_{t_{c0}}}(\cos(\theta_{t_{c0}} + \dot{\theta}(t_f - t_{c0})) - \cos\theta_{t_{c0}}) - (V_f - V_{t_{c0}})}{\dfrac{P_e \cos\alpha}{M}\ln\left(\dfrac{M_{t_f}}{M_{t_{c0}}}\right)} \tag{2.6.22}$$

至此，能够满足终端高度、当地速度倾角、速度大小约束的助推制导指令均已获得。

2.6.3 仿真分析

本节对上述最优制导方法和能量控制策略进行仿真验证。取发射点经纬度分别为 $\lambda_0 = \phi_0 = 0°$，高度 $h_0 = 0$，速度 $V_0 = 10\mathrm{m/s}$，当地速度倾角 $\theta_0 = 90°$；助推终端高度为 90km，当地速度倾角为 0°；控制量攻角与侧滑角在第一级的变化范围为 $[-20°, 20°]$，第二级为 $[-30°, 30°]$，第三级为 $[-45°, 45°]$，$n_{q\max} = 200\mathrm{kPa} \cdot (°)$。

1. 制导算法基本性能仿真分析

终端能量大范围控制基本性能分析如图 2.6.2 所示。图中给出了终端速度约束
为 6000m/s 的主要弹道曲线。由仿真结果可知，本章提出的制导方法可以高精度
地满足终端多种约束。攻角与侧滑角在第一级始终按照标准飞行程序变化，在第
二级与第三级飞行中控制量均出现较大幅度的变化以耗散剩余能量。其中，在第
二级飞行前半段，较大的动压和稠密的大气导致动压攻角乘积达到饱和。此时，

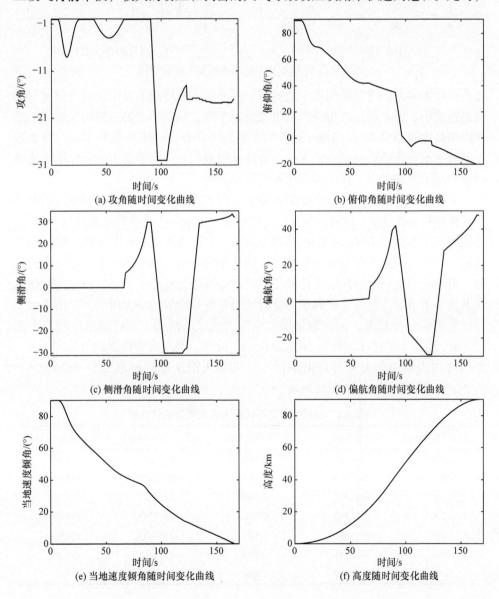

(a) 攻角随时间变化曲线　　　　　　　　　(b) 俯仰角随时间变化曲线

(c) 侧滑角随时间变化曲线　　　　　　　　(d) 偏航角随时间变化曲线

(e) 当地速度倾角随时间变化曲线　　　　　(f) 高度随时间变化曲线

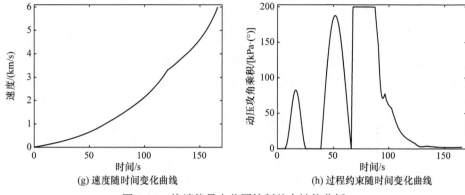

(g) 速度随时间变化曲线　　　　　(h) 过程约束随时间变化曲线

图 2.6.2　终端能量大范围控制基本性能分析

攻角保持为零，侧滑角采用最大边界值。另外，不断增加的高度使大气密度与动压迅速减小，因此动压攻角乘积在第二级后半段，以及整个第三级均未超标。助推终端高度误差为 7m，当地速度倾角误差为–0.056°，速度误差为 2m/s。其误差主要源于第三级结束前的定轴飞行。由计算结果可知，本节提出的制导策略能够高精度满足终端高度、速度和当地速度倾角约束。

　　上述仿真证明了新提出的非程序制导方法对于给定终端状态的精确性，但是无法获得速度调整范围。设置终端当地速度倾角约束始终为 0°，终端高度为 90km，终端速度在 5400～6700m/s 变化。助推制导对不同终端速度的适应性分析如表 2.6.1 所示。当终端速度小于 6400m/s 时，不同速度约束对应的动压攻角乘积均达到饱和，但终端约束仍能够高精度地满足，即终端高度误差小于 15m，当地速度倾角误差也小于 0.4°。另外，控制量调整幅度随着剩余能量的增大而增大，而机动飞行必然影响制导精度，因此制导误差也随之变大。然而，当终端速度约束小于5500m/s 时，实际速度始终为 5633.896m/s。此时，助推火箭控制能力达到饱和，意味着在当前控制能力和约束条件下，助推火箭速度控制范围为 5633.896～6700m/s，调整幅度为 15.91%。

表 2.6.1　助推制导对不同终端速度的适应性分析

速度约束/(m/s)	实际速度/(m/s)	实际高度/km	当地速度倾角/(°)	$q\alpha$/[kPa · (°)]
6700	6700.626	89.998	–0.002804	187.495
6600	6601.297	89.996	–0.025360	187.495
6400	6401.028	90.000	–0.002850	199.894
6200	6201.798	89.996	–0.012317	199.894
6000	6002.868	89.993	–0.059632	199.894
5800	5804.441	89.989	–0.172642	199.894
5600	5637.170	89.986	–0.354607	199.894

续表

速度约束/(m/s)	实际速度/(m/s)	实际高度/km	当地速度倾角/(°)	$q\alpha$/[kPa·(°)]
5500	5633.896	89.986	−0.367813	199.894
5400	5633.896	89.986	−0.367813	199.894

2. 制导算法鲁棒性仿真分析

对外界偏差的鲁棒性是制导方法的重要指标之一，在标称条件仿真分析的基础上，对推力、大气密度、气动系数进行拉偏，并在制导律生成时采用标称值。助推段制导最大拉偏测试如表 2.6.2 所示，推力偏差对制导精度的影响最大，其可承受的最大偏差在−7%~+7%。大气密度与气动系数偏差对制导精度的影响很小，对终端高度精度的影响在 10m 以内，当地速度倾角偏差均小于 0.12°，速度偏差也在 4m/s 以内。上述偏差对制导精度的影响相差较大的原因在于，推力是助推飞行中的主要因素，并且高空处稀薄的大气环境导致气动力基本为零，因此气动系数与大气密度的偏差对制导精度的影响很小。上述仿真验证了制导方法对外界偏差的鲁棒性。

表 2.6.2　助推段制导最大拉偏测试

偏差项	偏差量/%	高度/km	速度/(m/s)	当地速度倾角/(°)
—	0	89.993	6002.868	−0.059632
推力	+7	89.990	6098.699	−0.019341
(最大偏差)	−7	89.995	5945.308	−0.043978
大气密度	+30	89.993	6002.799	−0.050161
	−30	89.992	6003.323	−0.111251
升力系数	+30	89.993	6002.809	−0.052833
	−30	89.993	6002.942	−0.068406
阻力系数	+30	89.992	6002.869	−0.063707
	−30	89.993	6002.867	−0.055651
侧力系数	+30	89.993	6002.902	−0.062739
	−30	89.993	6002.833	−0.056277

根据上述拉偏测试，推力偏差对制导精度的影响最大，因此可在飞行过程中实时估计推力，并在制导指令生成中进行补偿，以进一步提高鲁棒性。由图 2.6.3 可知，推力加速度远大于气动力加速度，进一步表明大气密度与气动系数引起的气动力偏差对制导精度造成的影响可基本忽略不计。

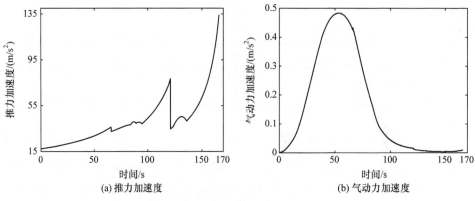

图 2.6.3　助推段加速度对比分析

利用助推火箭自身实测的加速度，以及标称条件下的气动模型在线估计推力大小，进而利用推力估计值解算制导指令实现鲁棒性补偿。推力估计方程为

$$\hat{P}_e = \frac{M_m \dot{V}_m + M_m g \sin\theta_m + \dfrac{\rho V_m^2 S_r C_D}{2}}{\cos\alpha_m \cos\beta_m} \tag{2.6.23}$$

其中，$\hat{P}_e$ 为推力估计值；下标 m 表示当前实测的运动状态。

大气密度与气动系数皆为标称模型。利用推力估计值计算制导指令，推力偏差补偿对制导性能的影响如表 2.6.3 所示。由仿真结果可知，对推力进行补偿时，偏差范围可由原来的−7%～+7%拓宽到−8%～+11%。

表 2.6.3　推力偏差补偿对制导性能的影响

偏差项	偏差量/%	高度/km	速度/(m/s)	当地速度倾角/(°)
—	0	89.993	6002.868	−0.059632
负向拉偏	−7	89.997	5950.206	0.005509
	−8	89.995	5821.705	0.034750
	−9	95.527	6086.886	16.031410
正向拉偏	+7	89.994	6003.896	−0.241795
	+8	89.995	6005.157	−0.229553
	+9	89.998	6010.117	−0.092787
	+10	89.852	6010.787	−0.809057
	+11	89.455	6011.065	−2.231539

参 考 文 献

[1] 胡德风. 导弹与运载火箭制导系统回顾与发展方向设想. 导弹与航天运载技术, 2002, (5):

45-46.

[2] 黄国强, 陆宇平, 南英. 飞行器轨迹优化数值算法综述. 中国科学, 2012, 42(9): 1016-1036.

[3] 廖宇新, 李惠峰, 包为民. 基于间接 Radau 伪谱法的滑翔段轨迹跟踪制导律. 宇航学报, 2015, 36(12): 1398-1405.

[4] Lu P, Sun H S, Tsai B. Closed-loop endo-atmospheric ascent guidance//AIAA Guidance, Navigation and Control Conference, Monterey, 2002.

[5] Michael Paus H. Well Klaus. Optimal ascent guidance for a hypersonic vehicle//AIAA Guidance, Navigation and Control Conference, San Diego, 1996: 3901.

[6] 崔乃刚, 黄盘兴, 韦常柱, 等. 基于混合优化的运载器大气层内闭环制导方法. 中国惯性技术学报, 2015, 23(3): 328-333.

[7] Lu P. Nonlinear trajectory tracking guidance with application to a launch vehicle. Journal of Guidance Control, and Dynamics, 1996, 19(1): 99-106.

[8] Seywald H, Cliff E M. Neighboring optimal control based feedback law for the advanced launch system. Journal of Guidance Control and Dynamics, 1994, 17(6): 1154-1162.

[9] 陈世年. 控制系统设计. 北京: 宇航出版社, 1996.

[10] Battin R H, Vaughan R M. An elegant Lambert algorithm. Journal of Guidance Control and Dynamics, 2015, 1(6): 662-670.

[11] 李连仲. 远程弹道导弹闭路制导方法研究. 系统工程与电子技术, 1980, (4): 3-19.

[12] Martin D T, Obrien R M, Rice A F, et al. Saturn V guidance, navigation, and targeting. Journal of Spacecraft and Rockets, 1967, 4(7): 891-898.

[13] Mchenry R L, Long A D, Cockrell B F, et al. Space shuttle ascent guidance, navigation, and control. Journal of the Astronautical Sciences, 1979, 27(1): 1-38.

[14] 胡朝江, 陈士橹. 改进直接多重打靶算法及其应用. 飞行力学, 2004, 22(1): 14-17.

[15] Enright P J, Conway B A. Optimal finite-thrust spacecraft trajectories using collocation and nonlinear programming. Journal of Guidance Control and Dynamics, 1991, 14(5): 981-985.

[16] 李佳峰, 姜欢, 陈万春. 基于拟勒让德谱变换的防空导弹弹道优化. 弹道学报, 2009, 21(3): 69-73.

[17] 马丹山, 刘新学, 王力纲. 闭路制导推力方向研究. 飞行力学, 2005, 23(3): 64-66.

[18] 王继平, 王明海, 鲜勇. 固体导弹耗尽关机与控制研究. 弹箭与制导学报, 2006, 26(3): 64-70.

[19] 陈克俊. 耗尽关机制导方法研究. 国防科技大学学报, 1996, 18(3): 35-39.

[20] 廖洪昌, 陈奇昌, 王明海. 耗尽关机闭路制导方法研究. 弹箭与制导学报, 2007, 27(2): 35-38.

[21] 徐衡, 陈万春. 满足多约束的主动段能量管理制导方法. 北京航空航天大学学报, 2012, 38(5): 569-573.

[22] 闫晓东, 吕石, 贾晓娟. 固体助推火箭助推段能量管理分析. 西北工业大学学报, 2013, 31(4): 584-589.

[23] 陈喆, 唐胜景, 郭杰. 固体火箭主动段终端多约束能量管理制导方法. 系统工程与电子技术, 2014, 36(12): 2484-2489.

[24] 贾沛然, 陈克俊, 何力. 远程火箭弹道学. 长沙: 国防科技大学出版社, 2009.

第 3 章　高超声速滑翔弹道优化设计方法

弹道优化设计是高超声速飞行器总体设计和制导控制的关键之一。滑翔段是高超声速飞行器最主要的飞行阶段。研究滑翔弹道优化设计问题具有重要意义。高超声速飞行器在滑翔段飞行过程中需要考虑各种复杂约束条件的影响，主要包括高速飞行过程中的气动热、动压、过载、控制等约束，以及执行某些飞行任务需要考虑的弹道机动、规避禁飞区、通过航路点等飞行要求。此外，飞行器自身和飞行环境存在的不确定性也会对滑翔弹道优化设计产生影响。在复杂约束和不确定条件下进行弹道优化设计比较复杂，需要结合高超声速飞行器的飞行特性，研究出合适的优化策略和优化方法。

本章围绕高超声速飞行器复杂多约束性、强机动性、强不确定性和高动态性等特点，研究滑翔弹道优化设计方法。首先，对国内外滑翔弹道优化设计技术进行综述，建立高超声速滑翔飞行运动模型并进行运动特性分析。在此基础上，分别研究复杂多约束条件和不确定条件下的弹道优化设计方法，并针对滑翔飞行过程中的突防要求，研究滑翔机动突防策略和突防弹道设计方法。

3.1　滑翔弹道优化设计技术综述

3.1.1　关键技术问题

弹道优化设计技术是高超声速飞行器的关键技术之一，也是目前国内外的研究热点。高超声速飞行器在临近空间长时间远距离高超声速滑翔飞行，经历的飞行环境十分复杂，并且大气密度、飞行器气动参数等均存在较大的不确定性或偏差。为了获得可行的滑翔弹道，弹道优化设计时必须考虑各种复杂飞行约束和不确定性的影响。此外，一些特定的飞行任务要求(如机动突防、区域规避、通过航路点等)还对飞行弹道优化设计提出挑战。所有这些因素，导致高超声速飞行器滑翔弹道优化设计问题相对于传统的航空或航天飞行器弹道规划问题更为复杂。滑翔弹道优化设计涉及以下关键技术问题。

1. 复杂多约束影响问题

高超声速飞行器在飞行过程中需要满足各种复杂约束条件。这些约束必须在弹道优化设计中加以考虑，既包括过载、动压、气动热等一般飞行约束，也包括控制量约束、禁飞区、航路点等路径约束。此外，由于助推段、滑翔段、下压段的动力学特性和飞行任务存在较大差异，不同飞行阶段之间还存在交班点状态约束，以及到达目标的终端状态约束。显然，滑翔弹道优化设计问题是一个复杂多约束问题。

2. 多目标优化设计问题

对高超声速飞行器弹道优化设计而言，往往同时关注多个性能指标，而这些性能指标之间又是相互冲突的。某个性能指标的改善可能引起其他性能指标的降低，设计者往往期望获得满足设计者偏好的最优弹道。针对多目标优化问题(multi-objective optimization problem，MOP)，通常只能在相互冲突的性能指标之间进行折中。

3. 不确定条件下滑翔弹道优化设计问题

高超声速飞行器在临近空间远程高速滑翔飞行过程中，大气密度、气动参数、飞行器质量(气动烧蚀影响)、初始再入状态等均不同程度地存在不确定性。受不确定因素的影响，确定条件下设计出的最优弹道在实际飞行情况下可能并不是最优的，甚至是不可行的，从而容易导致飞行任务的失败。因此，有必要在进行弹道优化设计时将这种不确定因素考虑进来，即进行不确定条件下的最优弹道设计。

4. 机动突防弹道设计问题

弹道机动突防能力强是高超声速飞行器的主要特点之一。为了充分发挥滑翔飞行阶段的突防能力，需要针对滑翔段防御系统的特点，结合优化设计等手段对滑翔机动策略和机动弹道进行精心设计，确保在完成任务的前提下尽可能地提高突防能力。

3.1.2　国内外研究现状

人们在设计弹道时，通常期望弹道对应的某些特性尽可能地好，这就涉及最优弹道设计的问题。高超声速飞行器最优弹道设计问题一直受到研究人员的重视，并提出一系列各具特色的优化策略和优化算法。

1. 典型弹道优化方法

弹道优化设计的实质是确定最佳控制量，使飞行器在满足各种约束条件并完成飞行任务的前提下，使指定的性能指标达到最优。弹道优化设计问题一般可抽象为微分方程、代数方程、等式、不等式约束下求解泛函极值的开环最优控制问题。一般将求解最优控制问题的数值方法分为间接法和直接法，但也有些方法并不包含在这个分类中，如动态规划方法、非线性动态逆方法、奇异摄动法等[1]。

1) 间接法

间接法基于极大值原理推导最优控制一阶必要条件，将问题转化为两点边值问题进行求解。间接法求解精度较高，并且解满足一阶最优性必要条件，但是存在以下不足[2,3]。

(1) 基于极大值原理推导最优解的过程较为烦琐。

(2) 求解两点边值问题时收敛域较小，对未知边界条件的初值估计精度要求较高。

(3) 许多间接法求解的问题要求猜测无物理意义的共轭变量初值，难度很大。

(4) 对有路径约束的最优控制问题，间接法求解困难。

考虑高超声速飞行器弹道规划问题的复杂性，采用间接法进行最优弹道规划具有较大难度。特别是，在考虑各种复杂路径约束的情况下，有时几乎不可能进行求解。因此，国内外基于间接法进行弹道规划时一般都对优化模型进行简化，很少考虑禁飞区等复杂路径约束条件[4,5]。目前，对间接法的研究集中在边值问题的求解上。求解两点边值问题主要采用(改进)打靶法、遗传算法、(改进)邻近极值法，以及这些方法的综合。此外，也有部分学者尝试寻求间接法协调变量的初值猜测方法，降低边值问题的求解难度[6]。

2) 直接法

直接法采用参数化方法将连续空间最优控制问题转化为非线性规划问题进行求解。直接法具有对初始估计值不敏感、不需要推导一阶最优性条件、收敛性好等优点，但是计算量一般较大，并且许多直接法不提供主矢量信息，无法保证解的最优性[3]。直接法最早可追溯到 1874 年 Cauchy 的梯度法。虽然直接法的出现较间接法约早一个世纪，但是受计算工具的限制，一直发展缓慢。直到最近几十年，随着计算机技术的高速发展，加上类似于高超声速飞行器弹道优化设计等一些复杂弹道优化问题求解需求的牵引，直接法得到快速发展。目前，直接法已广泛应用于各种弹道优化问题，如运载火箭上升段弹道优化[7-9]、飞行器再入弹道优化[10-12]、航天器最优变轨[13]、气动力辅助变轨[14-18]等问题。

采用直接法求解弹道优化的最优控制问题需解决两个关键问题，即如何将弹道优化的最优控制问题转换为非线性规划问题；如何进行非线性规划问题的求解。根据转换方式的不同，直接法可分为直接打靶法和配点法两种基本类型[3]。前者仅离散控制变量，而状态变量由数值积分获得。后者同时离散控制变量和状态变量。此外，还有多重直接打靶法[19,20]、微分包含法[21]，可分别看作直接打靶法和配点法的改进型。例如，波音公司两个著名的弹道优化软件 POST(program to optimize simulated trajectories)[22] 和 ClebyTOP(Chebyshev trajectory optimization program)分别基于直接打靶法和配点法开发。将最优控制问题转换为非线性规划问题后，需要采用相应的优化算法进行求解。目前主要求解方法包括三类，即精确算法、智能优化算法、混合算法。精确算法包括可行方向法、梯度法、内点法、序列二次规划法等。序列二次规划法是其中最为有效和应用最广泛的方法，如求解大规模非线性规划问题的软件包 SNOPT[23]。智能优化算法包括遗传算法、进化策略、粒子群算法、模拟退火算法、神经网络方法等。最近，有学者将上述两类方法组合起来形成所谓的混合算法，如先利用遗传算法获得初步最优解，作为非线性规划算法的初值来提高优化效率。

伪谱法是近年来发展较快的一类直接法。伪谱法以正交多项式的根为离散点，将连续最优控制问题的状态变量和控制变量离散化，以离散点为节点采用全区间插值多项式来近似状态变量和控制变量，从而将弹道优化的最优控制问题转换为非线性规划问题进行求解。由此可见，伪谱法主要解决如何将最优控制问题转换为非线性规划问题。它本身并不是一种算法，因为转换后仍需采用非线性规划算法进行求解。应用于航空航天领域的常见伪谱法包括 Chebyshev 伪谱法(Chebyshev pseudospectral method，CPM)、Legendre 伪谱法(Legendre pseudospectral method，LPM)、GPM、RPM。各种伪谱法的区别在于所选取的插值基函数、配点和节点类型不同。在早期的工作中，伪谱法用于解决机器人、太阳帆板、运载火箭上升段、编队飞行、轨道转移等方面的最优控制问题。近几年，伪谱法已广泛应用到高超声速飞行器弹道的离线优化设计中。但是，伪谱法在实际应用中仍存在离散点数目选择困难、禁飞区和航路点约束处理困难、离散点之间的弹道容易超出设定约束等问题[24]，因此有必要结合具体的应用背景开展伪谱法的应用研究。

针对弹道优化设计问题，国外开发了一些商业化软件，除了 POST 和 ClebyTOP 外，还包括 OTIS(optimal trajectories by implicit simulation)[25]等。此外，还有一些求解最优控制问题的软件包可用于弹道优化设计，如 GPOPS[26]、DIDO[27]、PSOPT[28]等。

2. 多目标最优弹道规划

对弹道规划问题来说，设计者有时不是追求单个性能指标最优，而是期望同时考虑多个关心的性能指标。这些性能指标往往又是相互影响和制约的，一个目标性能的改善可能引起另一个目标性能的降低，即不存在使所有性能指标均达到最优的解，因此只能在各个目标之间进行协调和折中。这就是 MOP。MOP 通常存在一个解的集合，这些解称为非支配解或 Pareto 最优解[29,30]。MOP 的 Pareto 最优解只是一个可接受的"不坏"解，并且大多数 Pareto 最优解的个数很多，甚至是无穷多，而 MOP 的最优解就是包含所有这些 Pareto 最优解的一个集合[31]。然而，对于实际弹道优化问题，必须根据对问题的了解程度和设计者的偏好，从大量的 Pareto 最优解中选择合适的解。因此，多目标优化方法可以分为产生式方法和基于偏好的方法[3]。前者用于确定整个 Pareto 解集或解的近似，后者将 MOP 转换为单目标优化问题求解，能够获得反映设计者偏好的折中解。

智能优化算法是通过模拟某一自然现象或过程建立的，具有高度并行、自组织、自学习、自适应等特征。目前主要的智能优化算法包括进化算法(evolutionary algorithm，EA)、粒子群优化(particle swarm optimization，PSO)算法、蚁群优化(ant colony optimization，ACO)算法、模拟退火(simulated annealing，SA)算法、人工免疫算法(artificial immune algorithm，AIA)、禁忌搜索(tabu search，TS)算法等。为了求解 MOP，获得近似 Pareto 最优解集，人们将多种智能优化算法引入多目标优化设计领域，形成对应的多目标智能优化算法。其中，又以多目标进化算法(multi-objective evolutionary algorithm，MOEA)的应用最为广泛。在多目标弹道规划方面，Adam 等[32]采用多目标遗传算法研究深空探测器多目标最优轨道设计问题。文献[33]和[34]基于非支配排序遗传算法(non-dominated sorting genetic algorithm，NSGA2)分别进行空间线性和非线性最优交会轨道的规划，取得了很好的效果。此外，NSGA2 在求解 RLV 最优再入弹道、无人飞行器最优弹道规划，以及考虑弹道优化的飞行器多学科优化设计等方面得到广泛应用[35-37]。

对于实际优化问题来说，仅获得 Pareto 最优解是不够的，一般还需要根据设计者对优化问题的了解，设计反映偏好的折中解。因此，需采用基于偏好的方法。基于偏好的方法将 MOP 转换为反映设计者偏好的单目标优化问题进行求解，主要包括加权法、理想点法、主要目标法、物理规划方法等[38-40]。其中，物理规划方法是目前的研究热点。物理规划方法是 Messac[40]于 1996 年提出的一种新的处理 MOP 的有效方法，能从本质上把握设计者对不同优化指标的偏好，大大减轻大规模多目标优化设计问题的计算负担。物理规划方法通过对各优化目标进行偏好函数构造和分析，确定优化目标的满意度区间，将 MOP 问题转化为基于偏好函数值的单目标优化模型进行求解。雍恩米等[41]将物理规划法用于再入飞行器的最优攻角设计中。Luo 等[42]将物理规划方法应用于多目标最优交会轨道规划，结合 Lambert 交会算法和模拟退火算法，获得满足设计者偏好指标的满意解。田志刚等[43-45]将物理规划与神经网络、模糊逻辑相结合，进行相关研究。

飞行器弹道优化是总体优化设计中的重要组成部分，贯穿整个飞行器设计过程，与气动布局、制导控制、动力和结构等多个分系统设计密切相关。设计者往往同时关心多个性能指标，因此开展高超声速飞行器多目标最优弹道规划设计研究具有重要意义。

3. 不确定条件下的最优弹道规划

不确定性设计优化理论及其方法在航空航天领域中的应用研究始于 20 世纪中期。不确定性设计优化是指设计过程中考虑设计变量、设计决策和系统分析模型等不确定性的影响，得到相对不确定性变化不敏感、约束条件可靠和目标函数鲁棒的最优设计结果。它主要用于解决以下两方面的问题[46]，即提高飞行器的鲁棒性，降低飞行器性能对不确定性影响的灵敏度，保持飞行器在不确定性条件下的性能稳定；提高飞行器的可靠性，降低发生故障和失效的概率，使飞行器在不确定性条件下的可靠度满足预定要求。因此，不确定性设计优化问题又可分为鲁棒设计优化(robust design optimization，RDO)和基于可靠性的设计优化(reliability-based design optimization，RBDO)两大类[47]。此外，很多优化设计问题往往同时要求目标函数鲁棒和约束条件可靠，因此需要将鲁棒设计优化和基于可靠性的设计优化进行综合，即基于可靠性的鲁棒设计优化(reliability-based robust design optimization，RBRDO)[48-50]。

鲁棒设计优化的基本思想最早由 Taguchi[51,52]提出。由于对提高产品质量和性能稳定性具有重要作用，鲁棒设计优化得到广泛应用[52-54]。鲁棒设计优化需要考虑目标性能的鲁棒性，一般为 MOP。目前广泛采用的求解方法包括加权求和法[55]、折中法[56]、物理规划方法[57]、遗传算法、进化算法[58,59]等。基于可靠性的设计优化在结构设计领域应用非常广泛，Frangopol[60]和 Moses[61]总结了早期的研究工作。基于可靠性的设计优化，在每一个搜索点需要进行可靠性分析，计算量很大，因此在工程实际中通常采用近似求解方法将可靠性约束条件转化为近似等价的确定性约束条件，将原不确定性优化问题转化为确定性优化问题来降低计算复杂度[50]。其主要方法包括最差情况分析法[62]、角空间分析法[63]、变化模式分析法[64]、可靠设计空间法[65]，以及近似极限状态方程法[66]等。近年来，考虑不确定性的飞行器设计优化应用研究已逐渐成为热点，其中一个主要的应用方向是飞行器多学科设计[50]。

在弹道规划领域，虽然人们很早就意识到不确定性因素影响的重要性，但传统的做法是先进行确定条件下的弹道规划，然后基于设计结果进行不确定因素影响分析和评估，很少将不确定因素直接纳入弹道规划。近年来，不确定条件下的最优弹道规划问题开始受到关注。例如，Olds 等[67]研究了星际再入轨道设计的不确定性设计优化方法；罗亚中[68]研究了不确定条件下的鲁棒最优交会路径规划方法。总体而言，绝大部分弹道规划设计研究仍是基于确定性优化设计思想。可见，不确定条件下最优弹道规划问题的研究才刚刚起步。相对于其他弹道规划，高超声速飞行器弹道规划受不确定因素的影响更加显著，因此有必要结合其弹道规划的特点开展深入研究。

4. 机动突防弹道设计

随着导弹防御技术的不断提高与完善，飞行器的突防能力越来越受到关注。目前，提高导弹突防能力的主要手段包括电子干扰、释放诱饵、安装多弹头、机动变轨等。其中，机动突防技术是一种较为有效的突防方法，一直以来都受到军事大国的青睐。高超声速飞行器具有较强的机动突防能力，这是其相对于弹道式导弹的主要优势之一。

针对防御方拦截阵地，高超声速飞行器可以通过机动规避进行突防。此外，由于飞行任务要求或受机动能力限制，飞行器必须从某些拦截区域通过。这种情况下可以人为地设计特殊的弹道机动来提高防御方弹道预报和拦截的难度，从而提高突防能力。

目前，关于机动突防弹道设计方面的研究主要针对反舰导弹及弹道导弹。采用的机动突防弹道主要有 S 形机动弹道、螺旋机动弹道和跳跃弹道等。另外，还有一些弹道机动方式(如眼镜蛇机动、滚桶机动、随机机动等)主要限于理论研究，实际应用难度较大。文献[69]采用过载控制技术，建立反舰导弹末端机动的一体化控制模型，利用该模型控制导弹完成末端跃升、蛇行、摆式和螺旋等各种机动方式。文献[70]基于虚拟目标的概念设计一种适合三维空间情况的比例导引律，利用该导引律引导反舰导弹追踪空间的虚拟目标,实现反舰导弹大空域变轨机动。文献[71]研究弹道导弹再入弹头螺旋机动的产生机理，通过反馈线性化方法实现螺旋机动的控制过程，并通过仿真分析说明螺旋机动具有良好的突防能力。文献[72]~[74]从拦截导弹制导控制的角度，说明摆动式机动能较好地提高突防性能。为了进一步提高防御方弹道预测的难度，文献[75]提出一种随机机动弹道的策略。为了对机动弹道突防效果进行验证，文献[76]在假设拦截武器采用比例导引的情况下，比较分析了半筋斗机动+滚桶机动，以及 S 机动+滚桶机动两种机动弹道的突防效果。

5. 小结

弹道优化设计是高超声速飞行器的重要研究内容，国内外在这方面开展了广泛研究。目前的研究工作重点围绕如何在满足高超声速滑翔飞行过程的复杂飞行约束，以及航路点、禁飞区等路径约束条件下进行弹道优化设计。其主要研究思路包括两类：一是通过数值优化方法进行滑翔弹道的优化设计等；二是沿用航天飞机再入弹道设计与制导的思路，采用基于阻力加速度剖面的弹道设计方法实现弹道优化设计。

3.2　滑翔运动建模与特性分析

运动建模及运动特性分析是开展滑翔弹道优化设计的基础。目前的研究通常在半速度坐标系中建立运动模型，并用速度大小、当地速度倾角和航迹偏航角来描述飞行器速度，用经度、地心纬度和高度描述飞行器位置。然而，在考虑航路点和禁飞区等复杂约束的情况下，上述传统运动模型已经难以满足弹道规划，特别是弹道快速规划的要求。因此，有必要研究有利于简化复杂约束滑翔弹道规划问题的运动模型。高超声速飞行器在飞行过程中要考虑诸多复杂约束条件的影响，主要包括气动热、动压、过载、控制约束，以及终端速度、高度、航向等状态约束。此外，为实现在预定位置进行侦测、载荷释放，或者对特定区域进行机动规避等飞行任务，还需满足航路点和禁飞区约束。因此，有必要对上述约束条件进行分析，建立相应的数学描述模型。

3.2.1　运动建模

国内外在开展高超声速飞行器弹道规划与制导问题的研究中，通常在半速度坐标系中建立运动模型。为了简化弹道规划算法，特别是方便考虑航路点、禁飞区等复杂路径约束，在文献[10]和[77]研究工作的基础上，基于极点变换的思想建立考虑地球旋转影响的运动模型[78-80]，简化弹道规划算法。为了表述方便，本书称半速度坐标系中建立的传统运动模型为一般运动模型，称新建立的飞行器运动模型为换极运动模型。

1. 一般运动模型

假设地球为旋转圆球，描述飞行器运动状态的变量包括地心距 r、经度 λ、地心纬度 ϕ、速度大小 V、当地速度倾角 θ 和航迹偏航角 σ，各状态参数的定义见附录 A。以时间 t 为自变量的高超声速飞行器运动方程为[81]

$$\begin{cases} \dfrac{\mathrm{d}\sigma}{\mathrm{d}t} = \dfrac{L\sin\upsilon}{V\cos\theta} + \dfrac{V\tan\phi\cos\theta\sin\sigma}{r} + C_\sigma + \tilde{C}_\sigma \\[2mm] \dfrac{\mathrm{d}\theta}{\mathrm{d}t} = \dfrac{L\cos\upsilon}{V} - \dfrac{g\cos\theta}{V} + \dfrac{V\cos\theta}{r} + C_\theta + \tilde{C}_\theta \\[2mm] \dfrac{\mathrm{d}V}{\mathrm{d}t} = -D - g\sin\theta + \tilde{C}_V \\[2mm] \dfrac{\mathrm{d}r}{\mathrm{d}t} = V\sin\theta \\[2mm] \dfrac{\mathrm{d}\lambda}{\mathrm{d}t} = \dfrac{V\cos\theta\sin\sigma}{r\cos\phi} \\[2mm] \dfrac{\mathrm{d}\phi}{\mathrm{d}t} = \dfrac{V\cos\theta\cos\sigma}{r} \end{cases} \tag{3.2.1}$$

其中，υ 为倾侧角；$g = \mu / r^2$ 为地球引力加速度，μ 为地球引力常数；L 和 D 为升力和阻力加速度大小，即

$$\begin{cases} L = \dfrac{1}{2M} \rho V^2 S_r C_L \\ D = \dfrac{1}{2M} \rho V^2 S_r C_D \end{cases} \tag{3.2.2}$$

其中，M 为飞行器质量；S_r 为参考面积；C_L 和 C_D 分别为升力系数和阻力系数，通常为攻角 α 和马赫数的函数；ρ 为大气密度，即

$$\rho = \rho_0 e^{-h/h_s} \tag{3.2.3}$$

其中，$h_s = 7110\,\mathrm{m}$；$\rho_0 = 1.225\,\mathrm{kg/m^3}$；$h$ 为高度。

地球旋转对应的科氏加速度项 C_σ、C_θ，以及牵连加速度项 $\tilde{C}_\sigma$、$\tilde{C}_\theta$、$\tilde{C}_V$ 分别为

$$\begin{cases} C_\sigma = 2\omega_e(\sin\phi - \cos\sigma\tan\theta\cos\phi) \\ \tilde{C}_\sigma = \dfrac{\omega_e^2 r \cos\phi\sin\phi\sin\sigma}{V\cos\theta} \\ C_\theta = 2\omega_e\sin\sigma\cos\phi \\ \tilde{C}_\theta = \dfrac{\omega_e^2 r}{V}\cos\phi(\sin\phi\cos\sigma\sin\theta + \cos\phi\cos\theta) \\ \tilde{C}_V = \omega_e^2 r(\cos^2\phi\sin\theta - \cos\phi\sin\phi\cos\sigma\cos\theta) \end{cases} \tag{3.2.4}$$

其中，ω_e 为地球自转角速度。

显然，若令式(3.2.4)均为零，则式(3.2.1)为不考虑地球旋转情况下的运动方程。

当 $\phi = \pm\pi/2$ 或 $\theta = \pm\pi/2$ 时，式(3.2.1)均会出现奇异点。虽然高超声速飞行器在滑翔飞行过程中 θ 为小量，一般不会出现 $\theta = \pm\pi/2$ 的情况，但当飞行器通过地球南极或北极时，有 $\phi = \pm\pi/2$，因此一般运动模型有必要进行奇异点的处理。

2. 换极运动模型

如图 3.2.1 所示，O_E 和 O_1 分别为地心和飞行器质心位置。定义一个再入大圆弧平面作为新的赤道平面，针对目标点 T 确定的情况，将过滑翔起点 I 和目标点 T 的大圆弧平面(即滑翔起点和目标点地心矢径构成的平面)作为新的赤道平面；针对目标点未确定的情况，则根据滑翔起点位置及方位角确定对应的再入大圆弧平面。基于新的赤道平面重新定义一个地心坐标系 $O_E\text{-}\hat{X}\hat{Y}\hat{Z}$，$\hat{X}$ 轴沿飞行起始点地心矢径方向，$\hat{Y}$ 轴在再入大圆弧平面内垂直于 $\hat{X}$ 轴指向目标方向，$\hat{Z}$ 轴与 $\hat{X}$、

$\hat{Y}$ 轴构成右手系。

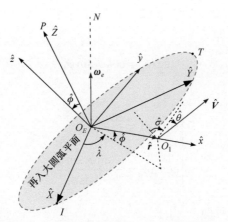

图 3.2.1　换极地心坐标系及状态参数的重定义

由定义可知,坐标系 O_E-$\hat{X}\hat{Y}\hat{Z}$ 实际上可由一般地心坐标系 O_E-XYZ 经过坐标变换得到。一般地心坐标系 Z 轴指向北极点 N, 坐标系 O_E-$\hat{X}\hat{Y}\hat{Z}$ 的 $\hat{Z}$ 轴指向新的极点 P。为了描述方便,称上述坐标变换为极点变换,称地心坐标系 O_E-XYZ 为一般地心坐标系,称新定义的坐标系 O_E-$\hat{X}\hat{Y}\hat{Z}$ 为换极地心坐标系。一般地心坐标系中的状态参数分别为 λ、ϕ、σ、V、θ 和 r。令换极地心坐标系中对应状态的参数分别为 $\hat{\lambda}$、$\hat{\phi}$、$\hat{\sigma}$、$\hat{V}$、$\hat{\theta}$ 和 $\hat{r}$, 其定义方式如图 3.2.1 所示。两个坐标系对应状态参数的相互转换关系见附录 B。根据换极地心坐标系的定义可知, $\hat{\phi}=0$ 的平面包含滑翔起点和终点(针对终点位置未确定的情况, $\hat{\phi}=0$ 的平面即飞行器的再入平面),且起点经度 $\hat{\lambda}_0 = 0$,可用 $\hat{\lambda}$ 和 $\hat{\phi}$ 描述纵程角和横程角。利用这些特性,可以极大地简化弹道规划算法。

为了推导换极运动模型,需定义一个旋转坐标系 O_E-$\hat{x}\hat{y}\hat{z}$,并将附录 A 式(A.1)所示的矢量形式的运动模型投影到该坐标系中。如图 3.2.1 所示, $\hat{x}$ 轴沿飞行器当前位置向量方向, $\hat{y}$ 轴在平面 $\hat{X}O_E\hat{Y}$ 内垂直于 $\hat{x}$ 轴指向目标方向, $\hat{z}$ 轴与 $\hat{x}$ 和 $\hat{y}$ 轴构成右手坐标系。若假设地球为不旋转圆球,则可以将任意一个大圆弧平面看作赤道平面,因此一般运动模型与换极运动模型在形式上是完全一致的。但是,考虑地球旋转影响后,两套运动模型中与地球旋转相关的科氏加速度项和牵连加速度项会不同。限于篇幅,下面重点推导换极运动模型中与地球旋转相关的项。设地球自转角速度矢量为 $\boldsymbol{\omega}_e$,则科氏加速度和牵连加速度项分别为 $-2\boldsymbol{\omega}_e \times \hat{V}$ 和 $-\boldsymbol{\omega}_e \times (\boldsymbol{\omega}_e \times \hat{r})$。为了推导 $\boldsymbol{\omega}_e$ 在坐标系 O_E-$\hat{x}\hat{y}\hat{z}$ 中的分量,首先确定新极点 P 的位置 (λ_p, ϕ_p) 和方位角 A_p。

如图 3.2.2 所示，N 为北极点，飞行器滑翔起始点 I 的坐标为 (λ_0,ϕ_0)，方位角为 ψ_0。由于大圆弧 $\overset{\frown}{PI}$ 的长度为 $\pi/2$，根据球面三角形 PNI，利用余弦公式可得 P 点的地心纬度 ϕ_p，即

$$\sin\phi_p = \cos\phi_0 \sin\psi_0 \tag{3.2.5}$$

由

$$\begin{cases} \sin\Delta\lambda_p = \dfrac{\cos\psi_0}{\cos\phi_p} \\[3mm] \cos\Delta\lambda_p = -\dfrac{\sin\phi_0 \sin\psi_0}{\cos\phi_p} \end{cases} \tag{3.2.6}$$

可确定 P 点的经度 $\lambda_p = \lambda_0 - \Delta\lambda_p$。

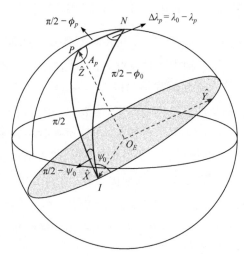

图 3.2.2　P 点、N 点及 I 点的位置关系

同理，可得

$$\begin{cases} \cos A_p = \sin\phi_0 / \cos\phi_p \\[2mm] \sin A_p = \sin\Delta\lambda_p \cos\phi_0 \end{cases} \tag{3.2.7}$$

由式(3.2.7)可得 A_p。若 $\phi_p = \pm\pi/2$，则说明新极点 P 与地球极点重合，即再入平面与地球赤道平面重合，此时直接令 $\lambda_p = 0$、$A_p = 0$。

令 $\boldsymbol{u}$、$\boldsymbol{v}$ 和 $\boldsymbol{w}$ 分别表示沿坐标系 $O_E\text{-}\hat{X}\hat{Y}\hat{Z}$ 三个轴方向的单位矢量。如图 3.2.3 所示，由于 N 在坐标系 $O_E\text{-}\hat{X}\hat{Y}\hat{Z}$ 中的经度 $\hat{\lambda}_N = A_p$、地心纬度 $\hat{\phi}_N = \phi_p$，因此 $\boldsymbol{\omega}_e$ 在坐标系 $O_E\text{-}\hat{X}\hat{Y}\hat{Z}$ 中的表现形式为

$$\boldsymbol{\omega}_e = (\omega_e \cos\phi_p \cos A_p)\boldsymbol{u} + (\omega_e \cos\phi_p \sin A_p)\boldsymbol{v} + (\omega_e \sin\phi_p)\boldsymbol{w} \tag{3.2.8}$$

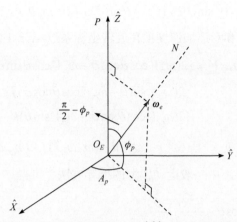

图 3.2.3　$\boldsymbol{\omega}_e$ 在坐标系 $O_E\text{-}\hat{X}\hat{Y}\hat{Z}$ 中的表现形式

如图 3.2.1 所示，坐标系 $O_E\text{-}\hat{x}\hat{y}\hat{z}$ 可由坐标系 $O_E\text{-}\hat{X}\hat{Y}\hat{Z}$ 绕 $\hat{Z}$ 轴正方向旋转 $\hat{\lambda}$、再绕 $\hat{y}$ 轴反方向旋转 $\hat{\phi}$ 得到，对应的转换关系为

$$\begin{bmatrix} \hat{x} \\ \hat{y} \\ \hat{z} \end{bmatrix} = \boldsymbol{M}_2(-\hat{\phi})\boldsymbol{M}_3(\hat{\lambda}) \begin{bmatrix} \hat{X} \\ \hat{Y} \\ \hat{Z} \end{bmatrix} = \begin{bmatrix} \cos\hat{\lambda}\cos\hat{\phi} & \sin\hat{\lambda}\cos\hat{\phi} & \sin\hat{\phi} \\ -\sin\hat{\lambda} & \cos\hat{\lambda} & 0 \\ -\cos\hat{\lambda}\sin\hat{\phi} & -\sin\hat{\lambda}\sin\hat{\phi} & \cos\hat{\phi} \end{bmatrix} \begin{bmatrix} \hat{X} \\ \hat{Y} \\ \hat{Z} \end{bmatrix} \tag{3.2.9}$$

由此可得，$\boldsymbol{\omega}_e$ 在坐标系 $O_E\text{-}\hat{x}\hat{y}\hat{z}$ 中各坐标轴方向的分量为

$$\begin{bmatrix} \omega_{ex} \\ \omega_{ey} \\ \omega_{ez} \end{bmatrix} = \begin{bmatrix} \cos\hat{\lambda}\cos\hat{\phi} & \sin\hat{\lambda}\cos\hat{\phi} & \sin\hat{\phi} \\ -\sin\hat{\lambda} & \cos\hat{\lambda} & 0 \\ -\cos\hat{\lambda}\sin\hat{\phi} & -\sin\hat{\lambda}\sin\hat{\phi} & \cos\hat{\phi} \end{bmatrix} \begin{bmatrix} \omega_e \cos\phi_p \cos A_p \\ \omega_e \cos\phi_p \sin A_p \\ \omega_e \sin\phi_p \end{bmatrix} \tag{3.2.10}$$

即

$$\omega_{ex} = \omega_e(\cos\hat{\lambda}\cos\hat{\phi}\cos\phi_p\cos A_p + \sin\hat{\lambda}\cos\hat{\phi}\cos\phi_p\sin A_p + \sin\hat{\phi}\sin\phi_p)$$
$$\omega_{ey} = \omega_e(-\sin\hat{\lambda}\cos\phi_p\cos A_p + \cos\hat{\lambda}\cos\phi_p\sin A_p) \tag{3.2.11}$$
$$\omega_{ez} = \omega_e(-\cos\hat{\lambda}\sin\hat{\phi}\cos\phi_p\cos A_p - \sin\hat{\lambda}\sin\hat{\phi}\cos\phi_p\sin A_p + \cos\hat{\phi}\sin\phi_p)$$

令 $\boldsymbol{i}$、$\boldsymbol{j}$ 和 $\boldsymbol{k}$ 分别表示沿坐标系 $O_E\text{-}\hat{x}\hat{y}\hat{z}$ 三个轴方向的单位矢量，则 $\boldsymbol{\omega}_e$ 可表示为

$$\boldsymbol{\omega}_e = \omega_{ex}\boldsymbol{i} + \omega_{ey}\boldsymbol{j} + \omega_{ez}\boldsymbol{k} \tag{3.2.12}$$

位置矢量和速度矢量可表示为

$$\begin{cases} \hat{\boldsymbol{r}} = \hat{r}\boldsymbol{i} \\ \hat{\boldsymbol{V}} = (\hat{V}\sin\hat{\theta})\boldsymbol{i} + (\hat{V}\cos\hat{\theta}\sin\hat{\sigma})\boldsymbol{j} + (\hat{V}\cos\hat{\theta}\cos\hat{\sigma})\boldsymbol{k} \end{cases} \tag{3.2.13}$$

因此，科氏加速度项和牵连加速度项在旋转坐标系 $O_E\text{-}\hat{x}\hat{y}\hat{z}$ 中的分量可表示为

$$\begin{aligned} -2\boldsymbol{\omega}_e \times \hat{\boldsymbol{V}} = &-2(\omega_{ey}\hat{V}\cos\hat{\theta}\cos\hat{\sigma} - \omega_{ez}\hat{V}\cos\hat{\theta}\sin\hat{\sigma})\boldsymbol{i} \\ &-2(\omega_{ez}\hat{V}\sin\hat{\theta} - \omega_{ex}\hat{V}\cos\hat{\theta}\cos\hat{\sigma})\boldsymbol{j} \\ &-2(\omega_{ex}\hat{V}\cos\hat{\theta}\sin\hat{\sigma} - \omega_{ey}\hat{V}\sin\hat{\theta})\boldsymbol{k} \end{aligned} \tag{3.2.14}$$

$$-\boldsymbol{\omega}_e \times (\boldsymbol{\omega}_e \times \hat{\boldsymbol{r}}) = (\omega_{ey}^2\hat{r} + \omega_{ez}^2\hat{r})\boldsymbol{i} - (\omega_{ex}\omega_{ey}\hat{r})\boldsymbol{j} - (\omega_{ex}\omega_{ez}\hat{r})\boldsymbol{k} \tag{3.2.15}$$

采用类似于附录 A 中一般运动模型的推导方法，可得

$$\begin{aligned} &\frac{\mathrm{d}\hat{V}}{\mathrm{d}t}\sin\hat{\theta} + \frac{\mathrm{d}\hat{\theta}}{\mathrm{d}t}\hat{V}\cos\hat{\theta} - \frac{\hat{V}^2\cos^2\hat{\theta}}{\hat{r}} \\ &= -D\sin\hat{\theta} + L\cos\hat{\theta}\cos\upsilon - g - 2(\omega_{ey}\hat{V}\cos\hat{\theta}\cos\hat{\sigma} - \omega_{ez}\hat{V}\cos\hat{\theta}\sin\hat{\sigma}) + (\omega_{ey}^2\hat{r} + \omega_{ez}^2\hat{r}) \end{aligned}$$
$$\tag{3.2.16}$$

$$\begin{aligned} &\frac{\mathrm{d}\hat{V}}{\mathrm{d}t}\cos\hat{\theta} - \frac{\mathrm{d}\hat{\theta}}{\mathrm{d}t}\hat{V}\sin\hat{\theta} + \frac{\mathrm{d}\hat{\sigma}}{\mathrm{d}t}\frac{\hat{V}\cos\hat{\theta}}{\tan\hat{\sigma}} + \frac{\hat{V}^2}{\hat{r}}\cos\hat{\theta}(\sin\hat{\theta} - \cos\hat{\theta}\cos\hat{\sigma}\tan\hat{\phi}) \\ &= -D\cos\hat{\theta} - L\left(\sin\hat{\theta}\cos\upsilon - \frac{\sin\upsilon}{\tan\hat{\sigma}}\right) - \frac{2}{\sin\hat{\sigma}}(\omega_{ez}\hat{V}\sin\hat{\theta} - \omega_{ex}\hat{V}\cos\hat{\theta}\cos\hat{\sigma}) - \frac{\omega_{ex}\omega_{ey}\hat{r}}{\sin\hat{\sigma}} \end{aligned}$$
$$\tag{3.2.17}$$

$$\begin{aligned} &\frac{\mathrm{d}\hat{V}}{\mathrm{d}t}\cos\hat{\theta} - \frac{\mathrm{d}\hat{\theta}}{\mathrm{d}t}\hat{V}\sin\hat{\theta} - \frac{\mathrm{d}\hat{\sigma}}{\mathrm{d}t}\hat{V}\cos\hat{\theta}\tan\hat{\sigma} + \frac{\hat{V}^2}{\hat{r}}\cos\hat{\theta}(\sin\hat{\theta} + \sin\hat{\sigma}\tan\hat{\sigma}\tan\hat{\phi}\cos\hat{\theta}) \\ &= -D\cos\hat{\theta} - L(\sin\hat{\theta}\cos\upsilon + \tan\hat{\sigma}\sin\upsilon) - \frac{2}{\cos\hat{\sigma}}(\omega_{ex}\hat{V}\cos\hat{\theta}\sin\hat{\sigma} - \omega_{ey}\hat{V}\sin\hat{\theta}) - \frac{\omega_{ex}\omega_{ez}\hat{r}}{\cos\hat{\sigma}} \end{aligned}$$
$$\tag{3.2.18}$$

以时间为自变量的动力学方程为

$$\begin{aligned} \frac{\mathrm{d}\hat{\sigma}}{\mathrm{d}t} &= \frac{L\sin\upsilon}{\hat{V}\cos\hat{\theta}} + \frac{\hat{V}}{\hat{r}}\tan\hat{\phi}\cos\hat{\theta}\sin\hat{\sigma} + C_\sigma + \tilde{C}_\sigma \\ \frac{\mathrm{d}\hat{\theta}}{\mathrm{d}t} &= \frac{L\cos\upsilon}{\hat{V}} - \frac{g\cos\hat{\theta}}{\hat{V}} + \frac{\hat{V}\cos\hat{\theta}}{\hat{r}} + C_\theta + \tilde{C}_\theta \\ \frac{\mathrm{d}\hat{V}}{\mathrm{d}t} &= -D - g\sin\hat{\theta} + \tilde{C}_V \end{aligned} \tag{3.2.19}$$

其中，地球旋转对应的科氏加速度项 C_σ、C_θ，以及牵连加速度项 $\tilde{C}_\sigma$、$\tilde{C}_\theta$、$\tilde{C}_V$ 分别为

$$\begin{cases} C_\sigma = 2\omega_{ex} - 2\tan\hat{\theta}(\omega_{ey}\sin\hat{\sigma} + \omega_{ez}\cos\hat{\sigma}) \\ C_\theta = 2(\omega_{ez}\sin\hat{\sigma} - \omega_{ey}\cos\hat{\sigma}) \\ \tilde{C}_\sigma = -\dfrac{\hat{r}}{\hat{V}\cos\hat{\theta}}(\omega_{ex}\omega_{ey}\cos\hat{\sigma} - \omega_{ex}\omega_{ez}\sin\hat{\sigma}) \\ \tilde{C}_\theta = \dfrac{\hat{r}}{\hat{V}}[\omega_{ex}\omega_{ey}\sin\hat{\theta}\sin\hat{\sigma} + \omega_{ex}\omega_{ez}\sin\hat{\theta}\cos\hat{\sigma} + (\omega_{ey}^2 + \omega_{ez}^2)\cos\hat{\theta}] \\ \tilde{C}_V = \hat{r}[-\omega_{ex}\omega_{ey}\cos\hat{\theta}\sin\hat{\sigma} - \omega_{ex}\omega_{ez}\cos\hat{\theta}\cos\hat{\sigma} + (\omega_{ey}^2 + \omega_{ez}^2)\sin\hat{\theta}] \end{cases} \quad (3.2.20)$$

采用与式(A.17)类似的推导方法可得换极后的运动学方程，即

$$\begin{cases} \dfrac{\mathrm{d}\hat{r}}{\mathrm{d}t} = \hat{V}\sin\hat{\theta} \\ \dfrac{\mathrm{d}\hat{\lambda}}{\mathrm{d}t} = \dfrac{\hat{V}\cos\hat{\theta}\sin\hat{\sigma}}{\hat{r}\cos\hat{\phi}} \\ \dfrac{\mathrm{d}\hat{\phi}}{\mathrm{d}t} = \dfrac{\hat{V}\cos\hat{\theta}\cos\hat{\sigma}}{\hat{r}} \end{cases} \quad (3.2.21)$$

虽然换极运动模型和一般运动模型对应的科氏加速度项和牵连加速度项不同，但是两个模型在形式上是完全一致的。由于人们习惯采用一般运动模型来描述飞行器运动，因此需进行一般运动模型与换极运动模型的相互转换，两者之间的转换关系见附录 B。

由于高超声速飞行器侧向机动能力有限，基于换极运动模型获得的滑翔弹道保持在换极后地心纬度 $\hat{\phi}=0$ 对应的再入平面附近，不会出现 $\hat{\phi}=\pm\pi/2$ 的情况，因此可以避免一般运动模型类似的奇异问题。如图 3.2.4 所示[82]，换极运动模型中滑翔起点经度和地心纬度，以及终端地心纬度均为 0，整个滑翔弹道在 $\hat{\phi}=0$ 的"赤

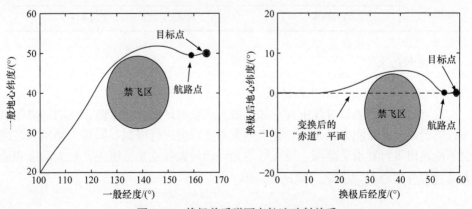

图 3.2.4　换极前后弹下点航迹映射关系

道"平面附近。换极运动模型可分别用经度和地心纬度来描述纵程角和横程角，因此航路点和禁飞区中心的经度即它们与滑翔起点的射面距离，地心纬度即它们偏离射面的距离。基于换极运动模型进行弹道规划可以大大简化规划算法。

为了描述简便，在不引起混淆的情况下，换极运动模型对应的状态参数仍采用 r、λ、ϕ、V、θ 和 σ 来描述。在没有特别说明的情况下，弹道规划算法采用换极运动模型描述，弹道跟踪算法及弹道规划结果均采用一般运动模型对应参数来描述。

3.2.2　约束建模及影响分析

1. 多约束条件描述

高超声速飞行器在临近空间长时间高速飞行过程中会受到诸多复杂约束条件的影响。这些约束条件是进行弹道规划时必须加以考虑的。根据约束条件的特点可分为过程约束和端点约束两大类。多约束条件如表 3.2.1 所示。

表 3.2.1　多约束条件

约束条件		主要目的
过程约束	热流密度峰值约束	防止气动热烧蚀破坏
	最大过载约束	防止飞行器结构性破坏
	最大动压约束	防止空气舵铰链力矩过大
	控制量约束	满足飞行器控制能力要求
	预设航路点约束	在预设位置进行侦测或释放载荷
	禁飞区约束	规避禁止通行区域或防御方拦截区域
端点约束	起始条件	影响高超声速飞行器飞行能力
	终端约束	满足滑翔段和下压段交班条件

2. 过程约束

1) 驻点热流密度、动压和过载

驻点是飞行器飞行过程中气动加热最为严重的区域。为了防止气动加热超出飞行器的最大承受能力，必须对驻点热流密度峰值进行限制。同样，动压和过载也不能超出飞行器承受范围。设飞行器允许的最大驻点热流密度、最大动压和最大总过载分别为 $\dot{Q}_{max}$、q_{max} 和 n_{max}，则

$$\begin{cases} \dot{Q} = K_h \rho^{0.5} V^m \leqslant \dot{Q}_{max} \\ q = \dfrac{1}{2} \rho V^2 \leqslant q_{max} \\ n = \dfrac{\sqrt{L^2 + D^2}}{g_0} \leqslant n_{max} \end{cases} \tag{3.2.22}$$

其中，K_h 为常数，其取值与飞行器相关；m 一般取 3.15[77]；g_0 为地球海平面标准引力加速度，取 $g_0 = 9.81\,\mathrm{m/s^2}$。

为了限制滑翔弹道的跳跃，一般还考虑增加零倾侧角拟平衡滑翔条件，即 $(g - V^2 / r) - L \leqslant 0$。拟平衡滑翔条件不是一个必须严格满足的约束[83]，特别是在初始再入阶段，由于高度较高，大气密度很小，因此飞行器很难实现平衡滑翔。

2) 控制量约束

控制量通常取攻角和倾侧角，主要限制控制量的幅值和变化率，即

$$\begin{aligned} &\alpha \in [\alpha_{min}, \alpha_{max}], \quad \upsilon \in [\upsilon_{min}, \upsilon_{max}] \\ &\dot{\alpha} \leqslant \dot{\alpha}_{max}, \quad \dot{\upsilon} \leqslant \dot{\upsilon}_{max} \end{aligned} \tag{3.2.23}$$

3) 预设航路点约束

航路点是飞行器为满足多载荷释放或侦测等任务要求需要飞过的位置，通常要求飞行器必须从各航路点正上方飞过，但过航路点对应的时间、控制量、高度、当地速度倾角、速度大小、航迹偏航角等均不作要求。设第 i 个航路点位置为 $Z_i(\lambda_{zi}, \phi_{zi})$，飞行弹道上距 Z_i 最近处的坐标为 $(\tilde{\lambda}, \tilde{\phi})$，则要求

$$\begin{aligned} &|\tilde{\lambda} - \lambda_{zi}| \leqslant \varepsilon_\lambda \\ &|\tilde{\phi} - \phi_{zi}| \leqslant \varepsilon_\phi \end{aligned} \tag{3.2.24}$$

其中，ε_λ 和 ε_ϕ 均为给定小量。

4) 禁飞区约束

禁飞区即飞行器在飞行过程中不允许经过的区域，如障碍物、考虑地缘政治因素影响而不允许通过的区域、防御方拦截区域等。

假设地球为圆球，考虑半椭球形和椭圆柱形两种不同的禁飞区，设地球表面某一位置 $o(r_o, \lambda_o, \phi_o)$ 为禁飞区中心，令禁飞区在径向、东向和北向的半径分别为 R_h、R_L 和 R_B(对椭圆柱形来说，R_h 为高度)，在以 o 为原点的地理坐标系中，半椭球形禁飞区约束可描述为

$$\frac{x^2}{R_B^2} + \frac{y^2}{R_h^2} + \frac{z^2}{R_L^2} \geqslant 1 \tag{3.2.25}$$

椭圆柱形禁飞区约束为

$$\frac{x^2}{R_B^2} + \frac{z^2}{R_L^2} \geqslant 1 \text{ 或者 } y \geqslant R_h \tag{3.2.26}$$

为方便弹道规划，需将禁飞区约束用经度、地心纬度和高度加以描述。设任意点 p 的位置为 (r,λ,ϕ)，则地心坐标系点 p 的坐标为

$$\begin{cases} x' = r\cos\phi\cos\lambda \\ y' = r\cos\phi\sin\lambda \\ z' = r\sin\phi \end{cases} \tag{3.2.27}$$

根据地心坐标系与地理坐标系间的转换关系，可确定点 p 在地理坐标系中的位置，即

$$\begin{bmatrix} x \\ y \\ z \end{bmatrix} = \boldsymbol{T}_E(\lambda_o,\phi_o) \begin{bmatrix} x' \\ y' \\ z' \end{bmatrix} - \begin{bmatrix} 0 \\ r_o \\ 0 \end{bmatrix} \tag{3.2.28}$$

其中，转换矩阵可表示为

$$\boldsymbol{T}_E(\lambda_o,\phi_o) = \begin{bmatrix} -\sin\phi_o\sin\lambda_o & -\sin\phi_o\sin\lambda_o & \cos\phi_o \\ \cos\phi_o\cos\lambda_o & \cos\phi_o\sin\lambda_o & \sin\phi_o \\ -\sin\lambda_o & \cos\lambda_o & 0 \end{bmatrix}$$

由此可求得用经度、地心纬度、高度描述的半椭球形和椭圆柱形禁飞区约束。

3. 端点约束

1) 起始条件

高超声速飞行器滑翔起始点状态决定飞行器的飞行能力。滑翔起始状态由助推火箭关机条件或再入条件决定。对确定条件下的弹道规划问题来说，通常假设滑翔起始点状态参数为固定值，即

$$\begin{aligned} h_0 &= h_0^*, \quad \lambda_0 = \lambda_0^*, \quad \phi_0 = \phi_0^* \\ V_0 &= V_0^*, \quad \theta_0 = \theta_0^*, \quad \sigma_0 = \sigma_0^* \end{aligned} \tag{3.2.29}$$

其中，带"*"的变量表示设定值(下同)。

2) 终端约束

终端约束是为了实现预定飞行任务并满足滑翔段和下压段或能量管理段交接班的状态要求，一般包括终端速度大小、终端高度、终端航迹偏航角、终端当地速度倾角等。根据弹道规划任务的不同，终端约束条件也不同，具体终端约束条件将在后续各章节实际弹道规划时给出。

4. 主要约束条件影响分析

为了直观分析驻点热流密度、动压、过载、拟平衡滑翔条件等过程约束对高超声速飞行器弹道特性的影响规律及影响程度,将上述各约束条件经过一定转换并投影到特定坐标平面内,构成所谓的飞行走廊。飞行走廊是指飞行器在飞行过程需满足的各种约束条件的交集,通常由过载、动压、热流密度、拟平衡滑翔条件等共同构成。常见的飞行走廊有高度-速度(height-velocity, H-V)、阻力加速度-速度(drag acceleration-velocity, D-V)、高度-能量(height-energy, H-E)、阻力加速度-能量(drag acceleration-energy, D-E)等不同表示形式。D-E 和 H-E 飞行走廊分别与 D-V 和 H-V 飞行走廊类似,仅坐标横轴不同。虽然各飞行走廊描述形式不同,但是都能从不同的侧面反映各飞行约束条件对飞行弹道的影响特性,因此它们是等价的。对滑翔弹道规划来说,理论上将实际飞行剖面限制在飞行走廊内,即可保证对应的弹道满足各飞行约束条件。

确定飞行走廊首先需要设计参考攻角剖面,借鉴航天飞机攻角剖面设计的经验,在初始飞行段以大攻角飞行,可以减轻热防护的负担,在通过气动加热严重的飞行阶段后再以大升阻比攻角飞行,增加纵向航程和侧向机动能力。这里取攻角剖面为速度的分段线性函数,即

$$\alpha = \begin{cases} \alpha_{\max}, & V \geqslant V_1 \\ \dfrac{\alpha_{\max L/D} - \alpha_{\max}}{V_2 - V_1}(V - V_1) + \alpha_{\max}, & V_2 \leqslant V < V_1 \\ \alpha_{\max L/D}, & V < V_2 \end{cases} \tag{3.2.30}$$

其中,$\alpha_{\max}$ 和 $\alpha_{\max L/D}$ 为最大飞行攻角和最大升阻比对应攻角;V_1 和 V_2 为攻角曲线的分段参数,可根据飞行器防热及航程需求加以确定。

1) D-V 飞行走廊数学建模

本节基于 D-V 飞行走廊,分析各约束条件对滑翔弹道特性的影响。因此,需在一定简化情况下将式(3.2.22)中各约束条件表述为阻力加速度和速度的函数关系式。

(1) 驻点热流密度约束边界。

综合式(3.2.2)第二式和式(3.2.22)中的驻点热流密度计算公式,可得

$$D(V) \leqslant D_{\dot{Q}_{\max}}(V) = \frac{S_r \dot{Q}_{\max}^2 C_D}{2MK_h^2 V^{2m-2}} \tag{3.2.31}$$

式(3.2.31)将驻点热流密度约束转换成阻力加速度 D 与速度 V 的数学关系式,其含义是当速度为 V 时,为满足驻点热流密度约束,飞行器阻力加速度必须小于等于最大驻点热流密度对应的阻力加速度边界值 $D_{\dot{Q}_{\max}}$。

(2) 动压约束边界。

根据阻力加速度和动压计算公式，易得最大动压约束对应的 D-V 飞行走廊边界，即

$$D(V) \leqslant D_{q_{\max}}(V) = \frac{q_{\max} S_r C_D}{M} \tag{3.2.32}$$

(3) 总过载边界。

考虑升力和阻力加速度有如下关系，即

$$L = \frac{C_L}{C_D} D \tag{3.2.33}$$

将其代入飞行器总过载约束条件，可得

$$D(V) < D_{n_{\max}}(V) = \frac{n_{\max} g_0}{\sqrt{1 + (C_L / C_D)^2}} \tag{3.2.34}$$

(4) 平衡滑翔边界。

根据零倾侧角拟平衡滑翔条件可得

$$\left(g - \frac{V^2}{r} \right) - D \frac{C_L}{C_D} \leqslant 0 \tag{3.2.35}$$

进而可得

$$D(V) \geqslant D_{eg}(V) = \frac{C_D}{C_L} \left(g - \frac{V^2}{r} \right) \tag{3.2.36}$$

其中，考虑高度相对于地心距为小量，r 可近似取为 $R_e + \tilde{h}$，R_e 为地球平均半径，$\tilde{h}$ 为平均滑翔飞行高度。

(5) D-V 飞行走廊上下边界确定。

D-V 飞行走廊的上边界由 $D_{\dot{Q}_{\max}}(V)$、$D_{n_{\max}}(V)$、$D_{q_{\max}}(V)$ 构成，下边界由 $D_{eg}(V)$ 构成，即

$$\begin{aligned} D_{up}(V) &= \min\{D_{\dot{Q}_{\max}}(V), D_{n_{\max}}(V), D_{q_{\max}}(V)\} \\ D_{down}(V) &= D_{eg}(V) \end{aligned} \tag{3.2.37}$$

其中，$D_{up}(V)$ 和 $D_{down}(V)$ 为 D-V 飞行走廊的上边界和下边界。

2) 飞行约束条件影响分析

以 CAV-H 模型(附录 C)为例，基于 D-V 飞行走廊分析各飞行约束条件对弹道特性的影响情况。假设攻角曲线服从式(3.2.30)所示的变化规律，并且 $\alpha_{\max} = 20°$、$\alpha_{\max L/D} = 10°$、$V_1 = 4820\text{m/s}$、$V_2 = 2000\text{m/s}$，各约束条件分别设为 $\dot{Q}_{\max} =$

1800kW/m^2、$q_{\max}=100\text{kPa}$、$n_{\max}=3g$。图 3.2.5 给出了各约束条件对应的 D-V 飞行走廊边界，以及某一参考弹道对应的实际飞行剖面。

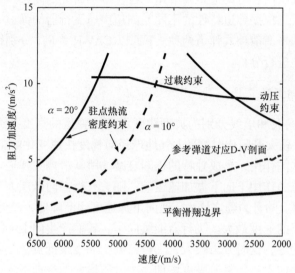

图 3.2.5　D-V 飞行走廊

如图 3.2.5 所示，D-V 飞行走廊下边界由平衡滑翔边界构成，上边界依次由驻点热流密度约束、过载约束、动压约束构成。气动加热问题是高超声速飞行器初始再入段需要重点考虑的问题，也是实现再入滑翔飞行的难点问题之一。图 3.2.5 分别给出初始再入攻角分别取 20° 和 10° 时对应的驻点热流密度边界。由此可知，初始段采用大攻角飞行对应的飞行走廊要比小攻角对应的飞行走廊宽，可以提供较为宽松的热环境，减轻热防护的难度。因此，飞行器初始再入段一般都采用大攻角的再入模式。滑翔飞行中段走廊上边界由过载约束构成，但是整个滑翔段过载一般不大(通常不超过 3g)，因此飞行中段约束比较容易满足。在滑翔飞行末段，飞行高度较低，大气密度急剧增大，因此动压也随之增大。受此影响，滑翔飞行末段飞行走廊迅速变窄。综上所述，可确定如下滑翔弹道基本攻角方案，即为了减轻热防护的难度，可以在滑翔初段以大攻角飞行，较快地降低速度，防止超过飞行走廊驻点热流密度约束边界；在中速段可以采用大升阻比攻角飞行，以满足纵程和横向机动等要求；滑翔末段则应防止飞行弹道超过最大动压边界。

3.2.3　运动特性分析

再入飞行器一般可分为弹道式再入飞行器、弹道-升力式再入飞行器和升力式再入飞行器。弹道式再入又称零升力再入，飞行器在再入过程中基本不产生升力，因此再入弹道比较陡峭，航程和飞行时间也较短；弹道-升力式再入飞行器一般通过质心配置的方法产生配平攻角，从而产生一定的升力，但对应的升阻比一般小于 0.5；升力式再入飞行器的升阻比一般大于 1，在再入飞行过程中能产生较大升力，可实现大气层内长时间远距离滑翔飞行。本书研究的高超声速飞行器属于升力式再入飞行器。根据弹道特性的不同，高超声速飞行器的弹道一般又可分为跳跃滑翔式弹道和平衡滑翔式弹道两种。下面以 CAV-H 为例，分别针对这两种典型弹道的弹道特性进行分析。

1. 跳跃滑翔式弹道

图 3.2.6(a)实线和虚线分别为典型跳跃滑翔式弹道的高度及纵平面加速度曲线。飞行器具有较大升阻比时，受大气地球径向梯度快速变化的影响，结合动能、势能和升力的共同作用，形成独特的逐渐衰减的跳跃滑翔式弹道。飞行器在达到最高点后，在重力作用下向下做加速运动。随着飞行器向低层大气运动，大气密度逐渐增大，向上的升力随之增大，使向下加速度逐渐降低，直至升力等于重力，此时飞行器向下的速度最大。飞行器继续向下，转而产生向上的加速度，直至向下的速度分量为零，这时升力较大，飞行器处于高度最低点。接着，飞行器在升力的作用下加速向上，但随着高度增加，大气密度开始逐渐下降，升力也随之下降，在某个高度重力等于升力，飞行器具有最大的向上速度。随后，重力大于升力，飞行器开始减速向上，升力越来越小，最终向上的速度为零，高度达到最大。飞行器在重力作用下，继续向下开始下一个周期，考虑阻力对飞行器动能的衰减，水平速度在不断减小，跳跃高度和跳跃形成的周期也在衰减，最终形成特有的跳跃滑翔式弹道。

由于滑翔段过载较小，一般不会超出飞行器的承受能力。因此，下面重点对驻点热流密度和动压进行分析。如图 3.2.6(b)所示，随着弹道的跳跃，驻点热流密度和动压(分别对应图中实线和虚线)也呈现跳跃变化的趋势。对比图 3.2.6(a)和

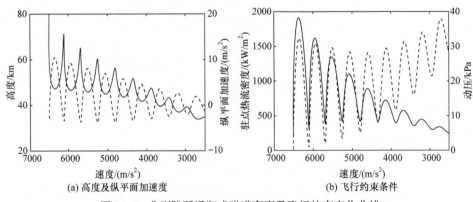

(a) 高度及纵平面加速度　　　　　　　　(b) 飞行约束条件

图 3.2.6　典型跳跃滑翔式弹道高度及飞行约束变化曲线

图 3.2.6(b)可以看出，在跳跃弹道的第一个波谷处热流密度达到峰值，而飞行末段动压达到峰值。

2. 平衡滑翔式弹道

平衡滑翔是指飞行器在大气层内进行无动力滑翔飞行过程中，飞行器所受的升力纵平面分量和重力达到基本平衡。与跳跃滑翔式弹道不同，由于在纵平面受力基本平衡，平衡滑翔式弹道较为平缓，因此平衡滑翔弹道具有与跳跃滑翔弹道不同的弹道特性。

1) 拟平衡滑翔条件

平衡滑翔的概念最早由 Sänger 于 20 世纪 30 年代在研究高速升力式飞行时提出，其主要优点在于可以有效避免弹道跳跃。滑翔飞行时当地速度倾角 θ 及其变化率 $\dot{\theta}$ 均很小，若假设 $\cos\theta = 1$ 和 $\dot{\theta} = 0$，则可得拟平衡滑翔条件(quasi-equilibrium glide condition，QEGC)为

$$L\cos\upsilon = g - \frac{V^2}{r} + K \tag{3.2.38}$$

其中，$L\cos\upsilon$ 为升力对应加速度在纵平面的分量，当倾侧角 $\upsilon \equiv 0$ 时，对应的拟平衡滑翔条件称为零倾侧角拟平衡滑翔条件；g 为地球引力加速度；K 为地球旋转对应的科氏加速度项和牵连加速度项，一般可以忽略不计。

考虑滑翔飞行过程中科氏加速度项的影响远大于牵连加速度项[84]，也可仅考虑科氏加速度影响，因此对一般运动模型，有

$$K = -2\omega_e V \sin\sigma \cos\phi \tag{3.2.39}$$

换极运动模型对应的拟平衡滑翔条件具有与式(3.2.38)相同的形式，但科氏加速度项 K 为

$$K = 2V(\omega_{ey}\cos\sigma - \omega_{ez}\sin\sigma) \tag{3.2.40}$$

若飞行器侧向机动幅度不大，则在换极运动模型中可近似假设 $\sigma \approx \pi/2$，式(3.2.40)可进一步简化为 $K = -2V\omega_{ez}$。

2) 平衡滑翔弹道特性分析

由拟平衡滑翔条件可知，倾侧角取不同的值，对应的平衡滑翔弹道特性会有所差异。图 3.2.7(a)分别给出倾侧角取 0°、30° 和 60° 对应的典型平衡滑翔式弹道高度-速度曲线图。可以看出，由于飞行器纵向受力达到平衡，飞行器弹道十分平缓，且相同条件下倾侧角越大，升力在纵平面分量越小，因此弹道高度越低。受此影响，图 3.2.7(b)中对应的驻点热流密度和动压也越大。由图 3.2.7(b)还可以看出，平衡滑翔式弹道对应的驻点热流密度和动压在整个滑翔飞行过程中变化较为

平缓，这与跳跃滑翔式弹道截然不同。

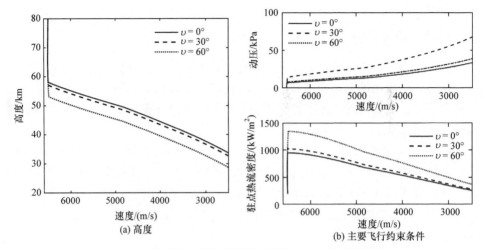

图 3.2.7　典型平衡滑翔式弹道高度及飞行约束变化曲线

3.3　复杂多约束滑翔弹道优化设计

高超声速飞行器滑翔弹道优化问题区别于其他飞行器弹道优化问题的显著特点是，高超声速飞行器在临近空间长时间高速滑翔飞行，所经历的气动力/热环境十分恶劣，因此如何确保飞行器满足气动力/热约束是弹道优化需要重点考虑的问题。此外，高超声速飞行器弹道优化还需满足特定飞行任务时的各种约束条件。在如此多约束条件下进行弹道优化设计是一项比较复杂的工作，需要结合高超声速飞行器飞行特性，采用合适的优化策略和优化方法。

3.3.1　弹道优化问题的描述

高超声速飞行器弹道优化问题实际上是一个带有复杂约束的最优控制问题，控制量通常取攻角和倾侧角，状态变量为飞行器状态参数。因此，滑翔弹道优化问题可用如下最优控制问题进行描述[85]，即寻找控制变量 $\boldsymbol{u}(t) \in \mathbf{R}^m$，使 Bolza 型性能指标达到最小，即

$$J = \Phi(\boldsymbol{x}(t_0), t_0, \boldsymbol{x}(t_f), t_f) + \int_{t_0}^{t_f} L(\boldsymbol{x}(t), \boldsymbol{u}(t), t)\mathrm{d}t \qquad (3.3.1)$$

其中，状态变量 $\boldsymbol{x}(t) \in \mathbf{R}^n$；$t_0$ 和 t_f 分别为初始时间和终端时间。

最优控制问题需满足如下动态系统微分方程约束，即

$$\dot{\boldsymbol{x}}(t) = \boldsymbol{f}(\boldsymbol{x}(t), \boldsymbol{u}(t), t), \quad t \in [t_0, t_f] \qquad (3.3.2)$$

对应的边界条件可描述为

$$\boldsymbol{\phi}(\boldsymbol{x}(t_0),t_0,\boldsymbol{x}(t_f),t_f) = \boldsymbol{0} \tag{3.3.3}$$

其满足等式和不等式约束条件，即

$$\boldsymbol{C}(\boldsymbol{x}(t),\boldsymbol{u}(t),t) \leqslant \boldsymbol{0} \tag{3.3.4}$$

针对上述最优控制问题，求解方法通常包括间接法和直接法两类。间接法基于极大值原理推导最优控制一阶必要条件，将最优控制问题转化为两点边值问题进行求解。间接法虽然具有解的精度高、优化结果满足一阶最优必要条件等优势，但是求解过程复杂烦琐，并且两点边值问题的求解也比较困难。此外，高超声速飞行器弹道优化设计需考虑各种复杂的过程约束，采用间接法求解十分困难。相较而言，直接法无须进行最优控制一阶必要条件的推导，而是将最优控制问题在选取的一系列离散点上进行离散化，进而采用理论上较为成熟的参数优化方法进行求解。因此，直接法在求解复杂约束条件下的弹道优化问题更有优势。

基于直接法的滑翔弹道优化基本思路如下。

(1) 确定控制量。对高超声速飞行器而言，通常选择攻角和倾侧角作为弹道设计问题的控制量。

(2) 将连续最优控制问题离散化，转化为参数优化问题。根据离散方式的不同，又可将其分为直接打靶法和配点法两类。直接打靶法仅离散控制量，而配点法同时离散状态量和控制量。

(3) 求解参数优化问题，进而获得最优控制问题的解。

直接法在高超声速飞行器弹道优化中具有较为广泛的应用，其中配点法应用最为广泛。近年来，配点法中的伪谱法受到国内外学者的广泛关注。伪谱法以全局正交多项式对状态量和控制量进行近似，将弹道优化的最优控制问题转换为非线性规划问题进行求解，具有计算量小和计算精度高的特点。此外，遗传算法、神经网络方法、迦辽金方法等也受到重视。

3.3.2　复杂多约束条件下滑翔弹道优化设计

GPM 是近年发展起来的一种直接法，在飞行器弹道优化设计领域有较为广泛的应用。下面针对该方法应用于高超声速滑翔弹道优化设计进行介绍。

1. 问题的描述

1) 运动模型无量纲化处理

由于高超声速飞行器运动状态参数在量级上存在很大差异，不利于优化计算，因此需要进行无量纲化处理。文献[86]详细介绍采用非线性规划算法时进行无量纲化处理的必要性及常用的无量纲化方法。针对高超声速飞行器运动模型的特点，

对地心距 r 、速度大小 V 、时间 t 、地球自转角速度大小 ω_e 进行如下无量纲化处理，即

$$\bar{r} = \frac{r}{R_e}, \quad \bar{V} = \frac{V}{V_c} = \frac{V}{\sqrt{g_0 R_e}}, \quad \bar{t} = \frac{t}{\sqrt{R_e/g_0}}, \quad \bar{\omega}_e = \frac{\omega_e}{\sqrt{g_0/R_e}} \tag{3.3.5}$$

其中，R_e 为地球平均半径；g_0 为地球海平面标准引力加速度。

基于式(3.3.5)对换极运动模型进行无量纲化处理，可得

$$\frac{\mathrm{d}\sigma}{\mathrm{d}\bar{t}} = \frac{\bar{V}}{\bar{r}}\cos\theta\tan\phi\sin\sigma + \frac{\bar{L}\sin\upsilon}{\bar{V}\cos\theta} + \bar{C}_\sigma + \bar{\bar{C}}_\sigma \tag{3.3.6}$$

$$\frac{\mathrm{d}\theta}{\mathrm{d}\bar{t}} = \frac{\bar{L}}{\bar{V}}\cos\upsilon - \frac{\cos\theta}{\bar{r}^2\bar{V}} + \frac{\bar{V}}{\bar{r}}\cos\theta + \bar{C}_\theta + \bar{\bar{C}}_\theta \tag{3.3.7}$$

$$\frac{\mathrm{d}\bar{V}}{\mathrm{d}\bar{t}} = -\bar{D} - \frac{\sin\theta}{\bar{r}^2} + \bar{\bar{C}}_V \tag{3.3.8}$$

其中，无量纲化后的升力和阻力加速度分别为

$$\begin{cases} \bar{L} = \dfrac{1}{2Mg_0}\rho(V_c\bar{V})^2 S_r C_L \\ \bar{D} = \dfrac{1}{2Mg_0}\rho(V_c\bar{V})^2 S_r C_D \end{cases} \tag{3.3.9}$$

无量纲化处理后的科氏加速度项和牵连加速度项可表示为

$$\bar{C}_\sigma = 2\bar{\omega}_{ex} - 2\tan\theta(\bar{\omega}_{ey}\sin\sigma + \bar{\omega}_{ez}\cos\sigma)$$

$$\bar{\bar{C}}_\sigma = -\frac{\bar{r}}{\bar{V}\cos\theta}(\bar{\omega}_{ex}\bar{\omega}_{ey}\cos\sigma - \bar{\omega}_{ex}\bar{\omega}_{ez}\sin\sigma)$$

$$\bar{C}_\theta = 2(\bar{\omega}_{ez}\sin\sigma - \bar{\omega}_{ey}\cos\sigma) \tag{3.3.10}$$

$$\bar{\bar{C}}_\theta = \frac{\bar{r}}{\bar{V}}[\bar{\omega}_{ex}\bar{\omega}_{ey}\sin\theta\sin\sigma + \bar{\omega}_{ex}\bar{\omega}_{ez}\sin\theta\cos\sigma + (\bar{\omega}_{ey}^2 + \bar{\omega}_{ez}^2)\cos\theta]$$

$$\bar{\bar{C}}_V = \bar{r}[-\bar{\omega}_{ex}\bar{\omega}_{ey}\cos\theta\sin\sigma - \bar{\omega}_{ex}\bar{\omega}_{ez}\cos\theta\cos\sigma + (\bar{\omega}_{ey}^2 + \bar{\omega}_{ez}^2)\sin\theta]$$

其中，$\bar{\omega}_{ex}$ 、$\bar{\omega}_{ey}$ 和 $\bar{\omega}_{ez}$ 为无量纲化处理后的结果，即

$$\bar{\omega}_{ex} = \bar{\omega}_e(\cos\lambda\cos\phi\cos\phi_p\cos A_p + \sin\lambda\cos\phi\cos\phi_p\sin A_p + \sin\phi\sin\phi_p)$$

$$\bar{\omega}_{ey} = \bar{\omega}_e(-\sin\lambda\cos\phi_p\cos A_p + \cos\lambda\cos\phi_p\sin A_p)$$

$$\bar{\omega}_{ez} = \bar{\omega}_e(-\cos\lambda\sin\phi\cos\phi_p\cos A_p - \sin\lambda\sin\phi\cos\phi_p\sin A_p + \cos\phi\sin\phi_p)$$

无量纲化处理后的运动学方程在形式上与原方程是一致的，即

$$\begin{cases} \dfrac{\mathrm{d}\overline{r}}{\mathrm{d}\overline{t}} = \overline{V}\sin\theta \\[2mm] \dfrac{\mathrm{d}\lambda}{\mathrm{d}\overline{t}} = \dfrac{\overline{V}\cos\theta\sin\sigma}{\overline{r}\cos\phi} \\[2mm] \dfrac{\mathrm{d}\phi}{\mathrm{d}\overline{t}} = \dfrac{\overline{V}\cos\theta\cos\sigma}{\overline{r}} \end{cases} \tag{3.3.11}$$

令 $\boldsymbol{u} = (\alpha, \upsilon)^{\mathrm{T}}$、$\boldsymbol{x} = (\sigma, \theta, \overline{V}, \overline{r}, \lambda, \phi)^{\mathrm{T}}$，则动力学微分方程可描述为式(3.3.2)所示的形式。

2) 约束条件

经过无量纲化处理，式(3.2.22)所示的不等式约束可表示为

$$\begin{cases} \dot{Q} = K_h \rho^{0.5} (\overline{V} V_c)^m \leqslant \dot{Q}_{\max} \\[2mm] q = \dfrac{1}{2}\rho(\overline{V}V_c)^2 \leqslant q_{\max} \\[2mm] n = \sqrt{\overline{L}^2 + \overline{D}^2} \leqslant n_{\max} \end{cases} \tag{3.3.12}$$

除上述过程约束条件，飞行过程中还需考虑航路点和禁飞区约束，对应的数学模型见 3.2.2 节。终端约束与滑翔弹道的具体优化设计指标有关。考虑两种典型的情况。

第一种情况，优化设计到达指定目标位置的滑翔弹道。在这种情况下，终端经度和地心纬度满足等式约束，而终端高度在指定范围内，即

$$\lambda_f = \lambda_f^*, \ \phi_f = \phi_f^*, \quad h_f \in [h_{f\min}^*, h_{f\max}^*] \tag{3.3.13}$$

本章只研究飞行器滑翔段弹道优化设计，实际上在滑翔段结束后还有一个能量管理段或下压段。为满足滑翔段和后续飞行阶段的交班条件，通常还需对终端速度、当地速度倾角、航迹偏航角进行约束，即

$$\begin{cases} V_f \geqslant V_f^* \\[2mm] \theta_f \in [\theta_{f\min}^*, \theta_{f\max}^*] \\[2mm] \sigma_f \in [\sigma_{f\min}^*, \sigma_{f\max}^*] \end{cases} \tag{3.3.14}$$

第二种情况，设计纵程或横程最大弹道。这种情况下的弹道优化不对终端位置进行限制，只需满足终端速度、高度、航迹偏航角和当地速度倾角约束。

3) 性能指标

本书以几种典型性能指标为例进行滑翔弹道的优化设计，即纵程最大、横程最大、总加热量最小、弹道跳跃幅度最小。

(1) 纵程最大。由于换极运动模型可用经度和地心纬度分别表示纵程角和横

程角，因此纵程最大对应性能指标可表示为

$$J = \max(\lambda_f) \tag{3.3.15}$$

(2) 横程最大。与纵程最大的性能指标类似，横程最大的性能指标可表示为

$$J = \max(|\phi_f|) \tag{3.3.16}$$

(3) 总加热量最小。总加热量最小的性能指标可描述为

$$J = \min\left(\int_{t_0}^{t_f} \dot{Q} \mathrm{d}t\right) \tag{3.3.17}$$

(4) 弹道跳跃幅度最小。弹道跳跃幅度可通过调整当地速度倾角的变化率来控制。总体而言，当地速度倾角变化率越小，弹道跳跃幅度越小；反之，弹道跳跃幅度越大。因此，弹道跳跃幅度最小的性能指标可表示为

$$J = \min\left(\int_{t_0}^{t_f} \dot{\theta}^2 \mathrm{d}t\right) \tag{3.3.18}$$

2. 基于多段最优控制理论的滑翔弹道优化设计方法

理论上，基于一般最优控制理论即可进行高超声速飞行器弹道优化设计，然而一般最优控制理论在实际应用时会存在诸多问题。

下面对一般最优控制理论求解复杂多约束滑翔弹道优化问题的难点进行分析，基于多段最优控制问题(multiple-phase optimal control problem，MPOCP)进行滑翔弹道的优化，并给出多段最优控制问题的离散化及其求解方法。

1) GPM 求解复杂约束滑翔弹道优化问题的难点分析

直接法将弹道规划的一般最优控制问题离散并转化为参数优化问题进行求解。GPM 是目前较为流行的一种直接法。下面以 GPM 为例，分析基于一般最优控制理论求解复杂约束滑翔弹道规划问题的难点。

GPM 以 Legendre 多项式的根为离散点，将状态变量和控制变量离散化，并以离散点为节点采用全区间 Lagrange 插值多项式来近似状态变量和控制变量，从而将弹道优化的最优控制问题转换为非线性规划问题进行求解。理论上，采用 GPM 可直接进行复杂约束条件下滑翔弹道的优化设计。对高超声速飞行器而言，热流、动压等飞行约束是影响其滑翔弹道设计的主要因素，而实际情况下这些飞行约束往往十分苛刻。在这种情况下，取较少节点进行优化计算可能出现不满足约束的问题。概括而言，直接采用 GPM 进行复杂约束条件下高超声速飞行器弹道优化设计时会存在如下困难。

(1) 高超声速飞行器射程远、弹道变化复杂，若节点取得过少，则会使 Lagrange 插值误差过大，优化结果不可信。若盲目增加节点数，则不仅会增加计算量，还

可能出现 Runge 现象[87]。

(2) GPM 可以保证各个节点满足约束条件，却难以保证节点之间也满足各约束条件。特别是，对于跳跃幅度较大的滑翔初始段，以及动压约束影响显著的滑翔末段。

(3) 难以考虑禁飞区和航路点等路径约束。对于禁飞区，难以保证节点间弹道满足禁飞区约束。对于航路点，不能保证离散点刚好处于航路点，因此不能保证优化弹道恰好通过航路点。

2) 多段最优控制问题的离散化及其求解

为了克服直接采用 GPM 进行滑翔弹道优化面临的难题，采用图 3.3.1 所示的弹道分段优化设计思想，即根据弹道特性或优化精度要求的不同，将整个飞行弹道分为若干段进行优化设计。

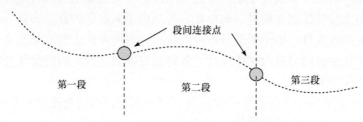

图 3.3.1　弹道分段优化设计示意图

采用分段优化设计思想后，弹道优化问题由一般最优控制问题转换为多段最优控制问题。设弹道分段数为 P ，令 $(\cdot)^{(p)}$ 表示第 p 段弹道对应的参数，$p \in [1,2,\cdots,P]$ 。多段最优控制问题可以描述为[88]，寻找控制变量 $\boldsymbol{u}^{(p)}(t) \in \mathrm{R}^{m_u^{(p)}}$ （ $m_u^{(p)}$ 为控制量维数)，最小化具有一般性的 Bolza 型综合性能指标，即

$$J = \sum_{p=1}^{P} \left(\Phi^{(p)}(\boldsymbol{x}^{(p)}(t_0), t_0^{(p)}, \boldsymbol{x}^{(p)}(t_f), t_f^{(p)}; \boldsymbol{q}^{(p)}) + \int_{t_0^{(p)}}^{t_f^{(p)}} L^{(p)}(\boldsymbol{x}^{(p)}(t), \boldsymbol{u}^{(p)}(t), t^{(p)}; \boldsymbol{q}^{(p)}) \mathrm{d}t \right)$$

(3.3.19)

其中，状态变量 $\boldsymbol{x}^{(p)}(t) \in \mathrm{R}^{m_x^{(p)}}$ ； $\boldsymbol{q}^{(p)} \in \mathrm{R}^{m_q^{(p)}}$ 为常数， $m_x^{(p)}$ 和 $m_q^{(p)}$ 分别为 $\boldsymbol{x}^{(p)}(t)$ 和 $\boldsymbol{q}^{(p)}$ 的维数； $t_0^{(p)}$ 和 $t_f^{(p)}$ 分别为第 p 段弹道对应的初始时间和终端时间。

满足动态系统微分方程约束，即

$$\dot{\boldsymbol{x}}^{(p)}(t) = \boldsymbol{f}^{(p)}(\boldsymbol{x}^{(p)}(t), \boldsymbol{u}^{(p)}(t), t; \boldsymbol{q}^{(p)}), \quad t \in [t_0^{(p)}, t_f^{(p)}]$$

(3.3.20)

多段最优控制问题的边界条件可描述为

$$\boldsymbol{\phi}_{\min}^{(p)} \leqslant \boldsymbol{\phi}^{(p)}(\boldsymbol{x}^{(p)}(t_0), t_0^{(p)}, \boldsymbol{x}^{(p)}(t_f), t_f^{(p)}; \boldsymbol{q}^{(p)}) \leqslant \boldsymbol{\phi}_{\max}^{(p)}$$

(3.3.21)

等式和不等式约束为

$$C_{\min}^{(p)} \leqslant C^{(p)}(x^{(p)}(t), u^{(p)}(t), t; q^{(p)}) \leqslant C_{\max}^{(p)} \tag{3.3.22}$$

与一般最优控制问题不同,多段最优控制问题各分段之间还需满足连接条件,确保段与段之间保持较好的连续性,即

$$L_{\min}^{(s)} \leqslant L^{(s)}(x^{(p_l^s)}(t_f), t_f^{(p_l^s)}; q^{(p_l^s)}, x^{(p_r^s)}(t_0), t_0^{(p_r^s)}; q^{(p_r^s)}) \leqslant L_{\max}^{(s)}, \quad s = 1, 2, \cdots, L \tag{3.3.23}$$

其中, L 为连接点数; p_l^s 和 p_r^s 为相邻前后两段弹道序号, $p_l^s, p_r^s \in [1, 2, \cdots, P]$。

多段最优控制问题具有如下求解方法。

(1) 参数化方法。

对于上述多段最优控制问题,采用分段 GPM 进行离散化处理,将弹道优化问题参数化并转换为非线性规划问题进行求解。对每段弹道选择合适数量的离散点,将状态变量和控制变量进行离散化,各段弹道满足段间连接条件,确保状态量和控制量的连续性。整个弹道分段离散化后,将所有的离散点状态变量、控制变量作为优化参数同时进行优化设计,最终通过插值获得对应的最优控制及最优弹道。具体步骤如下。

① 自变量变换。为了便于优化计算,将自变量 t (自变量也可为能量等)转换为 $\tau \in [-1, 1]$。两者的转换关系为

$$t^{(p)} = \tau^{(p)} \frac{t_f^{(p)} - t_0^{(p)}}{2} + \frac{t_f^{(p)} + t_0^{(p)}}{2} \tag{3.3.24}$$

② 离散化处理后状态变量与控制变量描述。设第 p 段弹道上的配点数(不含两端点)为 $N^{(p)}$,令 $\kappa = (\tau_1, \tau_2, \cdots, \tau_{N^{(p)}})$ 为配点,是 $N^{(p)}$ 阶 Legendre 多项式的根,即

$$P_{N^{(p)}}(\tau) = \frac{1}{2^{N^{(p)}} N^{(p)}!} \frac{d^{N^{(p)}}}{d\tau^{N^{(p)}}} \left[(\tau^2 - 1)^{N^{(p)}} \right]$$

$$= \sum_{n=0}^{\left[\frac{N^{(p)}}{2}\right]} \frac{(-1)^n (2N^{(p)} - 2n)!}{2^{N^{(p)}} n! (N^{(p)} - n)! (N^{(p)} - 2n)!} \tau^{N^{(p)} - 2n}, \quad N^{(p)} = 1, 2, \cdots \tag{3.3.25}$$

显然, $\tau_k \in (-1, 1)$,其中 $k = 1, 2, \cdots, N^{(p)}$。另外,令 $\tau_0 = -1$、 $\tau_{N^{(p)}+1} = 1$ 和 κ 一起构成第 p 段弹道的离散点。以区间 $[-1, 1)$ 上的 $N^{(p)} + 1$ 个离散点为插值点,以 $N^{(p)} + 1$ 阶 Lagrange 插值多项式 $L_i^{(p)}(\tau)$ $(i = 0, 1, 2, \cdots, N^{(p)})$ 为基函数近似状态变量,可得

$$x^{(p)}(\tau) \approx X^{(p)}(\tau) = \sum_{i=0}^{N^{(P)}} L_i^{(p)}(\tau) x^{(p)}(\tau_i) \tag{3.3.26}$$

其中

$$L_i^{(p)}(\tau) = \prod_{j=0, j \neq i}^{N^{(P)}} \frac{\tau - \tau_j}{\tau_i - \tau_j} \tag{3.3.27}$$

控制变量可近似为

$$\boldsymbol{u}^{(p)}(\tau) \approx \boldsymbol{U}^{(p)}(\tau) = \sum_{i=1}^{N^{(p)}} L_i^{(p)}(\tau)\boldsymbol{u}^{(p)}(\tau_i) \tag{3.3.28}$$

为了描述方便，将第 p 段弹道配点 τ_k 处的状态量 $\boldsymbol{X}^{(p)}(\tau_k)$ 记为 $\boldsymbol{X}_k^{(p)} \in \mathrm{R}^{m_x^{(p)}}$，控制量 $\boldsymbol{U}^{(p)}(\tau_k)$ 记为 $\boldsymbol{U}_k^{(p)} \in \mathrm{R}^{m_u^{(p)}}$，并用 $\boldsymbol{X}_0^{(p)}$ 和 $\boldsymbol{X}_f^{(p)}$ 表示起始状态和终端状态。

③ 动态系统微分方程约束的转换。动态系统微分方程可通过插值多项式求导来近似，即

$$\dot{\boldsymbol{x}}(\tau_k) \approx \dot{\boldsymbol{X}}_k^{(p)} = \sum_{i=0}^{N^{(p)}} \dot{L}_i^{(p)}(\tau_k)\boldsymbol{X}_i^{(p)} \tag{3.3.29}$$

其中

$$\dot{L}_i^{(p)}(\tau_k) = \sum_{l=0, l \neq i}^{N^{(p)}} \frac{\displaystyle\prod_{j=0, j \neq i,l}^{N^{(p)}} (\tau_k - \tau_j)}{\displaystyle\prod_{j=0, j \neq i}^{N^{(p)}} (\tau_i - \tau_j)} \tag{3.3.30}$$

为满足式(3.3.20)所示的动态系统微分方程，状态变量和控制变量在各配点处应满足

$$\sum_{i=0}^{N^{(p)}} \dot{L}_i^{(p)}(\tau_k)\boldsymbol{X}_i^{(p)} - \frac{t_f^{(p)} - t_0^{(p)}}{2} \boldsymbol{f}^{(p)}(\boldsymbol{X}_k^{(p)}, \boldsymbol{U}_k^{(p)}, \tau_k; \boldsymbol{q}^{(p)}, t_0^{(p)}, t_f^{(p)}) = \boldsymbol{0} \tag{3.3.31}$$

④ 终端状态约束。由于每段弹道的终点与下一段弹道的起点重合，因此满足动态微分方程约束。最后一段弹道(第 P 段弹道)的终点不在所选的配点上，但终点也需满足动力学方程约束。根据动态微分方程，有

$$\boldsymbol{x}(t_f^{(P)}) = \boldsymbol{x}(t_0^{(P)}) + \int_{t_0^{(P)}}^{t_f^{(P)}} \boldsymbol{f}(\boldsymbol{x}(t), \boldsymbol{u}(t), t)\mathrm{d}t \tag{3.3.32}$$

将终点状态约束条件离散并用 Gauss 积分近似，可得

$$\boldsymbol{X}_f^{(P)} = \boldsymbol{X}_0^{(P)} + \frac{t_f^{(P)} - t_0^{(P)}}{2} \sum_{k=1}^{N^{(P)}} \omega_k \boldsymbol{f}^{(P)}(\boldsymbol{X}_k^{(P)}, \boldsymbol{U}_k^{(P)}, \tau_k, t_0^{(P)}, t_f^{(P)}) \tag{3.3.33}$$

其中，$\omega_k = \dfrac{2}{(1 - \tau_k^2)(\dot{P}_{N^{(P)}}(\tau_k))^2}$ 为 Gauss 求积系数。

⑤ 其他约束的描述。多段最优控制问题离散化处理后，边界条件可表示为

$$\phi_{\min}^{(p)} \leqslant \phi^{(p)}(X_0^{(p)}, t_0^{(p)}, X_f^{(p)}, t_f^{(p)}) \leqslant \phi_{\max}^{(p)} \tag{3.3.34}$$

等式和不等式约束可表示为

$$C_{\min}^{(p)} \leqslant C^{(p)}(X_k^{(p)}, U_k^{(p)}, \tau_k; t_0^{(p)}, t_f^{(p)}) \leqslant C_{\max}^{(p)} \tag{3.3.35}$$

连接条件可表示为

$$L_{\min}^{(s)} \leqslant L^{(s)}(X_f^{(p_l^s)}, t_f^{(p_l^s)}; q^{(p_l^s)}, X_0^{(p_r^s)}, t_0^{(p_r^s)}; q^{(p_r^s)}) \leqslant L_{\max}^{(s)}, \quad s = 1, 2, \cdots, L \tag{3.3.36}$$

其中，L 为连接点数；p_l^s 和 p_r^s 为相邻前后两段弹道序号，$p_l^s, p_r^s \in [1, 2, \cdots, P]$。

⑥ 性能指标函数。Bolza 型综合性能指标可描述为

$$J = \sum_{p=1}^{P} \left(\Phi^{(p)}(X_0^{(p)}, t_0^{(p)}, X_f^{(p)}, t_f^{(p)}; q^{(p)}) \right.$$
$$\left. + \frac{t_f^{(p)} - t_0^{(p)}}{2} \sum_{k=1}^{N^{(p)}} \omega_k f^{(p)}(X_k^{(p)}, U_k^{(p)}, \tau_k; q^{(p)}, t_0^{(p)}, t_f^{(p)}) \right) \tag{3.3.37}$$

(2) 非线性规划问题及其求解。

通过上面的转换，弹道优化的多段最优控制问题即转换为一般的非线性规划问题。优化参数为各段弹道离散点处的状态量 $X_k^{(p)}$ 和控制量 $U_k^{(p)}$，其中 $k = 1, 2, \cdots, N^{(p)}$，$p \in [1, 2, \cdots, P]$。令 $y^{(p)} = [X_k^{(p)}, U_k^{(p)}]$、$Y = [y^{(1)}, y^{(2)}, \cdots, y^{(N^{(p)})}]$，则非线性规划问题可描述为

$$\begin{aligned} &\min J(Y) \\ &\text{s.t.} \quad c_j(Y) = 0, \quad j = 1, 2, \cdots, n_e \\ &\quad\quad c_j(Y) \geqslant 0, \quad j = n_e + 1, n_e + 2, \cdots, n \end{aligned} \tag{3.3.38}$$

其中，n_e 为等式约束的个数；n 为总约束个数。

上述非线性规划问题通常可采用 SQP 求解。SQP 算法最早由 Wilson 在 1963 年提出，后经 Han[89,90] 和 Powell[91] 修改完善。SQP 算法可看成解无约束优化问题的拟牛顿法在约束问题中的推广。其基本思路是，把优化问题转换为一系列二次规划(quadratic programming，QP)子问题。每个子问题确立一个下降方向，通过减少度量函数取得步长，重复这些步骤直至得到问题的解[92]。其求解过程主要分为三个步骤。

① 更新 Hessian 矩阵。在每个主迭代步中，采用拟牛顿法计算拉格朗日函数的 Hessian 矩阵，即

$$H_{k+1} = H_k + \frac{q_k q_k^{\mathrm{T}}}{q_k^{\mathrm{T}} s_k} - \frac{H_k^{\mathrm{T}} H_k}{s_k^{\mathrm{T}} H_k s_k} \tag{3.3.39}$$

其中，k 为迭代步。

$$s_k = Y_{k+1} - Y_k \tag{3.3.40}$$

$$q_k = \nabla J(Y_{k+1}) + \sum_{i=1}^{n} \lambda_i \nabla g_i(Y_{k+1}) - \left(\nabla J(Y_k) + \sum_{i=1}^{n} \lambda_i \nabla g_i(Y_k) \right) \tag{3.3.41}$$

② QP 问题的求解。在 SQP 算法的每一个主迭代步都需要求解一个 QP 问题，即

$$\min \; q(\tilde{d}) = \frac{1}{2} \tilde{d}^{\mathrm{T}} H_k \tilde{d} + c^{\mathrm{T}} \tilde{d}$$

$$\text{s.t.} \quad A_j \tilde{d} = g_j, \quad j = 1, 2, \cdots, n_e \tag{3.3.42}$$

$$A_j \tilde{d} \leqslant g_j, \quad j = n_e + 1, n_e + 2, \cdots, n$$

其中，$[A_1, A_2, \cdots, A_n] = \nabla g(Y_k)^{\mathrm{T}}$；$c = \nabla J(Y_k)$。

求解该 QP 问题可得 $\tilde{d}_k$。

③ 线性搜索与指标函数计算。

将求解 QP 问题产生的向量 $\tilde{d}_k$ 作为第 k 次迭代的搜索方向，可进行一次迭代，即

$$Y_{k+1} = Y_k + \beta_k \tilde{d}_k \tag{3.3.43}$$

其中，β_k 为步长，要求能够使指标函数值下降。

指标函数采用下面的形式，即

$$\psi(Y) = J(Y) + \sum_{i=1}^{n_e} r_i g_i(Y) + \sum_{i=n_e+1}^{n} r_i \max\{0, g_i(Y)\} \tag{3.3.44}$$

其中，r_i 为惩罚项，详细算法可参考相关文献[90,91]。

目前，有许多求解非线性规划问题的软件包。其中，由 Gill 等[23]开发的适应求解大规模非线性规划问题的 SNOPT 软件包以其优异的性能得到广泛应用。

值得说明的是，上述分段优化方法表面上看似乎是一个串行优化问题，因为分段后，前一段弹道的终端条件即后一段弹道的初始条件。实际情况是，转化为非线性规划方法进行求解时，是对全程飞行弹道对应的所有离散点同时进行优化计算，而不是确定前一段弹道后再依次确定后面段弹道，因此分段优化实际上是一个并行优化问题，能够保证各段最优弹道的综合即全程弹道的最优解。

3. 滑翔弹道优化的分段策略

为了将考虑航路点和禁飞区等复杂路径约束的弹道优化最优控制问题进行合

理的分段,需确定一系列参考点(reference point,RP)。这些点分别对应航路点和禁飞区。参考点的确定方法如图 3.3.2 所示,航路点可直接指定为对应的参考点;对于禁飞区,首先需要确定飞行器是从禁飞区上边界还是下边界绕飞。假定某一禁飞区中心坐标及禁飞区半径分别为 (λ_Z, ϕ_Z) 及 R_Z,若飞行器从禁飞区上边界绕飞,则换极运动模型对应的参考点坐标为 $(\lambda_Z, \phi_Z + R_Z / R_e)$,此处 R_e 为地球平均半径;反之,若飞行器从禁飞区下边界绕飞,则对应的参考点为 $(\lambda_Z, \phi_Z - R_Z / R_e)$,各参考点的高度不进行约束。上述参考点确定方法将在后面章节中多次用到。

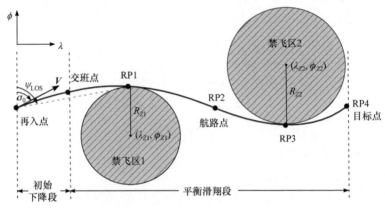

图 3.3.2　参考点的确定方法示意图

根据复杂约束条件下高超声速飞行器弹道优化问题的特点,本书提出如下弹道分段策略。

(1) 以预设航路点为分段点。

各离散点是按 Legendre 多项式的根在区间上的分布来确定的。将弹道优化的多段最优控制问题转换为参数优化问题后,只能在各离散点处施加约束,而离散点之间的弹道则是通过插值的方式确定。由于很难保证预先确定的航路点恰好位于离散点上,因此航路点约束难以考虑。为了解决这个问题,将航路点作为两段弹道的连接点,通过对航路点所在离散点处的经度和地心纬度施加约束,即可使最终获得的优化弹道恰好通过航路点。

(2) 以禁飞区附近选定位置为分段点。

如图 3.3.3 所示,利用 Legendre 多项式的根在区间上的分布具有两端密集中间稀疏的特点,以禁飞区附近选定位置为分段点(此时弹道在禁飞区附近的离散点较密集),进而提高精度,使获得的弹道能成功绕过禁飞区。

(3) 根据弹道特性分段。

将多项式插值容易出现 Runge 现象的弹道段进行分段,用局部低阶插值代替

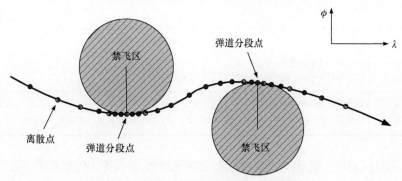

图 3.3.3　禁飞区规避的弹道分段示意图

全局高阶插值。这样做虽然抛弃了伪谱法"谱精度"特性[93]，但是能较好地避免 Runge 现象。通过弹道特性分析可知，滑翔弹道在初始再入段气动加热十分严重，气动热约束容易超出边界，而飞行末段由于飞行高度的降低，动压约束也容易超出约束。为了保证这两部分弹道的精度，防止出现 Runge 现象而使实际弹道超出约束，对滑翔弹道初始段和末段均采用多段弹道相连，且每段弹道取的节点数目较少(如 3～4 个节点)。此外，由于节点数直接决定优化参数的个数，为减少节点个数，降低优化规模，提高优化速度，根据弹道特性分段，在弹道特性变化复杂的滑翔初始段和结束段节点取密集些，而弹道变化不剧烈的飞行阶段节点取稀疏些。

4. 仿真分析

1) 仿真条件

本节以 CAV-H 模型为例进行仿真分析。考虑的约束条件不仅包括驻点热流密度、动压、过载等，还包括航路点和禁飞区约束。为了更好地说明问题，将驻点热流密度、动压和过载约束设置苛刻些，必须通过调整控制量才能满足这些约束条件。弹道优化的约束条件设置如表 3.3.1 所示。

表 3.3.1　弹道优化的约束条件设置

条件	约束大小
过程约束	$q_{max} = 65\text{kPa}$、$\dot{Q}_{max} = 1700\text{kW/m}^2$、$n_{max} = 3g$
	控制量： $\alpha \in [0°, 20°]$、$\upsilon \in [-85°, 85°]$、$\dot{\alpha} \leqslant 5°/\text{s}$、$\dot{\upsilon} \leqslant 10°/\text{s}$
	航路点 1：$\phi_{Z1} = 0°$、$\lambda_{Z1} = 25°$ 航路点 2：$\phi_{Z2} = 0°$、$\lambda_{Z2} = 60°$
	禁飞区 1(圆柱形)： 中心坐标为 $[0\text{km}, 45°, 2°]$；半径 $R_B = R_L = 500\text{km}$、$R_h = 80\text{km}$

条件	约束大小
过程约束	禁飞区2(半椭球形): 中心坐标为$[0\text{km}, 80°, 3°]$;半径$R_B = R_L = 500\text{km}$、$R_h = 50\text{km}$
端点约束	起始点:$V_0 = 6500 \text{ m/s}$、$\theta_0 = 0°$、$\sigma_0 = 90°$、$\phi_0 = \lambda_0 = 0°$、$h_0 = 80\text{km}$ 终端点:$V_f = (2500 \pm 10) \text{ m/s}$、$\theta_f \in [-2°, 2°]$、$\sigma_f \in [80°, 100°]$、$\phi_f = 0°$、$h_f \geqslant 30\text{km}$

仿真分析发现,优化算法对优化初值的选取要求不高,初始弹道甚至无须满足航路点和禁飞区约束。尽管如此,选取较好的优化初值有利于提高优化效率,因此参考航天飞机基本飞行方案,以大攻角($\alpha = 20°$)再入,然后逐步转为大升阻比攻角($\alpha = 10°$)飞行的弹道为优化初值,可保证初始段满足热流约束,提高优化速度。为了对算法进行充分检验,分别选取射程最大、总加热量最小和给定纵程情况下的横程最大为性能指标进行滑翔弹道优化设计。

2) 算例一:考虑航路点和禁飞区约束的射程最大弹道设计

设计一条射程最大的飞行弹道,在飞行过程中需依次通过表 3.3.1 所示的两个航路点,分别实现对圆柱形和半椭球形两个禁飞区的规避。根据弹道分段策略,以两个航路点和两个禁飞区附近区域为分段点,将整个弹道分为 5 段。考虑滑翔初段弹道纵向跳跃幅度很大,弹道变化复杂,滑翔末段动压约束作用显著,很容易因为精度不够或 Runge 现象超出预设约束边界。为了提高精度,进一步将第一段和最后一段弹道平均分为 10 段,每段均取 3 个节点,中间每段取 10 个节点,加上段间连接点及端点,共 114 个离散点。在上述仿真条件下,对攻角α和倾侧角υ进行优化设计,可以获得最优控制量。为了对优化结果进行检验,将优化获得的各节点处控制量(攻角和倾侧角)按 Lagrange 插值求得任意时刻的控制量,代入运动方程进行积分计算,获得实际最优弹道。射程最大三维滑翔弹道及其控制量如图 3.3.4 和图 3.3.5 所示。

由图 3.3.5 可以看到,攻角和倾侧角满足预设约束要求。在滑翔初段,采用大攻角飞行,对照图 3.3.6(f)可以看出,这主要是为了满足驻点热流密度约束。在整个滑翔段,攻角大部分时间保持在最大升阻比攻角附近(约 10°);在整个飞行过程中,倾侧角只反转 3 次,且变化速率较为稳定,有利于工程实现。

射程最大滑翔弹道优化结果如图 3.3.6 所示。图中,数值积分表示将优化的控制量代入运动方程积分得到的结果;分段 GPM 表示由节点处优化结果进行 Lagrange 插值得到的结果;节点指各离散点。由图 3.3.4 和图 3.3.6(a)可以看出,优化弹道依次通过两个预定航路点,并通过侧向绕飞的方式成功实现对两个禁飞区的规避。由图 3.3.6(f)、图 3.3.6(g)和图 3.3.6(h)可知,驻点热流密度、过载和动

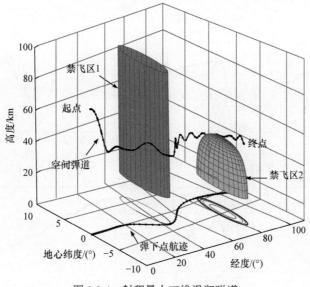

图 3.3.4 射程最大三维滑翔弹道

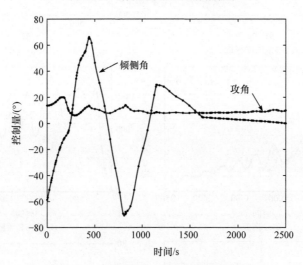

图 3.3.5 射程最大三维滑翔弹道控制量

压均满足约束条件。数值积分得到的最优弹道终端速度大小 $V_f = 2500.923\text{m/s}$、当地速度倾角 $\theta_f = -0.998°$、航迹偏航角 $\sigma_f = 95.292°$、地心纬度 $\phi_f = -0.006°$、高度 $h_f = 30.096\text{km}$，均满足设计指标要求。数值积分得到的实际最优弹道射程为 11880.011km，分段 GPM 对应的结果为 11877.979km，相对误差仅为 0.017%。一般计算机上的仿真优化时间不超过 10min，计算速度较高。

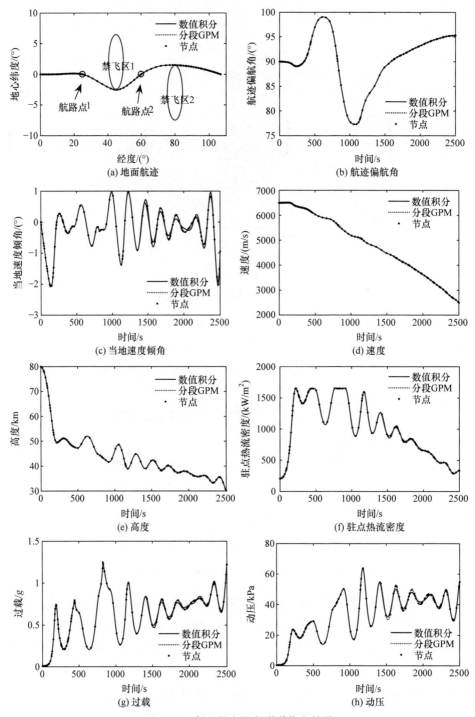

图 3.3.6　射程最大滑翔弹道优化结果

3) 算例二：到达指定位置的总加热量最小弹道设计

防隔热问题是飞行器在滑翔飞行过程中需要重点关注的问题，因此设计总加热量最小滑翔弹道对飞行器总体设计具有重要意义。下面以驻点总加热量为优化指标，设计到达指定位置的最优弹道，假设终端经度和地心纬度分别为100°和0°。与算例一相同，飞行过程中要求通过设定的航路点，并实现对禁飞区的规避。

通过优化计算，得到的总加热量最小滑翔弹道优化结果如图 3.3.7 所示。由图 3.3.7(a)可以看出，优化弹道依次通过设定的航路点，并成功实现对两个禁飞区的侧向规避。图 3.3.7(b)给出了最优控制量。对比图 3.3.7(b)和图 3.3.5 可以看出，最小总加热量弹道对应的攻角变化趋势比最大射程弹道复杂。由式(3.3.17)可知，总加热量即图 3.3.7(d)中曲线以下部分的面积。结合图 3.3.7(c)和图 3.3.7(d)可知，不断调整攻角可使飞行高度起伏较大，从而达到降低总加热量的目的。优化弹道对应的总加热量为 $1.787 \times 10^6 \text{ kJ/m}^2$，终端速度为 2493.511m/s，当地速度倾角为 $-1.350°$，航迹偏航角为96.870°，终端经度和地心纬度分别为99.985° 和 $-0.030°$，而终端高度为31.369km。可见，所有的终端状态均满足要求。图 3.3.7(d)~图 3.3.7(f)

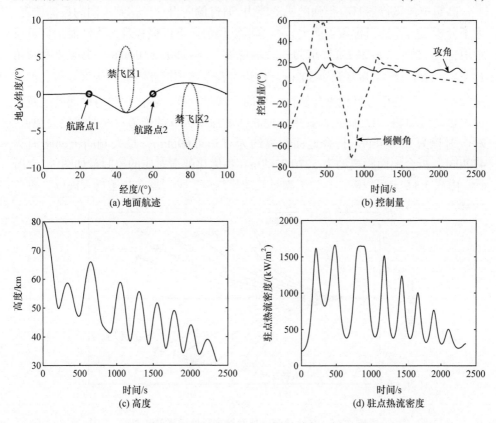

(a) 地面航迹

(b) 控制量

(c) 高度

(d) 驻点热流密度

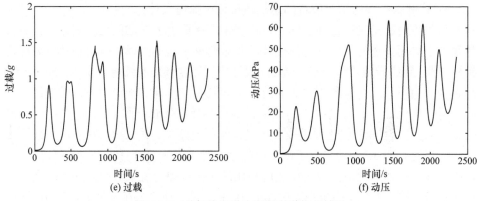

(e) 过载　　　　　　　　　　　　　　　　(f) 动压

图 3.3.7　总加热量最小滑翔弹道优化结果

分别给出了驻点热流密度、过载、动压随飞行时间的变化关系。可以看出，这些约束条件均满足设计要求。

4) 算例三：高超声速飞行器地面覆盖能力分析

高超声速飞行器具有很强的机动能力，通过侧向机动可达到不同的目标位置。为了分析飞行器的目标覆盖能力，在给定纵程情况下以横程最大为性能指标进行弹道优化设计。终端约束要求为：终端速度 $V_f = (2500 \pm 10)\text{m/s}$、当地速度倾角 $\theta_f \in [-2°, 2°]$、终端高度 $h_f \geqslant 30\text{km}$。优化过程不考虑航路点和禁飞区约束，再入点状态及飞行约束条件设置与算例一相同。通过计算，各优化弹道地面航迹及目标覆盖区域如图 3.3.8 所示。其中，地心纬度保持为 0 的弹道对应射程最大弹道，对应射程为 135.444°，折合地面距离约为 15060.695km；最大侧向机动距离为47.403°，折合地面距离约为 5270.976km。各优化弹道对应的控制量如图 3.3.9 所示。由图 3.3.9(a)可以看出，为了满足气动热约束，飞行器在初始再入段以大攻角

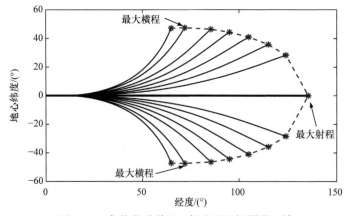

图 3.3.8　各优化弹道地面航迹及目标覆盖区域

飞行，通过气动加热严重的初始再入段后，攻角保持在最大升阻比附近来增大侧向机动距离。由图 3.3.9(b)可以看出，各弹道倾侧角关于最大射程弹道对应的倾侧角($\upsilon \equiv 0$)对称。飞行末段各弹道对应的倾侧角绝对值逐渐趋于 0，以尽可能地增大侧向飞行距离。如图 3.3.10 所示，各约束条件均满足设计要求。

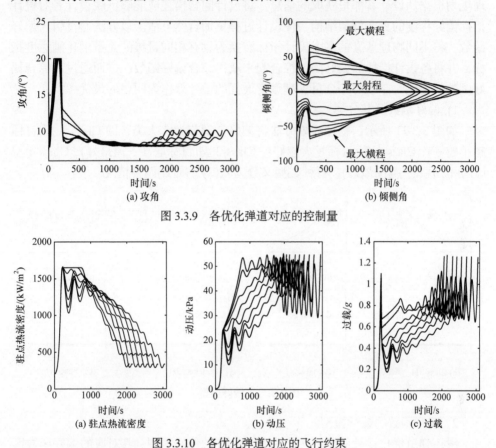

图 3.3.9　各优化弹道对应的控制量

图 3.3.10　各优化弹道对应的飞行约束

3.3.3　多目标复杂约束滑翔弹道优化设计

1. 多目标滑翔弹道优化问题

多目标优化在弹道优化设计中经常遇到。针对具体的优化问题，设计者经常同时关心几个性能指标。这些性能指标之间又是相互冲突的，难以使所有的性能指标同时达到最优，往往只能在各个相互冲突的性能指标之间进行折中。对于高超声速飞行器弹道优化设计而言，设计者往往期望获得满足设计者偏好的最优弹道。因此，本节采用物理规划方法构建多目标优化框架，将滑翔弹道多目标优化问题转换为反映设计者偏好的单目标优化问题。

2. 物理规划方法

物理规划方法是由 Messac[40]提出的一种处理多目标优化问题的有效方法，它能从本质上把握设计者的偏好，大大减轻大规模多目标设计问题的计算负担。物理规划根据从设计者那里获取的信息，将设计问题描述成能够反映设计者对设计指标偏好程度的真实框架结构，使设计过程更加自然灵活。该方法通过引入偏好函数，将不同物理意义的多个设计指标转换为具有相同量级的无量纲化满意度指标，并将各设计指标的偏好函数综合起来获得综合偏好函数，进而通过对综合偏好函数的优化，寻求对综合目标满意度最优的设计点作为问题的最优解。

1) 偏好函数及其分类

如图 3.3.11 所示，物理规划方法将偏好类型分为 4 大类，即 Class-1 型(目标越小越好)、Class-2 型(目标越大越好)、Class-3 型(目标取某一值最好)、Class-4 型(目标位于某一范围最好)，每种类型又分为软(S)、硬(H)两种情况。

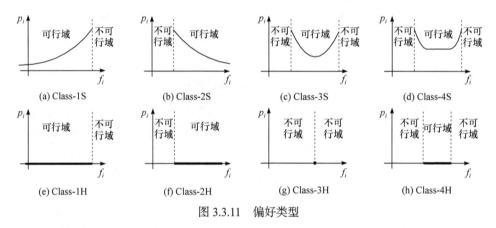

图 3.3.11　偏好类型

2) 偏好函数的数学模型

滑翔弹道优化设计问题可转换为 Class-1S 的偏好类型。其对应的偏好函数区间划分如图 3.3.12 所示。

设第 i 个设计指标 f_i 的偏好函数为 p_i，k 为区间划分，当 $f_i \leqslant f_{i1}$ 为区间 1(记为 $k=1$)，依此类推。当 $k=1$ 时，偏好函数可以表示为衰减的指数函数，即

$$p_i = p_{i1} \exp\left[\frac{s_{i1}}{f_{i1}}(f_i - f_{i1})\right], \quad f_i \leqslant f_{i1} \tag{3.3.45}$$

当 $k=2,3,4,5$ 时，偏好函数用分段样条函数表示，即

$$p_i^k = T_0(\xi_i^k)p_{i(k-1)} + T_1(\xi_i^k)p_{ik} + \overline{T}_0(\xi_i^k, \chi_i^k)s_{i(k-1)} + \overline{T}_1(\xi_i^k, \chi_i^k)s_{ik} \tag{3.3.46}$$

其中，s_{ik} 和 p_{ik} 为区间端点处的斜率和偏好函数值，即

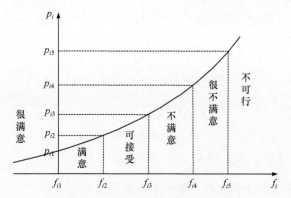

图 3.3.12　Class-1S 型偏好函数区间划分

$$s_{ik} = \frac{\partial p_i^k}{\partial f_i^k}\bigg|_{f_i^k = f_{ik}} \tag{3.3.47}$$

$$\xi_i^k = \frac{f_i - f_{i(k-1)}}{f_{i(k)} - f_{i(k-1)}}, \quad \chi_i^k = f_{i(k)} - f_{i(k-1)} \tag{3.3.48}$$

$$\begin{cases} T_0(\xi) = \frac{1}{2}\xi^4 - \frac{1}{2}(\xi - 1)^4 - 2\xi + \frac{3}{2} \\ T_1(\xi) = -\frac{1}{2}\xi^4 + \frac{1}{2}(\xi - 1)^4 + 2\xi - \frac{1}{2} \\ \overline{T}_0(\xi,\chi) = \chi\left[\frac{1}{8}\xi^4 - \frac{3}{8}(\xi - 1)^4 - \frac{1}{2}\xi + \frac{3}{8}\right] \\ \overline{T}_1(\xi,\chi) = \chi\left[\frac{3}{8}\xi^4 - \frac{1}{8}(\xi - 1)^4 - \frac{1}{2}\xi + \frac{1}{8}\right] \end{cases} \tag{3.3.49}$$

设 n_{sc} 为设计目标的个数，$\overline{p}_i^k$ 为经过第 k 个区间偏好函数值的改变量，即 $\overline{p}_i^k = p_{ik} - p_{i(k-1)}$；$\overline{s}_i^k$ 为第 k 个区间的平均斜率。区间端点信息确定方法如下。

步骤 1，令 $p_{i1} = \overline{p}_i^1 = 0.1$。

步骤 2，$\overline{p}_i^k = \beta n_{sc}\overline{p}_i^{k-1}, k = 2,3,4,5, \beta > 1$。

步骤 3，$p_{ik} = p_{i(k-1)} + \overline{p}_i^k$。

步骤 4，$\overline{s}_i^k = \overline{p}_i^k / \chi_i^k, k = 2,3,4,5$ (Class -1S)。

步骤 5，$s_{i1} = \overline{\alpha}\overline{s}_i^2$；$s_{ik} = \dfrac{4\overline{s}_i^k - s_{i(k-1)}}{3} + \overline{\alpha}\dfrac{8(\overline{s}_i^k - s_{i(k-1)})}{3}, 0 < \overline{\alpha} < 1, k = 2,3,4,5$。

3) 物理规划的优化模型

为了获得反映设计者偏好的折中解，对各设计指标的偏好函数进行综合，以

综合偏好函数作为物理规划优化模型的目标函数。针对 Class-1S 型偏好结构，优化模型可描述为

$$\min p = \lg\left(\frac{1}{n_{sc}}\sum_{i=1}^{n_{sc}} p_i(f_i(\boldsymbol{x}))\right)$$

$$\text{s.t. } f_i(\boldsymbol{x}) \leqslant f_{i5} \tag{3.3.50}$$

$$\boldsymbol{x}_{\min} \leqslant \boldsymbol{x} \leqslant \boldsymbol{x}_{\max}$$

其中，$\boldsymbol{x}$ 为设计变量；$\boldsymbol{x}_{\min}$ 和 $\boldsymbol{x}_{\max}$ 为设计变量的上下限。

3. 基于物理规划的多目标复杂约束滑翔弹道优化

物理规划方法能获得反映设计者偏好的最优解。这是通过设计不同的偏好结构来体现的。然而，在飞行器方案设计阶段，由于工程经验的缺乏使确定偏好结构具有一定的盲目性，因此可先以关心的单个性能指标为优化目标进行滑翔弹道的优化设计，获得对应的最优性能指标值，再确定反映设计者偏好的偏好结构。利用物理规划方法，可将滑翔弹道的多目标优化问题转换为以综合性能指标为优化目标函数的单目标优化问题，进而采用本章的单目标优化算法进行弹道设计。基于物理规划的滑翔弹道多目标优化如图 3.3.13 所示。

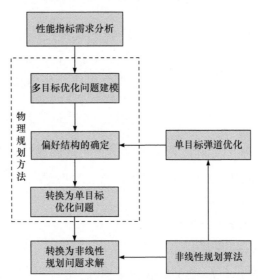

图 3.3.13　基于物理规划的滑翔弹道多目标优化

4. 仿真分析

1) 仿真条件

由 3.3.2 节算例一和算例二的仿真结果可以看出，射程最大弹道和总加热量

最小弹道在纵平面的跳跃幅度都比较大。从飞行器控制的角度来说，设计者希望滑翔弹道尽可能平滑。因此，可将衡量弹道跳跃幅度的指标作为一个优化设计性能指标加以考虑。下面考虑弹道跳跃幅度最小(J_1)、射程最大(J_2)和总加热量最小(J_3)的多目标滑翔弹道优化设计问题。为了便于对比分析，仍以 3.3.2 节的仿真条件为例进行分析。

2) 偏好结构的确定

对于某些性能指标，直接给出量化的偏好指标比较困难，因此可基于单目标优化结果，确定对应的偏好结构[41]。通过优化计算，可以得到各最优性能指标，即弹道跳跃幅度指标为 14.463、最大射程为 11877.979km(即 1.864rad)、总加热量为 $1.787 \times 10^6 \text{kJ/m}^2$。为了便于对比分析，图 3.3.14 给出不同性能指标单目标弹道优化结果比较。由图 3.3.14(a)可以看出，虽然优化性能指标不同，但是为了满足驻点热流密度约束，初始再入段均以大攻角飞行，通过气动加热严重的飞行阶段后，弹道跳跃幅度最小弹道和射程最大弹道基本保持在大升阻比攻角附近飞行，

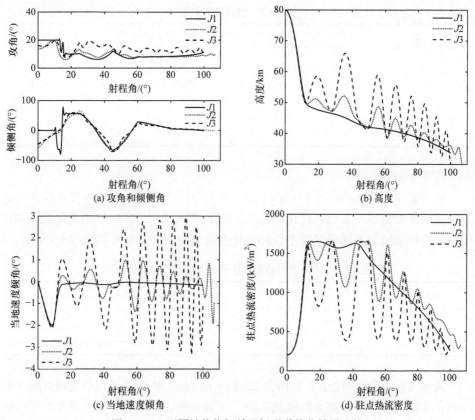

(a) 攻角和倾侧角　　　　　　　　　(b) 高度

(c) 当地速度倾角　　　　　　　　　(d) 驻点热流密度

图 3.3.14　不同性能指标单目标弹道优化结果比较

而总加热量最小弹道攻角较大，变化较为复杂。由图 3.3.14(b)和图 3.3.14(c)可以看出，通过调整攻角，总加热量最小弹道在纵平面大幅度跳跃，对应的当地速度倾角变化幅度也比较大，使总加热量(驻点热流密度曲线下面区域的面积)很小。弹道跳跃幅度最小弹道十分平滑，对应当地速度倾角几乎为 0，但是对应的总加热量却很大。可见，这两个性能指标之间是矛盾的。射程最远弹道有一定的跳跃，并且由于飞行时间较长，总加热量也较大。可见，三个性能指标间是相互影响和矛盾的，在综合考虑 3 个性能指标情况下，只能获得一个折中解。

为了获得反映设计者偏好的最优滑翔弹道，采用物理规划方法进行多目标弹道优化设计。假设优化指标取弹道跳跃幅度最小、射程最大、总加热量最小，基于单个性能指标优化结果，确定偏好结构的各指标区间端点的量级。假设弹道跳跃幅度指标对应的偏好结构区间边界不变，其他两个性能指标对应的偏好结构区间取不同的两组偏好结构，偏好 1 为设计者期望总加热量较小，偏好 2 为期望弹道跳跃幅度较小。偏好区间设置如表 3.3.2 所示。

表 3.3.2　偏好区间设置

设计指标	偏好区间边界(偏好 1/偏好 2)				
	f_{i1}	f_{i2}	f_{i3}	f_{i4}	f_{i5}
J_1	50/15	100/30	150/60	200/120	500/240
J_2 / rad	−1.8	−1.7	−1.6	−1.5	−1.4
J_3 / (10^6 kJ/m^2)	1.8/2.2	2.0/2.4	2.2/2.6	2.4/2.8	2.6/3.0

3) 仿真结果

利用表 3.3.2 所示的偏好区间设置，将 3 个性能指标的多目标优化问题转化为反映设计者偏好的单目标优化问题(3.3.50)，进而采用 3.3.2 节的优化策略和优化算法进行求解。不同偏好的多目标最优弹道对应的性能指标如表 3.3.3 所示。

表 3.3.3　不同偏好的多目标最优弹道对应的性能指标

偏好	J_1	J_2 / rad	J_3 / (kJ/m^2)
偏好 1	53.709	−1.747	1.853×10^6
偏好 2	16.380	−1.796	2.202×10^6

由表 3.3.3 所示的优化结果和表 3.3.2 所示的偏好结构可知，两组设计结果对应的各优化指标均位于满意的区间范围，可满足设计者要求，反映设计者对性能指标的偏好。上述两种不同偏好结构对应的最优三维滑翔弹道及最优控制量分别

如图 3.3.15 和图 3.3.16 所示。不同偏好结构弹道优化结果比较如图 3.3.17 所示。由图 3.3.15 和图 3.3.17(a)可以看出，两种不同偏好结构的最优三维滑翔弹道均通过航路点并成功实现对禁飞区的规避，满足预期飞行任务要求。

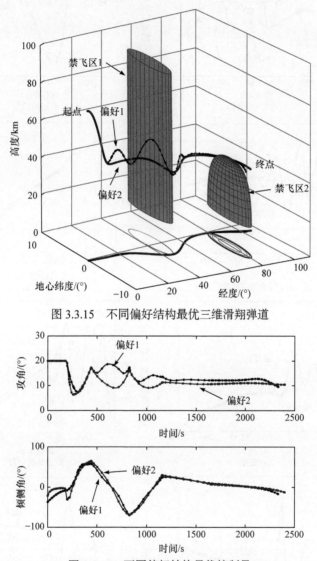

图 3.3.15 不同偏好结构最优三维滑翔弹道

图 3.3.16 不同偏好结构最优控制量

从弹道跳跃幅度方面来看，对比分析两条弹道的弹道特性可知，在气动加热最为严重的飞行阶段(即对应高度为 40~50km、飞行时间为 200~900s 的飞行阶段)，偏好 1 对应的弹道跳跃幅度相对较大，通过弹道跳跃达到减小总加热量的目的；偏好 2 对应的弹道跳跃幅度较小，可以反映设计者减小弹道跳跃幅度的偏好

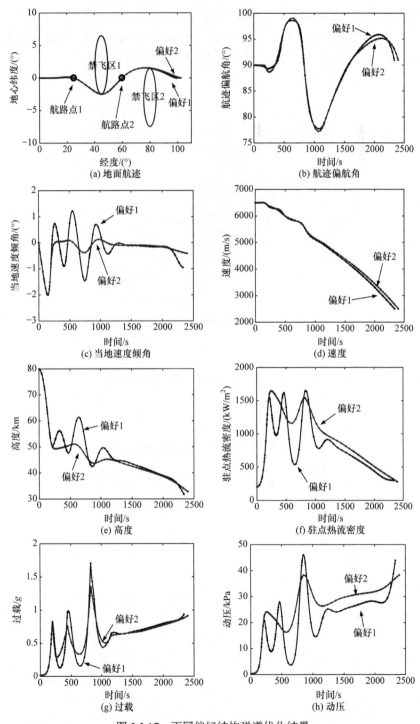

图 3.3.17　不同偏好结构弹道优化结果

要求。在通过气动加热严重的飞行阶段后，两条弹道跳跃幅度均很小，这是因为这一飞行阶段气动加热已不再严重，通过弹道跳跃来减小总加热量变得得不偿失。

从总加热量方面来看，在气动加热较为严重的区域，偏好 1 对应的弹道通过采用比偏好 2 弹道更大的飞行攻角实现跳跃飞行，能大大降低总加热量。为了兼顾弹道跳跃幅度最小的性能指标，在通过气动加热严重的区域后，采用较为平滑的弹道飞行。由图 3.3.17(f)可以看出，两条弹道飞行过程中驻点总加热量分别为图中两条曲线下面部分的面积，偏好 1 对应的总加热量要远小于偏好 2，体现设计者期望降低总加热量的偏好。由图 3.3.16 可以看出，攻角在通过气动加热严重的区域后，保持在最大升阻比附近。由于大升阻比攻角飞行对应的射程更远，设计结果可以体现设计者期望获得较大射程的设计需求。

综上所述，相比单个性能指标的滑翔弹道优化设计，基于物理规划的多目标优化设计能够综合考虑多个性能指标，并获得反映设计者偏好的多个性能指标的折中解。因此，在实际工程应用中能够获得与实际需要更加接近的最优滑翔弹道设计结果。

3.4　不确定条件下滑翔弹道优化设计

3.3 节研究了确定条件下滑翔弹道优化设计问题，给出了满足各种复杂约束条件下的最优滑翔弹道。然而，在实际飞行情况下，大气密度、气动参数、飞行器质量、初始再入状态等均不同程度地存在不确定性，这些不确定性因素对滑翔弹道的影响主要体现在两个方面。

(1) 由于不确定性因素的影响，通过确定性优化设计获得的最优滑翔弹道实际上可能并不是最优的。

(2) 由于不确定性因素的影响，标准情况下获得的最优滑翔弹道在实际飞行情况下可能超出设定的飞行约束，即最优滑翔弹道可能是不可行的。

不确定性因素对弹道的影响一直受到人们的高度重视。考虑不确定因素影响的弹道规划传统方法是，首先基于确定性条件进行弹道规划，确保各飞行约束留有足够的裕量；然后基于设计好的弹道进行偏差影响分析(如蒙特卡罗仿真等)，分析各种不确定因素对弹道的影响，进而评估设计弹道的可行性。若设计的弹道不满足要求，则需重新进行弹道规划，如此反复，直至获得满足要求的弹道[67]。由此可见，传统弹道规划方法并没有直接将不确定性因素纳入弹道规划过程中，而是采用弹道规划-弹道评估-弹道重规划的思路，费时费力。近年来，有少数学者开始将不确定因素纳入弹道规划问题中加以考虑。总体而言，针对不确定条件下滑翔弹道优化设计问题的研究仍然较少，是值得关注和重点研究的方向。

本节以高超声速飞行器为背景，重点研究不确定条件下滑翔弹道优化设计方法。由于基于阻力加速度剖面规划与跟踪的方法在航天飞机再入弹道规划与制导中得到成功的应用，它已经成为美国第二代 RLV 弹道设计与制导的基准方法[77]。因此，目前国内外在工程实际中也趋向于采用这种方法。基于以上考虑，首先建立不确定条件下阻力加速度-速度(D-V)飞行走廊的数学模型，在此基础上进行参考飞行剖面的优化设计，然后通过跟踪设计好的飞行剖面，获得满足约束条件的优化弹道。不同于传统剖面规划方法，该方法在剖面规划时考虑不确定因素的影响，可以避免传统方法可能出现的弹道重规划问题。

3.4.1　不确定条件下滑翔弹道优化设计基本思想

1. 不确定性弹道优化概述

不确定性优化设计一般是指，在设计过程中考虑设计变量、设计决策和系统分析模型等不确定性的影响，得到相对不确定性变化不敏感、约束条件可靠和目标函数鲁棒的最优设计结果[68]。不确定性优化问题可分为鲁棒设计优化和基于可靠性的设计优化两大类。此外，某些优化设计问题需同时强调不确定情况下性能指标的鲁棒性和约束条件的可靠性，即基于可靠性的鲁棒设计优化。

对高超声速飞行器弹道优化设计问题来说，可靠性是指在考虑各种不确定性因素的影响下，所设计的弹道能够以较大概率满足飞行约束条件，而鲁棒性是指获得的优化弹道及相应的性能指标对不确定性因素不敏感。换言之，可靠性保证了不确定条件下滑翔弹道的可行性，而鲁棒性保证了不确定条件下滑翔弹道的最优性。由于飞行器在实际飞行过程中需利用制导控制系统对各种不确定性因素造成的状态偏差进行实时调整和修正，确保实际飞行弹道保持在参考弹道(或剖面)附近，因此只要制导算法对不确定性因素的适应性能力(鲁棒性)足够好，就可保证弹道的鲁棒性。然而，不确定因素影响情况下弹道的可靠性则无法保证。这是因为即使实际飞行弹道(或剖面)与参考弹道(或剖面)完全一致，受不确定因素的影响，实际弹道对应的约束条件也可能超出限制。因此，如何确保不确定因素影响情况下弹道约束条件满足要求(即弹道的可靠性问题)是滑翔弹道优化设计中需要重点考虑的问题。

现有的弹道优化问题一般属于确定性优化范畴，即在优化过程中没有考虑不确定因素的影响，认为模型、参数等均是确定的。然而，对再入滑翔飞行而言，由于飞行环境的复杂性，地面试验很难完全模拟实际飞行情况，因此不确定性因素的影响是不可避免的。气动加热、过载、动压等约束因素受不确定性影响显著，使确定条件下设计的标准弹道(剖面)在实际飞行环境下可能并不可行。为了确保不确定条件下飞行弹道满足约束条件，在进行参考弹道设计时应留有足够的裕量，尽量使飞行剖面位于飞行走廊的中间位置。但是，为了获得某种性能指标最佳的飞行弹道，往往要求飞行剖面靠近走廊边界。因此，在不确定因素影响情况下，如何既能满足各种飞行约束条件，又能使关心的性能指标尽可能好，这是不确定条件下滑翔弹道优化设计中需要重点解决的。

2. 不确定条件下滑翔弹道优化设计思路

基于阻力加速度剖面的弹道规划方法是一类十分流行的再入弹道规划方法，它通过在飞行走廊内设计飞行剖面，满足各种飞行约束条件要求。然而，实际情况下，由于各种不确定性因素(特别是气动参数的不确定性影响)，确定性条件下获得的飞行走廊边界不再"可靠"，因此有必要深入研究不确定性因素对飞行走廊的影响，在此基础上开展滑翔弹道优化设计方法的研究。

不确定条件下滑翔弹道优化设计思路如图 3.4.1 所示。首先，分析各种不确定性因素的特点并建立对应的数学描述模型。数学描述模型可以反映不确定因素误差分布特性或分布范围。在此基础上，建立考虑不确定性因素影响的飞行走廊模型，确定各不确定性因素对飞行走廊的影响，进而确定对应的飞行走廊边界。基于该飞行走廊进行飞行剖面优化设计，确保设计出的弹道满足约束条件，从而弹道的可靠性得到满足。通过跟踪设计好的参考飞行剖面，引入反馈控制对控制量

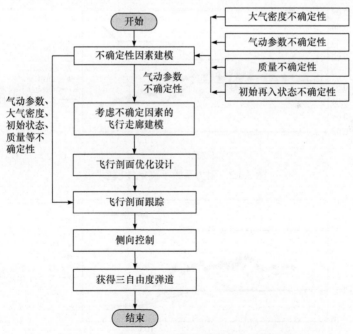

图 3.4.1　不确定条件下滑翔弹道优化设计思路

进行调整以消除各种不确定因素引起的偏差，确保弹道的鲁棒性。获得纵向弹道后，结合侧向弹道控制，最终可获得考虑各种不确定因素影响的三自由度滑翔飞行弹道。

3.4.2　不确定性因素的数学描述

高超声速飞行器在临近空间进行长时间远距离高超声速滑翔飞行,运动模型、飞行环境等存在强不确定性。不确定性因素主要包括气动参数、大气密度、质量、初始再入状态等。通过地面试验、工程经验、仿真分析等手段,结合各种先验知识,可获得这些不确定因素的基本特征或概率分布特性,进而建立对应的数学描述模型。

1. 气动参数不确定性

气动参数的不确定性包括两个方面：一方面，由于风洞试验无法准确模拟实际飞行环境，因此风洞试验获得的气动数据不准确；另一方面，飞行器在大气中高速飞行期间，气动加热的烧蚀，会对其气动外形有一定程度的改变，导致气动参数的不确定。文献[94]专门研究包括 X-33 在内的多种飞行器气动不确定性模型及其使用方法。图 3.4.2 和图 3.4.3 分别给出 X-33 等飞行器对应的阻力系数和升

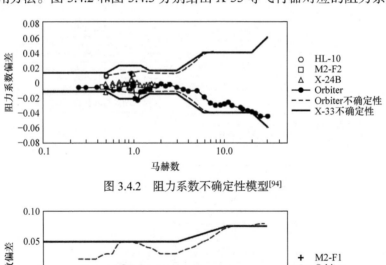

图 3.4.2　阻力系数不确定性模型[94]

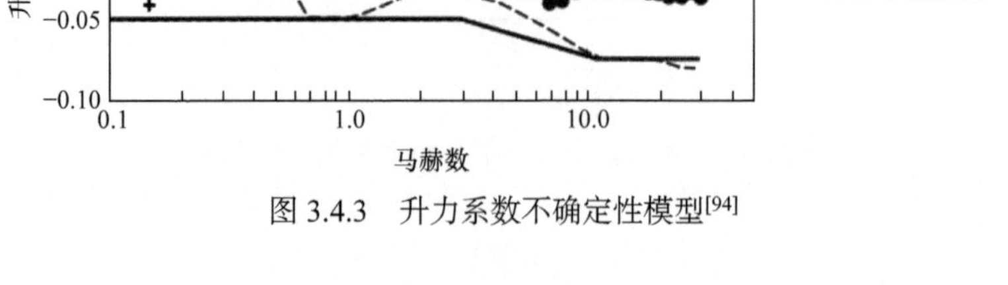

图 3.4.3　升力系数不确定性模型[94]

力系数不确定性模型。可以看出,高马赫数情况下的气动参数不确定性偏差要大于低马赫数情况。这是由于气动数据是在地面经过风洞试验确定的,而风洞试验难以模拟高超声速雷诺数和实际飞行情况下的大气环境。

升力系数和阻力系数的不确定性是强相关的,Romere[95]建议将升阻比偏差限制在一定范围内。因此,当设定升力系数和阻力系数偏差对应的升阻比偏差超出给定范围时,需对升力系数和阻力系数偏差进行调整。气动参数偏差调整原理示意图如图 3.4.4 所示。

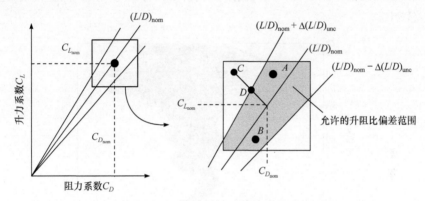

图 3.4.4　气动参数偏差调整原理示意图[95]

如图 3.4.4 所示,若升阻比偏差在给定范围内(如 A、B),则无须进行气动参数偏差调整,当升阻比偏差超出设定范围时(如 C),则有必要进行调整。气动参数偏差调整的基本原理是将 C 点平移至 D 点,使对应的升阻比偏差等于 $\Delta(L/D)_{\mathrm{req}}$,对应的升力系数和阻力系数偏差调整公式为[95]

$$
\Delta C_D = \frac{C_{L_{\mathrm{nom}}} - ((L/D)_{\mathrm{nom}} + \Delta(L/D)_{\mathrm{req}})C_{D_{\mathrm{nom}}}}{(L/D)_{\mathrm{nom}} + \Delta(L/D)_{\mathrm{req}} - \Delta C_{L_{\mathrm{unc}}}/\Delta C_{D_{\mathrm{unc}}}}
$$
$$
\Delta C_L = \frac{\Delta C_{L_{\mathrm{unc}}}}{\Delta C_{D_{\mathrm{unc}}}}(\Delta C_D)
$$
(3.4.1)

其中,$C_{L_{\mathrm{nom}}}$ 和 $C_{D_{\mathrm{nom}}}$ 分别为参考升力系数和阻力系数;$(L/D)_{\mathrm{nom}}$ 为对应的参考升阻比;$\Delta C_{L_{\mathrm{unc}}}$ 和 $\Delta C_{D_{\mathrm{unc}}}$ 分别为未调整的升力和阻力系数偏差。

借鉴 X-33 气动参数不确定性的相关研究成果,假定高超声速飞行器升力系数和阻力系数偏差为马赫数的分段线性函数,当升阻比偏差超出设定范围时,对升力系数偏差和阻力系数偏差进行调整。

2. 大气密度不确定性

在构建标准动力学模型时，大气密度一般取经验公式或按标准大气表确定。在实际飞行过程中，受温度、气压等诸多难以预测的不确定因素影响，实际大气密度和标准大气模型给定的密度有较大偏差，这是分析模型不确定性时需要重点考虑的因素。目前，国际上研究大气密度不确定性时通常采用 GRAM07(the 2007 version of the earth global reference atmosphere model)[47,96]。如图 3.4.5 所示，大气密度表现出较强的不确定性，并且高空大气密度相对偏差较大，低空大气密度相对偏差较小。

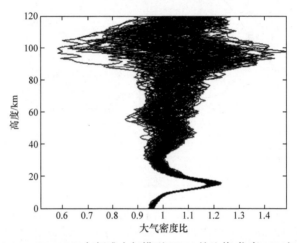

图 3.4.5　GRAM07 与标准大气模型 US76 的比值(仿真 100 次)[96]

参考图 3.4.5 所示的密度偏差分布特征，假设大气密度偏差与高度相关，总体而言，高空大气密度偏差较大，低空大气密度偏差较小。因此，设定如下密度偏差变化规律，即高度大于 80km 时，密度偏差取 30%，高度小于 40km 时，密度偏差取 10%，高度在 40～80km 时，对应大气密度偏差按上述两个高度对应的密度偏差线性插值确定。

3. 质量不确定性

高超声速飞行器质量不确定性包括两个方面。一方面是飞行器在制造加工过程中引入的质量偏差或 RCS 燃料质量与预定值存在差异。另一方面是高超声速飞行过程中由于气动加热，飞行器表面烧蚀引起质量损耗。一般可假设质量偏差的分布特性为指定范围的均匀分布[96]。

4. 初始再入状态不确定性

由于前一飞行阶段导航、制导、控制系统等存在误差，再入点的状态参数存在偏差。在实际情况下，初始再入状态偏差是不可避免的，因此进行再入滑翔弹道优化设计时必须加以考虑。一般可结合工程经验，初步确定初始再入状态偏差的误差范围。

3.4.3　不确定条件下飞行走廊建模及分析

下面针对 D-V 飞行走廊，分析不确定性因素对飞行走廊边界的影响，推导不确定条件下 D-V 飞行走廊模型，进一步给出飞行走廊边界的确定方法。由于飞行走廊与飞行攻角方案有关，在下面的分析中假定攻角方案采用式(3.2.30)所示的形式。

1. 不确定条件下飞行走廊建模

设升力系数和阻力系数偏差分别为 ΔC_L 和 ΔC_D。在基本攻角方案给定的情况下，根据确定条件下的 D-V 飞行走廊模型，推导气动参数偏差情况下的驻点热流密度峰值 $\dot{Q}_{\max}$ 和最大动压 $q_{\max}$ 对应的 D-V 飞行走廊边界，即

$$D(V) \leqslant D_{\dot{Q}_{\max}}(V) = \frac{S_r \dot{Q}_{\max}^2}{2MK_h^2 V^{2m-2}}(C_D + \Delta C_D) \tag{3.4.2}$$

$$D(V) \leqslant D_{q_{\max}}(V) = \frac{q_{\max} S_r}{M}(C_D + \Delta C_D) \tag{3.4.3}$$

由式(3.4.2)和式(3.4.3)可知，在速度相同的情况下，驻点热流密度和动压对应飞行走廊边界仅与阻力系数偏差相关。当阻力系数存在偏差 ΔC_D 时，会导致驻点热流密度和动压约束对应的阻力加速度边界值变化。显然，当 ΔC_D 为正时，$D_{\dot{Q}_{\max}}(V)$ 和 $D_{q_{\max}}(V)$ 均增大，对应的飞行走廊边界向上移动；反之，当 ΔC_D 为负时，对应的飞行走廊边界向下移动。

总过载由升力和阻力共同决定，因此飞行器在实际飞行情况下可能会由升力系数和阻力系数存在不确定性偏差导致总过载超出约束。将总过载对应的 D-V 飞行走廊边界表达式(3.2.34)泰勒展开并忽略二阶以上小量，可以得到不确定条件下总过载对应的 D-V 飞行走廊边界，即

$$D(V) \leqslant D_{n_{\max}}(V) = \frac{n_{\max} g_0}{\sqrt{1 + (C_L/C_D)^2}}\left(1 + \frac{\Delta C_D C_L^2/C_D - \Delta C_L C_L}{C_D^2 + C_L^2}\right) \tag{3.4.4}$$

同理，取拟平衡滑翔条件边界表达式(3.2.36)的一阶泰勒展开式，可得

$$D(V) \geqslant D_{\mathrm{eg}}(V) = \frac{C_D}{C_L}\left(g - \frac{V^2}{r}\right)\left(1 + \frac{\Delta C_D}{C_D} - \frac{\Delta C_L}{C_L}\right) \tag{3.4.5}$$

由式(3.4.4)和式(3.4.5)可知，总过载及平衡滑翔边界与升力系数偏差 ΔC_L 和阻

力系数偏差 ΔC_D 相关。当 $\Delta C_D > 0$、$\Delta C_L < 0$ 时，$D_{n_{\max}}(V)$ 和 $D_{eg}(V)$ 均增大，即总过载和平衡滑翔约束对应走廊边界均向上移动；反之，走廊边界向下移动。

式(3.4.2)～式(3.4.5)构成不确定条件下 D-V 飞行走廊模型，其中飞行器气动参数偏差的误差特性(如误差范围、误差分布特征等)可通过地面风洞试验、工程经验、仿真分析等手段加以确定。气动参数偏差引起的各飞行约束条件对应的 D-V 飞行走廊边界变化为

$$
\begin{cases}
\Delta D_{\dot{Q}_{\max}}(V) = \dfrac{S_r \dot{Q}_{\max}^2}{2MK_h^2 V^{2m-2}} \Delta C_D \\[4mm]
\Delta D_{q_{\max}}(V) = \dfrac{q_{\max} S_r}{M} \Delta C_D \\[4mm]
\Delta D_{n_{\max}}(V) = \dfrac{n_{\max} g_0}{\sqrt{1 + (C_L/C_D)^2}} \dfrac{\Delta C_D C_L^2/C_D - \Delta C_L C_L}{C_D^2 + C_L^2} \\[4mm]
\Delta D_{eg}(V) = \dfrac{C_D}{C_L}\left(g - \dfrac{V^2}{r}\right)\left(\dfrac{\Delta C_D}{C_D} - \dfrac{\Delta C_L}{C_L}\right)
\end{cases}
\tag{3.4.6}
$$

不确定条件下的飞行走廊与传统飞行走廊的最大区别是，传统飞行走廊没有考虑不确定因素的影响，因此走廊上下边界是确定的，即走廊边界实际由两条边界线构成；不确定条件下飞行走廊的上下边界不再是确定的值，而是一个变化范围，这是气动参数的不确定性导致的。本书称气动参数偏差导致的走廊边界变化范围为飞行走廊边界带。

如图 3.4.6 所示,在不确定条件下优化设计滑翔弹道时,为了确保获得的弹道满足约束条件,最保险的方法是取飞行走廊上下走廊边界带的内边界,此时对应

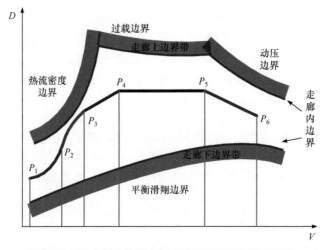

图 3.4.6　不确定条件下飞行走廊及飞行剖面分段示意

的飞行走廊最狭窄。基于上述飞行走廊进行参考阻力加速度剖面的设计，考虑了不确定因素的影响，可以避免阻力加速度剖面对应的飞行弹道超出飞行约束边界。

2. 考虑不确定因素的飞行走廊边界确定方法

在工程实际中，不确定因素的影响是不可避免的。为了使滑翔弹道满足飞行约束，应保证飞行剖面不超出飞行走廊边界带，即将飞行剖面限制在图 3.4.6 所示的走廊内边界构成的区域中。

不确定条件下，D-V 飞行走廊模型实际上给出了气动参数偏差与飞行走廊边界变化范围的关系式。因此，根据气动参数偏差的误差分布特性或范围，即可确定对应走廊边界带的范围。下面以气动参数偏差服从零均值正态分布为例进行说明。

在不考虑气动参数偏差调整的情况下，认为升力系数偏差和阻力系数偏差为两个相互独立的随机量，且满足均值为 0，方差分别为 σ_{C_L} 和 σ_{C_D} 的正态分布。根据概率论的知识，由式(3.4.6)可导出对应飞行走廊边界变化的均方差，即

$$
\begin{cases}
\sigma_{D_{\dot{Q}_{\max}}}(V) = \dfrac{S_r \dot{Q}_{\max}^2}{2MK_h^2 V^{2m-2}} \sigma_{\Delta C_D} \\[2mm]
\sigma_{D_{q_{\max}}}(V) = \dfrac{q_{\max} S_r}{M} \sigma_{\Delta C_D} \\[2mm]
\sigma_{D_{n_{\max}}}(V) = \dfrac{n_{\max} g_0}{\sqrt{1+(C_L/C_D)^2}} \left(\dfrac{\sigma_{\Delta C_D} C_L^2 / C_D - \sigma_{\Delta C_L} C_L}{C_D^2 + C_L^2} \right) \\[2mm]
\sigma_{D_{\mathrm{eg}}}(V) = \dfrac{C_D}{C_L} \left(g - \dfrac{V^2}{r} \right) \left(\dfrac{\sigma_{\Delta C_D}}{C_D} - \dfrac{\sigma_{\Delta C_L}}{C_L} \right)
\end{cases}
\tag{3.4.7}
$$

其中，$\sigma_{D_{\dot{Q}_{\max}}}(V)$、$\sigma_{D_{q_{\max}}}(V)$、$\sigma_{D_{n_{\max}}}(V)$ 和 $\sigma_{D_{\mathrm{eg}}}(V)$ 为驻点热流密度、动压、总过载和拟平衡滑翔条件对应飞行走廊边界变化的均方差。

如图 3.4.6 所示，根据不确定条件下飞行走廊模型可知，考虑不确定因素影响时，飞行走廊应为走廊上边界带的下边界线和走廊下边界带的上边界线构成的走廊。由于随机偏差在 3 倍均方差(3σ)的概率大于 99.7%，因此不确定条件下飞行走廊边界可取 3 倍均方差边界。理论上，若设计的参考飞行剖面满足 3 倍均方差飞行走廊边界，则可保证沿此剖面飞行的实际弹道满足约束条件的概率大于 99.7%。因此，不确定条件下 D-V 飞行走廊的上边界由 $D_{\dot{Q}_{\max}}(V)-3\sigma_{D_{\dot{Q}_{\max}}}(V)$、$D_{n_{\max}}(V)-3\sigma_{D_{n_{\max}}}(V)$、$D_{q_{\max}}(V)-3\sigma_{D_{q_{\max}}}(V)$ 构成，下边界由 $D_{\mathrm{eg}}(V)+3\sigma_{D_{\mathrm{eg}}}(V)$ 构成，即

$$D_{\mathrm{up}}(V) = \min\{D_{\dot{Q}_{\max}}(V) - 3\sigma_{D_{\dot{Q}_{\max}}}(V), D_{n_{\max}}(V) - 3\sigma_{D_{n_{\max}}}(V), D_{q_{\max}}(V) - 3\sigma_{D_{q_{\max}}}(V)\}$$

$$D_{\mathrm{down}}(V) = D_{\mathrm{eg}}(V) + 3\sigma_{D_{\mathrm{eg}}}(V)$$

$$(3.4.8)$$

其中，$D_{\mathrm{up}}(V)$、$D_{\mathrm{down}}(V)$ 为 D-V 飞行走廊的上边界和下边界。

考虑气动参数偏差调整，升力系数偏差和阻力系数偏差不再是独立的随机变量。通过分析可知，不确定条件下 3 倍均方差走廊边界带变化范围的上下限可基于式(3.4.6)确定。考虑气动参数偏差调整的飞行走廊边界确定方法如表 3.4.1 所示。在计算过程中，若升阻比偏差超出指定范围，则按式(3.4.1)对气动参数偏差进行调整。最终可获得考虑气动参数偏差调整的飞行走廊上下边界带的范围，进而获得对应的飞行走廊边界值。

表 3.4.1　考虑气动参数偏差调整的飞行走廊边界确定方法

3σ 飞行走廊边界带		升力系数偏差 ΔC_L	阻力系数偏差 ΔC_D
驻点热流密度 边界带	上限	0	$3\sigma_{\Delta C_D}$
	下限	0	$-3\sigma_{\Delta C_D}$
动压边界带	上限	0	$3\sigma_{\Delta C_D}$
	下限	0	$-3\sigma_{\Delta C_D}$
总过载边界带	上限	$-3\sigma_{\Delta C_L}$	$3\sigma_{\Delta C_D}$
	下限	$3\sigma_{\Delta C_L}$	$-3\sigma_{\Delta C_D}$
平衡滑翔边界带	上限	$-3\sigma_{\Delta C_L}$	$3\sigma_{\Delta C_D}$
	下限	$3\sigma_{\Delta C_L}$	$-3\sigma_{\Delta C_D}$

前面给出了考虑不确定因素影响时不进行气动参数偏差调整，以及进行气动参数偏差调整对应的飞行走廊边界确定方法。由上述分析可知，若能将飞行剖面限制在该飞行走廊内，则理论上可确保随机误差影响情况下飞行弹道超出约束条件的概率小于 0.3%。值得说明的是，飞行走廊边界是基于气动参数为零均值正态分布的条件给出的。实际上，也可假设气动参数偏差为其他分布，基于类似的方法，也可获得对应的飞行走廊边界。

3. 仿真分析

设气动升力系数和阻力系数偏差均为 15%，考虑气动参数偏差调整时，升阻比最大偏差限制为 15%，上述偏差均指 3 倍均方差。图 3.4.7 和图 3.4.8 分别给出未进行气动参数偏差调整(算例一)和进行气动参数偏差调整(算例二)时不确定因素影响的 D-V 飞行走廊。其中，走廊边界带中的各随机走廊边界是在考虑气动偏差情况下进行 100 次蒙特卡罗仿真获得的。图中虚线为气动参数偏差取 3 倍均方差对应的飞行走廊边界。根据定义，不确定条件下的飞行走廊即传统飞行走廊内两条虚线构成的区域。

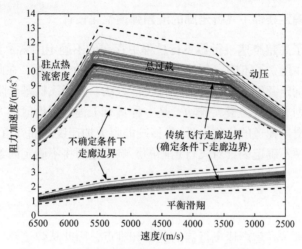

图 3.4.7　不确定因素影响的 D-V 飞行走廊(算例一)

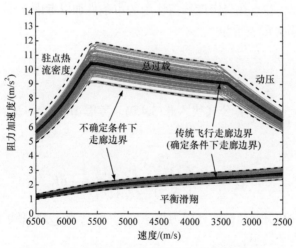

图 3.4.8　不确定因素影响的 D-V 飞行走廊(算例二)

对比图 3.4.7 和图 3.4.8 可以看出，不进行气动参数偏差调整情况下飞行走廊边界带明显要比考虑气动参数偏差调整的走廊边界带宽。这是由于前者未对升阻比偏差进行限制，仿真过程可能出现升阻比偏差很大的情况，而这是不符合实际的，因此弹道优化设计时有必要对气动参数偏差进行调整。

构建不确定条件下飞行走廊的积极意义在于，能够根据气动参数不确定性特性或散布范围，量化确定其对飞行走廊的影响程度，进而确定一个较为安全的飞行走廊边界。通过在该飞行走廊内设计参考飞行剖面，可确保剖面对应的弹道满足不确定因素影响下的飞行约束条件要求。

3.4.4　基于不确定条件下飞行走廊的滑翔弹道优化设计

前面研究了高超声速飞行器飞行过程中存在的不确定因素及其对 D-V 飞行走廊的影响，并建立了不确定条件下 D-V 飞行走廊数学模型。在此基础上，本节进一步研究不确定条件下滑翔弹道优化设计方法。航天飞机基于阻力加速度剖面的再入弹道规划方法获得极大成功，是一种具有工程应用价值的方法。下面基于这种方法进行滑翔弹道的优化设计。与传统的阻力加速度剖面弹道设计方法不同，本方法充分考虑不确定因素对飞行走廊的影响，进而将不确定因素的影响纳入参考飞行剖面的设计过程中。

1. 性能指标

防隔热问题是高超声速飞行器的关键和难点，因此从弹道规划的角度研究总加热量最小的滑翔弹道具有十分重要的意义。下面以滑翔飞行过程中的总加热量最小为优化指标，驻点热流密度峰值作为约束条件加以考虑。飞行器滑翔飞行过程中的总加热量 Q_s 可表示为

$$Q_s = \int_{V_0}^{V_f} \dot{Q} \left(\frac{\mathrm{d}V}{\mathrm{d}t} \right)^{-1} \mathrm{d}V \tag{3.4.9}$$

将驻点热流密度计算公式代入式(3.4.9)，考虑 $\mathrm{d}V / \mathrm{d}t \approx -D$、$\rho = \dfrac{2MD}{V^2 S_r C_D}$，可得

$$Q_s \approx -K_h \left(\frac{2M}{S_r} \right)^{0.5} \int_{V_0}^{V_f} \frac{V^{m-1}}{(DC_D)^{0.5}} \mathrm{d}V \tag{3.4.10}$$

由式(3.4.10)可知，通过设计阻力加速度剖面 D，使 Q_s 取最小值，则剖面对应飞行弹道总加热量最小。

2. 攻角方案

基于阻力加速度剖面的弹道规划方法首先需要确定基本攻角方案。在飞行走廊及弹道设计中采用式(3.2.30)的基本攻角方案，并根据不同性能指标及射程要求对攻角方案中的参数进行调整。

3. 飞行剖面的优化设计

1) 剖面优化问题的描述

飞行走廊通过将飞行约束条件转换为走廊边界约束，在飞行走廊内设计飞行剖面，即可满足飞行约束条件。为了实现性能指标最优，需进行飞行剖面的优化设计。由于飞行剖面决定纵平面的运动特性，以及倾侧角的大小，因此对飞行剖面的优化设计实际上相当于对倾侧角大小的优化。

根据航天飞机的经验，可以根据飞行特性对飞行剖面进行分段，但是应合理选择飞行剖面分段数目。一方面，剖面分段数目不能太多。虽然剖面分段数目越多，对应的优化空间也越大，但分段过多会导致剖面变化形式过于复杂，不利于剖面的跟踪。另一方面，飞行剖面分段也不宜太少，剖面太少则导致优化空间很小，达不到剖面优化的目的。综合考虑，此处采用航天飞机再入弹道规划中的五段剖面分段方法，即将整个飞行剖面依次划分为两个温控段(二次曲线段)、一个拟平衡滑翔段、一个常阻力加速度段和一个过渡段，如图 3.4.7 所示。

为了满足飞行约束条件，在参考剖面优化设计时应留有足够的裕量，使飞行剖面与飞行走廊边界保持一定距离，确保剖面对应的实际飞行弹道不会超出设定的飞行约束边界。飞行剖面距走廊边界裕量的确定需考虑以下两方面的因素。

(1) 采用剖面在线更新技术或实际飞行剖面无法完全跟踪参考剖面导致的偏差值。由于各种干扰的影响，以及跟踪算法本身原因，实际飞行剖面往往不可能与参考剖面完全重合，因此即使参考剖面满足走廊约束，实际剖面也可能由于偏离参考剖面超出走廊边界值。但是，考虑实际剖面偏离参考剖面一般不会太大，而且这个偏差量往往可以预先估计，因此要确定对应的裕量并不难。

(2) 不确定因素导致的飞行约束条件超出限制。由于飞行过程中各种不确定性因素的存在，即使实际剖面严格限制在传统飞行走廊内，对应的飞行弹道也可能超出飞行约束。不确定因素对约束条件的影响比较复杂，要确定对应的裕量比较困难。本章从不确定因素对飞行走廊影响的角度出发，建立不确定条件下飞行走廊模型，通过将飞行剖面限制在该飞行走廊内可以较好地解决这个问题。根据不确定条件下的飞行走廊模型，保证实际飞行剖面限制在该走廊边界范围即可保证实际飞行弹道满足各飞行约束要求的概率大于 99.7%，而传统的飞行走廊则无法实现这一点。由此可见，不确定条件下飞行走廊的建立，对飞行弹道的优化设计具有重要意义。

为了方便飞行剖面的优化设计，可将飞行走廊边界进行多项式拟合。一般采用二次多项式即可达到较高的拟合精度。其中，下边界可采用一个二次多项式拟合，而上边界可分别将驻点热流密度边界、总过载边界和动压边界用二次多项式拟合。

　　整个阻力加速度飞行剖面的起点可设定为一个较小的值(如取 1.5)，终点值由滑翔终端状态确定。由于初始再入飞行段大气十分稀薄，空气舵效率低下，飞行器在此飞行阶段按方案攻角飞行，倾侧角保持为 0。当飞行器下降到一定高度，对应的阻力加速度达到剖面起始值时，可以认为初始再入段结束，飞行器转入滑翔飞行阶段。各个阻力加速度段连接点处的坐标 (V_i, D_i) 可作为优化设计参数，采用非线性规划算法进行剖面的优化计算。通过对连接点位置的优化设计，一方面使对应的剖面满足飞行走廊上下边界约束，并适当地为剖面跟踪留有一定的裕量；另一方面满足航程要求，并使式(3.4.10)所示的性能指标达到最小值。因此，优化问题可描述为

$$J = \min(Q_s(V_i, D_i))$$
$$\text{s.t.} \quad D_{\text{down}}(V_i) \leqslant D_i(V_i) \leqslant D_{\text{up}}(V_i)$$
$$V_0 < V_i < V_{i+1} < V_f \tag{3.4.11}$$
$$\sum_{i=1}^{N} S_i = S^*$$

其中，N 为剖面分段数目；S_i 为各段剖面对应的航程；S^* 为期望的航程。

　　2) 航程解析预测方法

　　在进行剖面优化时要满足航程要求，因此需根据阻力加速度剖面计算对应的航程。另外，为了提高终端精度，在剖面跟踪过程中需要进行剖面更新，这也要求能根据实际航程偏差快速确定对应的剖面调整量。因此，有必要建立阻力加速度剖面与航程之间的解析关系式。

　　由于科氏加速度和牵连加速度相对于气动加速度为小量，实际剖面跟踪过程会进行剖面更新，因此在推导航程解析预测式时可假设地球为不旋转圆球。由附录 A 可得纵平面质心运动方程，即

$$\dot{h} = V \sin \theta \tag{3.4.12}$$
$$\dot{V} = -D - g \sin \theta \tag{3.4.13}$$
$$\dot{\theta} = \frac{L_V}{V} - \frac{g \cos \theta}{V} + \frac{V \cos \theta}{r} \tag{3.4.14}$$

其中，$L_V = L \cos \upsilon$。

　　设航程为 S，则

$$\dot{S} = V \cos \theta \tag{3.4.15}$$

综合式(3.4.13)和式(3.4.15)可得航程预测公式，即

$$S = \int V \cos\theta \mathrm{d}t = -\int \frac{V\cos\theta}{D + g\sin\theta}\mathrm{d}V \tag{3.4.16}$$

当地速度倾角 $|\theta|$ 较小时，可近似认为 $\sin\theta = 0$、$\cos\theta = 1$，可得

$$S = -\int \frac{V}{D}\mathrm{d}V \tag{3.4.17}$$

当飞行末段 $|\theta|$ 较大时，根据航天飞机阻力加速度剖面规划的经验，采用下式计算阻力加速度剖面对应航程的精度较高，即

$$S = -\int \frac{1}{D}\mathrm{d}E \tag{3.4.18}$$

结合阻力加速度飞行剖面的解析表达式，可确定剖面对应航程的解析表达式，读者可参见附录中表 D.1。

3) 标准升阻比的确定

设计好阻力加速度剖面后，就可以在一定简化情况下计算出沿该剖面飞行对应的纵平面标准升阻比。由于

$$\dot{V} = -D - g\sin\theta \approx -D$$
$$\frac{\dot{\rho}}{\rho} = -\frac{\dot{h}}{h_s} \tag{3.4.19}$$

因此求阻力加速度关于时间的一次微分，并结合式(3.4.19)可得

$$\dot{h} = -h_s\left(\frac{\dot{D}}{D} + \frac{2D}{V} - \frac{\dot{C}_D}{C_D}\right) \tag{3.4.20}$$

对式(3.4.20)再次微分可得

$$\ddot{h} = -h_s\left(\frac{\ddot{D}}{D} - \frac{\dot{D}^2}{D^2} + \frac{2\dot{D}}{V} + \frac{2D^2}{V^2} + \frac{\dot{C}_D^2}{C_D^2} - \frac{\ddot{C}_D}{C_D}\right) \tag{3.4.21}$$

令 $\sin\theta = \theta$ 和 $\cos\theta = 1$，对式(3.4.12)求关于时间的微分，并将式(3.4.13)和式(3.4.14)代入微公式，可以得到关于 $\ddot{h}$ 的另一个等式，即

$$\ddot{h} = -D\frac{\dot{h}}{V} + \left(\frac{V^2}{r} - g\right) + \frac{L_V}{D}D \tag{3.4.22}$$

综合式(3.4.20)~式(3.4.22)可得

$$\ddot{D} - \dot{D}\left(\frac{\dot{D}}{D} - \frac{3D}{V}\right) + \frac{4D^3}{V^2} = -\frac{D}{h_s}\left(\frac{V^2}{r} - g\right) - \frac{D^2}{h_s}\left(\frac{L_V}{D}\right) - \frac{\dot{C}_D D}{C_D}\left(\frac{\dot{C}_D}{C_D} - \frac{D}{V}\right) + \frac{\ddot{C}_D D}{C_D}$$

$$\tag{3.4.23}$$

进一步可确定纵平面标准升阻比，即

$$\frac{L_V}{D} = -\frac{1}{D}\left(\frac{V^2}{r} - g\right) - \frac{h_s}{D}\left(\frac{\ddot{D}}{D} - \frac{\dot{D}^2}{D^2} + \frac{3\dot{D}}{V} + \frac{4D^2}{V^2} + \frac{\dot{C}_D^2}{C_D^2} - \frac{\dot{C}_D D}{C_D V} - \frac{\ddot{C}_D}{C_D}\right) \tag{3.4.24}$$

将阻力加速度剖面及其微分代入式(3.4.24)，即可求出沿剖面飞行对应的标准升阻比，记为 $(L_V/D)_0$，各剖面对应的标准升阻比具体形式参考附录 D。在实际应用中，可认为 $\dot{C}_D$、$\ddot{C}_D$ 为零。

4. 剖面跟踪算法

考虑各种不确定因素的影响，实际飞行剖面会偏离参考飞行剖面，因此必须进行剖面跟踪。剖面跟踪的目的是使实际的飞行剖面接近设计好的参考飞行剖面。设跟踪参考剖面所需的升阻比为 $(L_V/D)_c$，则

$$(L_V/D)_c = (L_V/D)_0 + \delta(L_V/D) \tag{3.4.25}$$

其中，$\delta(L_V/D)$ 为升阻比增量，即

$$\delta(L_V/D) = f_1'\delta D + f_2'\delta\dot{D} + f_3'\delta V \tag{3.4.26}$$

令

$$\begin{cases} \delta D = D - D_0 \\ \delta\dot{D} = \dot{D} - \dot{D}_0 \\ \delta\ddot{D} = \ddot{D} - \ddot{D}_0 \\ \delta V = V - V_0 \\ \delta(L_V/D) = (L_V/D)_c - (L_V/D)_0 \end{cases} \tag{3.4.27}$$

其中，下标 0 表示对应的变量为标准值。

将式(3.4.27)代入式(3.4.23)并保留一阶项，可得

$$\delta\ddot{D} + \left(\frac{3D_0}{V_0} - \frac{2\dot{D}_0}{D_0}\right)\delta\dot{D}$$

$$+ \left[3\dot{D}_0\left(\frac{\dot{D}_0}{D_0^2} - \frac{1}{V_0}\right) + \frac{4D_0^2}{V_0^2} - \frac{1}{h_s}\left(\frac{V_0^2}{r_0} - g\right) - \frac{2\ddot{D}_0}{D_0} - \frac{\dot{C}_{D_0}^2}{C_{D_0}^2} + \frac{\ddot{C}_{D_0}}{C_{D_0}}\right]\delta D$$

$$+ \left(\frac{2D_0 V_0}{h_s r_0} - \frac{3\dot{D}_0 D_0}{V_0^2} - \frac{8D_0^3}{V_0^3} + \frac{\dot{C}_{D_0} D_0^2}{C_{D_0} V_0^2}\right)\delta V$$

$$= -\frac{D_0^2}{h_s}\delta(L_V/D) + \frac{D_0}{C_{D_0}}\delta\ddot{C}_D + \left(\frac{D_0^2}{C_{D_0} V_0} - \frac{2D_0 \dot{C}_{D_0}}{C_{D_0}^2}\right)\delta\dot{C}_D$$

$$+\left(\frac{2\dot{C}_{D_0}^2 D_0}{C_{D_0}^3}-\frac{\dot{C}_{D_0}D_0^2}{C_{D_0}^2 V_0}-\frac{\ddot{C}_{D_0}D_0}{C_{D_0}^2}\right)\delta C_D \tag{3.4.28}$$

取速度 V 为自变量，则有 $\delta V = 0$。由于攻角方案事先已经确定，飞行器主要通过调整倾侧角实现参考剖面的跟踪，可得

$$\delta C_D = 0,\quad \delta\dot{C}_D = 0,\quad \delta\ddot{C}_D = 0 \tag{3.4.29}$$

因此，式(3.4.28)可简化为

$$\delta\ddot{D}+\left(\frac{3D_0}{V_0}-\frac{2\dot{D}_0}{D_0}\right)\delta\dot{D}$$

$$+\left[3\dot{D}_0\left(\frac{\dot{D}_0}{D_0^2}-\frac{1}{V_0}\right)+\frac{4D_0^2}{V_0^2}-\frac{1}{h_s}\left(\frac{V_0^2}{r_0}-g\right)-\frac{2\ddot{D}_0}{D_0}-\frac{\dot{C}_{D_0}^2}{C_{D_0}^2}+\frac{\ddot{C}_{D_0}}{C_{D_0}}\right]\delta D$$

$$=-\frac{D_0^2}{h_s}\delta(L_V/D) \tag{3.4.30}$$

将式(3.4.26)代入式(3.4.30)可得

$$\delta\ddot{D}+\left(\frac{D_0^2}{h_s}f_2'+\frac{3D_0}{V_0}-\frac{2\dot{D}_0}{D_0}\right)\delta\dot{D}$$

$$+\left[\frac{D_0^2}{h_s}f_1'+3\dot{D}_0\left(\frac{\dot{D}_0}{D_0^2}-\frac{1}{V_0}\right)+\frac{4D_0^2}{V_0^2}-\frac{1}{h_s}\left(\frac{V_0^2}{r_0}-g\right)-\frac{2\ddot{D}_0}{D_0}-\frac{\dot{C}_{D_0}^2}{C_{D_0}^2}+\frac{\ddot{C}_{D_0}}{C_{D_0}}\right]\delta D=0$$

$$\tag{3.4.31}$$

式(3.4.31)是一个二阶系统，采用固化系数法，可看成常系数二阶系统，设其解为振荡形式，式(3.4.31)可写为如下标准形式，即

$$\delta\ddot{D}+2\xi\omega\delta\dot{D}+\omega^2\delta D=0 \tag{3.4.32}$$

其中，ω 和 ξ 为常数，一般可根据经验取值。

对比式(3.4.31)和式(3.4.32)可得

$$f_1'=\frac{h_s}{D_0^2}\left[\omega^2+3\dot{D}_0\left(\frac{1}{V_0}-\frac{\dot{D}_0}{D_0^2}\right)+\frac{1}{h_s}\left(\frac{V_0^2}{r_0}-g\right)-\frac{4D_0^2}{V_0^2}+\frac{2\ddot{D}_0}{D_0}+\frac{\dot{C}_{D_0}^2}{C_{D_0}^2}-\frac{\ddot{C}_{D_0}}{C_{D_0}}\right] \tag{3.4.33}$$

$$f_2'=\frac{h_s}{D_0^2}\left(2\xi\omega+\frac{2\dot{D}_0}{D_0}-\frac{3D_0}{V_0}\right) \tag{3.4.34}$$

在实际应用中，为避免求 $\delta\dot{D}$ 的困难，用 $\delta\dot{h}$ 代替 $\delta\dot{D}$，其中 $\delta\dot{h}=\dot{h}-\dot{h}_0$，则式(3.4.26)变为

$$\delta(L_V / D) = f_1\delta D + f_2\delta\dot{h} + f_3\delta V \tag{3.4.35}$$

由式(3.4.20)可得

$$\delta\dot{D} = -\left(\frac{\dot{h}_0}{h_s} + \frac{4D}{V_0} - \frac{\dot{C}_{D_0}}{C_{D_0}}\right)\delta D - \frac{D_0}{h_s}\delta\dot{h} + \frac{2D_0^2}{V_0^2}\delta V \tag{3.4.36}$$

同样，取自变量 V ，令 $\delta V = 0$ ，将式(3.4.36)代入式(3.4.26)，再与式(3.4.35)比较可得

$$f_1 = f_1' - f_2'\left(\frac{\dot{h}_0}{h_s} + \frac{4D_0}{V_0} - \frac{\dot{C}_{D_0}}{C_{D_0}}\right) \tag{3.4.37}$$

$$f_2 = -f_2'\frac{D_0}{h_s} \tag{3.4.38}$$

则升阻比 $(L_V / D)_c$ 为

$$(L_V / D)_c = (L_V / D)_0 + f_1\delta D + f_2\delta\dot{h} \tag{3.4.39}$$

实际剖面跟踪时，可根据飞行器类型、参考剖面特征等选择合适的反馈形式。考虑采用阻力加速度、高度变化率、航程作为反馈，可得

$$(L_V / D)_c = (L_V / D)_0 + f_1\delta D + f_2\delta\dot{h} + f_3(S - S_0) \tag{3.4.40}$$

其中， f_3 为航程反馈对应的增益系数，可采用试探法确定。

虽然在设计反馈控制律时可以引入航程反馈来消除航程偏差，但是这只能对航程进行小幅度的偏差调整。由于高超声速飞行器航程可达数千公里，甚至上万公里，而且飞行环境十分复杂，因此大气密度、气动参数等均存在不确定性。一方面，在航程解析计算时需要进行简化(如考虑地球为不旋转圆球)，使预测的航程不精确。另一方面，由于各种不确定干扰因素的影响，实际飞行剖面会逐渐偏离标准 D-V 剖面，当实际航程与参考航程存在较大偏差时，必须进行参考飞行剖面的在线重规划，即剖面更新。本章采用与航天飞机一致的飞行剖面形式，因此可采用航天飞机的剖面更新方法[97]。

5. 侧向弹道控制方法

由于飞行器在飞行过程中倾侧角的大小实际上已通过飞行剖面确定，因此侧向弹道控制的目的是通过改变倾侧角的符号来控制飞行器侧向运动，消除侧向位置偏差。如图 3.4.9 所示，采用航天飞机再入飞行的倾侧反转逻辑进行弹道的侧向控制，即根据方位误差走廊控制飞行器倾侧反转，当方位误差超出设定的误差走廊上下边界时，进行倾侧反转。

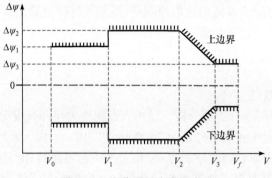

图 3.4.9　方位误差走廊示意图

令飞行器当前位置为 (λ,ϕ)，目标位置为 (λ_f,ϕ_f)，定义飞行器视线方位角 ψ_{LOS} 为飞行器到目标位置的视线与正北方向的夹角，并且从正北方向按顺时针方向旋转为正。根据球面三角关系可得

$$\tan\psi_{\mathrm{LOS}} = \frac{\sin(\lambda_f - \lambda)}{\cos\phi\tan\phi_f - \sin\phi\cos(\lambda_f - \lambda)} \tag{3.4.41}$$

定义方位角误差 $\Delta\psi$ 为当前航迹偏航角 σ 与视线方位角 ψ_{LOS} 之差，即

$$\Delta\psi = \sigma - \psi_{\mathrm{LOS}} \tag{3.4.42}$$

飞行器倾侧反转逻辑是，当 ψ_{LOS} 位于图 3.4.9 所示的误差走廊内时，保持倾侧角符号不变；当 ψ_{LOS} 超出误差走廊上边界时，为消除侧向目标位置侧向误差，飞行器应朝左倾侧，即倾侧角符号取负；反之，倾侧角符号取正，即

$$\operatorname{sgn}(\upsilon) = \begin{cases} -1, & \Delta\psi \geqslant \Delta\psi_{\mathrm{threshold}}(V) \\ 1, & \Delta\psi \leqslant -\Delta\psi_{\mathrm{threshold}}(V) \\ \operatorname{sgn}(\upsilon_0), & \Delta\psi \in (-\Delta\psi_{\mathrm{threshold}}(V),\Delta\psi_{\mathrm{threshold}}(V)) \end{cases} \tag{3.4.43}$$

其中，υ_0 为上一时刻倾侧角值；$\Delta\psi_{\mathrm{threshold}}(V)$ 为方位角误差的阈值，一般设计为速度的分段线性函数，即

$$\Delta\psi_{\mathrm{threshold}}(V) = \begin{cases} \Delta\psi_1, & V_1 < V \leqslant V_0 \\ \Delta\psi_2, & V_2 < V \leqslant V_1 \\ \Delta\psi_2 + \dfrac{\Delta\psi_3 - \Delta\psi_2}{V_3 - V_2}(V - V_2), & V_3 < V \leqslant V_2 \\ \Delta\psi_3, & V_f \leqslant V \leqslant V_3 \end{cases} \tag{3.4.44}$$

其中，$\Delta\psi_1$、$\Delta\psi_2$、$\Delta\psi_3$ 为表示误差走廊宽度的参数；V_1、V_2、V_3 为对应分段点的速度大小。

方位角误差走廊边界值的选取原则是,既使飞行弹道满足终端位置精度要求,又不至于使倾侧反转过于频繁。

6. 仿真分析

1) 基本仿真条件

以 CAV-H 为例进行仿真分析,设再入点速度大小和高度分别为 6500m/s 和 80km,终端速度大小和高度分别为 2500m/s 和 30km,再入点经度和地心纬度均为 0,目标点经度和地心纬度分别为 45°和 25°,飞行器距目标点待飞航程为 200km 时结束滑翔飞行,并且要求终端方位误差角 $|\Delta\psi|\leqslant 10°$。为了体现约束条件的影响,设置的飞行约束条件较为苛刻,令最大动压约束为 67kPa,总过载约束为 1.8g,最大驻点热流密度约束为 1700kW/m^2。为提高终端精度,在剖面跟踪过程中采用全剖面更新的方法进行剖面更新。侧向方位误差走廊相关参数设置如下,方位误差走廊宽度参数 $\Delta\psi_1=18°$、$\Delta\psi_2=21°$、$\Delta\psi_3=5°$,对应的速度大小分别为 $V_1=5000m/s$、$V_2=4000m/s$、$V_3=2600m/s$。不确定性因素设置如表 3.4.2 所示。其中,正态分布对应误差大小为 3 倍均方差,均匀分布误差大小指误差范围。当实际升阻比偏差超出设定值时,按式(3.4.1)进行气动偏差调整。

表 3.4.2　不确定性因素设置

误差项		误差类型	误差大小
初始再入状态	速度大小	正态分布	20.0m/s
	航迹偏航角		0.5°
	当地速度倾角		0.1°
	经度		1.0°
	地心纬度		1.0°
	高度		1.0km
气动参数	升力系数		标准值的15%
	阻力系数		标准值的15%
	升阻比		标准值的15%
大气密度			$h>80km$ 时,取标准大气密度的30%;$h<40km$ 时,取标准大气密度的10%;$40km\leqslant h\leqslant 80km$ 时,按40km和80km大气密度误差线性插值确定
质量		均匀分布	标准质量的±5%

下面通过两个算例,比较分析基于传统飞行走廊的弹道规划方法与基于不确

定条件下飞行走廊的弹道规划方法之间的区别，以说明基于不确定条件下飞行走廊进行滑翔弹道优化设计的必要性和优势。

2) 算例一：基于传统飞行走廊的弹道规划

飞行走廊是指飞行器安全飞行所需满足的各种飞行约束条件的交集。一般认为，只要实际飞行剖面严格限制在飞行走廊内，就可满足对应的飞行约束条件。然而，由于传统意义上的飞行走廊一般都是在确定条件下计算得到的，飞行器在实际飞行过程中受不确定因素(主要是气动参数不确定性)影响，即使弹道对应的实际飞行剖面严格限制在传统飞行走廊内，对应的飞行约束条件也可能不满足要求。下面通过算例对这一问题进行分析。

基于前述仿真条件，在不考虑不确定因素影响情况下进行弹道的优化设计，得到的剖面节点优化结果如表 3.4.3 所示。

表 3.4.3　剖面节点优化结果(算例一)

参数	节点 1	节点 2	节点 3	节点 4	节点 5	节点 6
$V/(m/s)$	6485.18	6165.06	5371.91	3947.09	3000.00	2500.00
$D/(m/s^2)$	1.50	4.51	3.59	4.50	4.50	3.55

通过节点优化设计得到参考阻力加速度剖面，以及确定条件下实际阻力加速度剖面。基于传统飞行走廊的飞行剖面设计结果如图 3.4.10 所示。

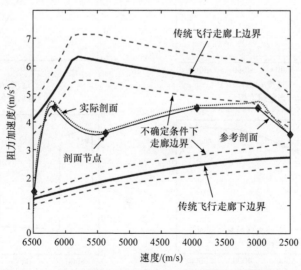

图 3.4.10　基于传统飞行走廊的飞行剖面设计结果(算例一)

为了便于对比分析，图 3.4.10 还给出传统走廊边界和不确定条件下的飞行走廊边界(计算不确定条件下走廊边界时气动参数偏差取值见表 3.4.2)。可以看出，参考剖面和实际剖面虽然超出不确定条件下飞行走廊边界，但是均满足传统飞行走廊边界约束的要求。换言之，针对传统的飞行剖面设计方法，设计的剖面是满足要求的。由于在剖面跟踪过程中进行剖面更新，因此实际剖面与事先规划好的参考剖面有一定的差别。通过跟踪设计好的参考飞行剖面，结合侧向弹道控制，获得的滑翔弹道优化设计结果如图 3.4.11 所示。

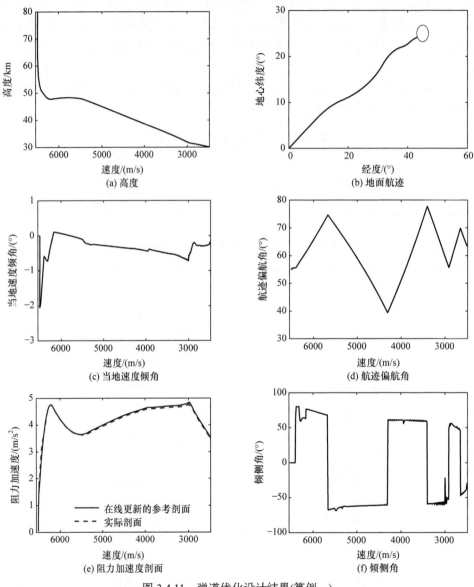

图 3.4.11　弹道优化设计结果(算例一)

弹道对应的飞行约束如图 3.4.12 所示，其中横线表示设定的约束值。最大驻点热流密度为 1669.559kW/m²，最大动压为 61.055kPa，最大总过载为 1.580g，可见所有约束条件均满足要求，并且留有一定的裕量。当速度大小为 2500m/s 时，结束弹道积分，得到的终端高度误差为 0.089km、终端方位误差为–1.424°、终端待飞航程误差为–1.293km，可见终端精度很高。优化弹道对应的总加热量为 9.1964×10⁵kJ/m² 。

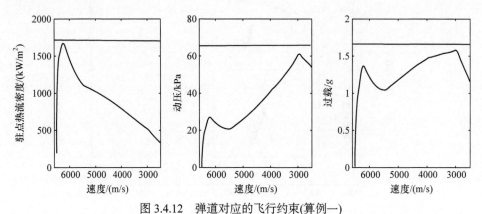

图 3.4.12　弹道对应的飞行约束(算例一)

考虑表 3.4.2 所示各种不确定因素的影响进行蒙特卡罗仿真，分析不确定因素影响下弹道的鲁棒性能。共打靶 800 次，得到的实际飞行剖面如图 3.4.13 所示。可以看出，所有弹道对应的飞行剖面均严格限制在传统飞行走廊内，且实际飞行剖面能较好地跟踪参考飞行剖面。

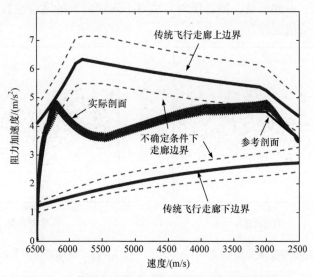

图 3.4.13　蒙特卡罗仿真对应的实际飞行剖面(算例一)

终端位置散布如图 3.4.14 所示。图中环形区域表示待飞航程为 $200\pm5km$ 的误差带。显然，只要终端位置在环状误差带内，就可满足距目标的待飞航程误差小于 5km 的要求。可以看出，所有的落点均在误差带内，说明终端位置精度较高。

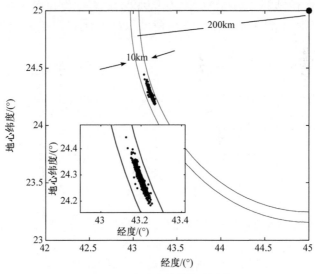

图 3.4.14 终端位置散布(算例一)

图 3.4.15 和图 3.4.16 分别给出蒙特卡罗仿真得到的弹道终端方位误差散布和终端高度误差散布结果。由图 3.4.15 可知，由于终端方位误差走廊宽度 $\Delta\psi_3 = 5°$，因此终端方位误差基本控制在 $\pm5°$ 的范围内。如图 3.4.16 所示，终端高度误差基本都小于 2km。由此可见，弹道规划方法对不确定因素的适应性较强，在不确定因素影响下终端精度较高。

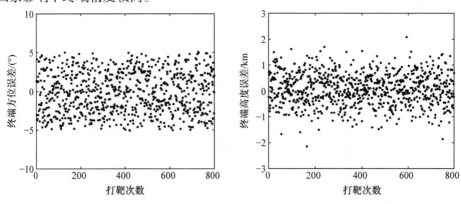

图 3.4.15 终端方位误差散布(算例一)　　图 3.4.16 终端高度误差散布(算例一)

图 3.4.17 给出蒙特卡罗仿真获得的飞行约束峰值统计结果。虽然所有的飞

行剖面均严格限制在传统的飞行走廊内，即确定条件下弹道对应约束条件均满足要求，但是考虑不确定因素影响后，部分实际飞行弹道对应飞行约束却超出设定值。由此可见，不确定条件下基于传统飞行走廊的弹道规划方法并不能严格保证获得的弹道满足飞行约束条件。因此，从这个意义上说，传统飞行走廊并不可靠。

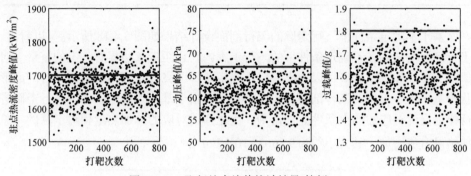

图 3.4.17　飞行约束峰值统计结果(算例一)

　　由 3.4.3 节的分析可知，造成上述问题的原因是，气动参数偏差导致飞行走廊的改变。为了说明这一点，将阻力系数减小 15%，在不考虑其他不确定因素的影响下，得到的驻点热流密度、动压和过载的峰值分别为 1796.216kW/m²、70.372kPa 和 1.812g，阻力系数增大 15% 时，对应的驻点热流密度、动压和过载的峰值分别为 1530.824kW/m²、52.146kPa 和 1.378g，均小于确定条件下对应的峰值。分析原因，主要是因为当阻力系数减小后，阻力减小，飞行器减速变慢，使各约束条件超出设定值；反之，若增大阻力系数，则有助于飞行器减速，从而各约束的峰值均会比较小。通过上面的仿真算例可以看出，传统意义上的飞行走廊并不可靠，即使实际飞行剖面严格限制在走廊内，受不确定因素影响，对应的飞行约束条件也可能超出设定值，导致飞行弹道不可行。

　　在实际飞行情况下，气动参数既可能出现正偏差，也可能出现负偏差，因此在进行飞行参考剖面设计时，应取不确定条件下的走廊边界，而不再是传统的飞行走廊边界作为飞行剖面约束。该结论对基于阻力加速度飞行走廊的参考弹道设计及制导均具有积极指导意义。

　　3) 算例二：基于不确定条件下飞行走廊的弹道规划

　　通过算例一的分析可知，基于传统飞行走廊的弹道规划方法设计的滑翔弹道可能存在约束条件难以满足的问题。因此，有必要基于不确定条件下飞行走廊进行弹道的优化设计。为了进行对比分析，下面基于与算例一相同的仿真条件进行滑翔弹道的优化设计。与算例一不同，在进行阻力加速度剖面优化设计时，以不确定条件下飞行走廊边界而非传统飞行走廊边界作为约束。采用非线性规划算法进行剖面节点的优化计算。剖面节点优化结果如表 3.4.4 所示。

表 3.4.4　剖面节点优化结果(算例二)

参数	节点 1	节点 2	节点 3	节点 4	节点 5	节点 6
$V/(\mathrm{m/s})$	6485.18	6244.27	5467.59	4493.89	3000.00	2500.00
$D/(\mathrm{m/s^2})$	1.50	3.8641	3.9924	4.2755	4.2755	3.5471

　　基于不确定条件下飞行走廊的飞行剖面设计结果如图 3.4.18 所示。可以看出,飞行剖面均限制在不确定条件下的飞行走廊内,且距走廊边界有一定的裕量。对比图 3.4.10 和图 3.4.18 可以看出,以不确定条件下飞行走廊为约束,飞行剖面形状与基于传统走廊的飞行剖面有较大的差别。由于基于不确定条件下飞行走廊进行弹道设计对应的约束条件更加苛刻,优化弹道对应的总加热量相对于算例一总加热量有所增加,其大小约为 $9.2002 \times 10^5 \mathrm{kJ/m^2}$。

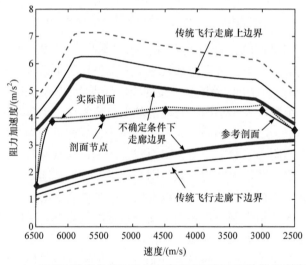

图 3.4.18　基于不确定条件下飞行走廊的飞行剖面设计结果(算例二)

　　不考虑各种不确定因素情况(确定条件),获得的弹道优化设计结果如图 3.4.19 所示。弹道对应的飞行约束如图 3.4.20 所示。比较图 3.4.12 和图 3.4.20 可以发现,基于不确定条件飞行走廊获得的滑翔弹道对应飞行约束变量的峰值相对于基于传统走廊的弹道约束峰值要小。这主要是前者在弹道设计过程中,考虑不确定因素的影响。图 3.4.20 中最大驻点热流密度为 $1539.061 \mathrm{kW/m^2}$、最大动压为 $57.993 \mathrm{kPa}$、最大总过载为 $1.495g$,可见所有约束条件均满足要求且留有较大裕量。当终端速度等于 $2500 \mathrm{m/s}$ 时,结束飞行,得到的滑翔弹道终端高度误差为 $0.088 \mathrm{km}$、终端方位误差为 $0.557°$、终端待飞航程误差为 $-1.222 \mathrm{km}$,满足终端精度要求。

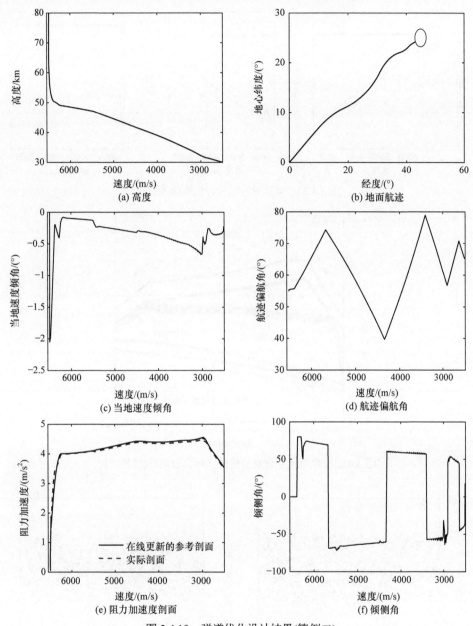

图 3.4.19　弹道优化设计结果(算例二)

为了评估各种不确定因素影响下弹道规划算法的鲁棒性，基于表 3.4.2 所示的偏差条件进行蒙特卡罗仿真，共打靶 800 次，得到的实际飞行剖面如图 3.4.21 所示。由图可知，各弹道对应的飞行剖面均限制在不确定条件下的飞行走廊内。如图 3.4.22～图 3.4.24 所示，各参数对应的误差均满足设计要求。

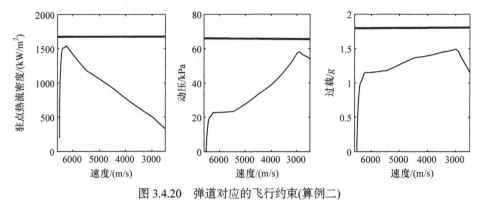

图 3.4.20　弹道对应的飞行约束(算例二)

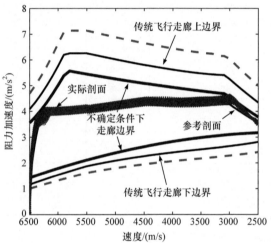

图 3.4.21　蒙特卡罗仿真对应的实际飞行剖面(算例二)

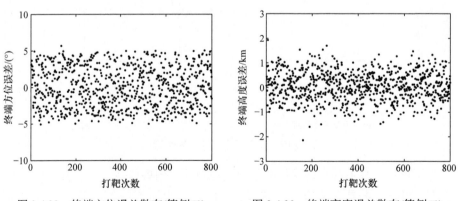

图 3.4.22　终端方位误差散布(算例二)　　　图 3.4.23　终端高度误差散布(算例二)

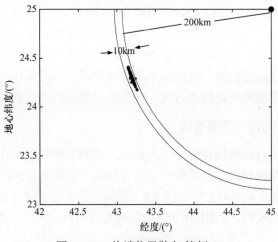

图 3.4.24　终端位置散布(算例二)

如图 3.4.25 所示,各滑翔弹道能很好地满足设定的飞行约束条件。对比图 3.4.17 和图 3.4.25 可以发现,相对于基于传统飞行走廊的弹道规划方法,基于不确定条件下飞行走廊的弹道规划方法能够将不确定因素的影响直接纳入弹道规划过程中,使弹道可以很好地适应不确定条件下各种飞行约束,避免传统方法可能出现的弹道重复设计的问题。

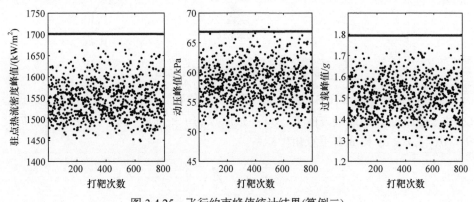

图 3.4.25　飞行约束峰值统计结果(算例二)

3.5　对抗条件下的摆式滑翔机动策略

机动飞行是提升突防效能的有效途径,然而过于剧烈的机动将导致过大的能量损耗,进而影响飞行任务的完成。因此,本节提出能够增大弹道预测误差与机动过载的滑翔机动策略。首先,建立单雷达弹道跟踪模型,并利用扩展卡尔曼滤波(extended Kalman filter，EKF)估计滑翔弹道参数。其次，基于对防御系统组成和拦截机理的分析，设计侧向机动控制律，构建由命中点预测误差、拦截速度与过载，以及能量损耗组成的突防性能指标，并以此为基础提出机动策略，即在进入雷达探测范围之后进行第一次机动来增大跟踪误差，进而增大预测命中点的散布范围，在进入拦截范围之后进行第二次机动以增大机动过载和突防概率。

3.5.1 基于 EKF 的滑翔弹道跟踪

防御系统主要包括预警系统与拦截系统。预警系统利用雷达对不同弹道形式的来袭目标进行探测与跟踪。其跟踪精度直接决定后续弹道预测精度及拦截任务的成败。单雷达弹道跟踪示意图如图 3.5.1 所示。本节通过建立单雷达弹道跟踪坐标系及相应的跟踪模型，利用 EKF 方法跟踪滑翔目标。

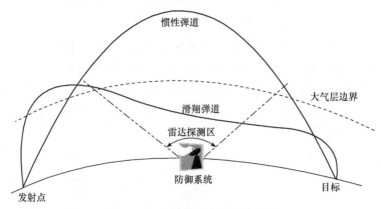

图 3.5.1　单雷达弹道跟踪示意图

雷达跟踪坐标系如图 3.5.2 所示。雷达所在位置为坐标原点 o，oz 在地球球心 O_E 和坐标原点 o 的连线方向上，oy 在过原点的子午面内且垂直于 oz，并指向北极。ox 与 oz、oy 构成右手直角坐标系。

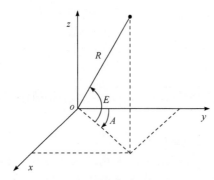

图 3.5.2　雷达跟踪坐标系

雷达跟踪坐标系又称东北天坐标系。根据文献[98]，雷达测量信息由距离 R、仰角 E、方位角 A 三个参数描述。飞行器在雷达跟踪坐标系中的位置矢量可通过三个参数表示，即

$$\begin{cases} x = R\cos E \sin A \\ y = R\cos E \cos A \\ z = R\sin E \end{cases} \tag{3.5.1}$$

在实际观测中，观测量不可避免地包含观测噪声，可表示为

$$\begin{cases} \hat{R} = \bar{R} + \omega_R \\ \hat{E} = \bar{E} + \omega_E \\ \hat{A} = \bar{A} + \omega_A \end{cases} \tag{3.5.2}$$

其中，$\hat{R}$、$\hat{E}$、$\hat{A}$ 为参数的观测值；$\bar{R}$、$\bar{E}$、$\bar{A}$ 为参数的真实值；ω_R、ω_E、ω_A 为观测噪声，与雷达的自身性能相关。

观测噪声协方差矩阵为

$$\boldsymbol{D}_{zz} = \mathrm{diag}\{\sigma_R^2, \sigma_A^2, \sigma_E^2\} \tag{3.5.3}$$

其中，σ_R^2 为距离误差方差项；σ_A^2 为方位角误差方差项；σ_E^2 为仰角误差方差项。

为简化弹道跟踪模型的构建，本节以位置分量作为伪观测量代替实际观测量。伪观测方程为

$$\boldsymbol{Y} = \begin{bmatrix} x \\ y \\ z \end{bmatrix} + \begin{bmatrix} \omega_x \\ \omega_y \\ \omega_z \end{bmatrix} \tag{3.5.4}$$

式(3.5.1)建立伪观测量和实际观测量之间的关系。记 $\boldsymbol{D}_{yy}$ 为伪观测量协方差矩阵，由协方差传播理论可知

$$\boldsymbol{D}_{yy} = \boldsymbol{K}\boldsymbol{D}_{zz}\boldsymbol{K}^{\mathrm{T}} \tag{3.5.5}$$

其中

$$\boldsymbol{K} = \begin{bmatrix} \dfrac{\partial x}{\partial R} & \dfrac{\partial x}{\partial A} & \dfrac{\partial x}{\partial E} \\ \dfrac{\partial y}{\partial R} & \dfrac{\partial y}{\partial A} & \dfrac{\partial y}{\partial E} \\ \dfrac{\partial z}{\partial R} & \dfrac{\partial z}{\partial A} & \dfrac{\partial z}{\partial E} \end{bmatrix} = \begin{bmatrix} \cos E \sin A & R\cos E \cos A & -R\sin E \sin A \\ \cos E \cos A & -R\cos E \sin A & -R\sin E \cos A \\ \sin E & 0 & R\cos E \end{bmatrix}$$

对处于大气层内的高超声速飞行器而言，气动力是主要的受力因素，然而由

于气动力系数、飞行器质量和参考面积均未知，因此需要在弹道跟踪过程中对气动力过载进行同步估计。根据一般的参数辨识方法，假定雷达跟踪坐标系中过载 N_x、N_y、N_z 的变化符合一阶 Gauss-Markov 过程，即

$$\begin{cases} \dot{N}_x = \varepsilon_x \\ \dot{N}_y = \varepsilon_y \\ \dot{N}_z = \varepsilon_z \end{cases} \tag{3.5.6}$$

其中，ε_x、ε_y、ε_z 为服从高斯正态分布的噪声项。

将 N_x、N_y、N_z 扩展到状态变量中可得

$$X = [x, y, z, V_x, V_y, V_z, N_x, N_y, N_z]^{\mathrm{T}} \tag{3.5.7}$$

假设地球为均质旋转圆球，将飞行器受到的各种作用力投影到雷达跟踪坐标系中，则飞行器运动方程为

$$\dot{X} = f(X) + \omega \tag{3.5.8}$$

其中，$\omega = [\omega_x, \omega_y, \omega_z, \omega_{v_x}, \omega_{v_y}, \omega_{v_z}, \varepsilon_x, \varepsilon_y, \varepsilon_z]^{\mathrm{T}}$；$f(X)$ 的表达式为

$$f(X) = \begin{cases} \dot{x} = V_x \\ \dot{y} = V_y \\ \dot{z} = V_z \\ \dot{V}_x = -\dfrac{\mu x}{r^3} + \omega_e^2 x + 2\omega_e V_y \sin B - 2\omega_e V_z \cos B + g_0 N_x \\ \dot{V}_y = -\dfrac{\mu y}{r^3} - \omega_e^2[(z + R_0)\sin B \cos B - y \sin^2 B] - 2\omega_e V_x \sin B + g_0 N_y \\ \dot{V}_z = -\dfrac{\mu(z + R_0)}{r^3} - \omega_e^2[y \sin B \cos B - \cos^2 B(z + R_0)] + 2\omega_e V_x \cos B + g_0 N_z \\ \dot{N}_x = 0 \\ \dot{N}_y = 0 \\ \dot{N}_z = 0 \end{cases}$$

其中，B 为目标地理纬度。

采用 EKF 方法跟踪滑翔弹道时，需要将动力学方程(3.5.8)离散化，即

$$\begin{cases} x(k) = \Phi(k, k-1)x(k-1) + \Gamma(k, k-1)\omega(k-1) \\ y(k) = H(k)x(k) + \xi(k) \end{cases} \tag{3.5.9}$$

其中，x 为状态矢量；y 为观测矢量；$\boldsymbol{\Phi}$ 为状态转移矩阵；$\boldsymbol{\Gamma}$ 为噪声分布矩阵。

由于采样时间 T_s 较短，因此可利用泰勒级数展开获得状态转移矩阵，即

$$\boldsymbol{\Phi}(k) = \exp(FT_s) \approx I_{9\times9} + FT_s + \frac{F^2 T_s^2}{2} \tag{3.5.10}$$

其中，矩阵 $\boldsymbol{F}$ 为 $\boldsymbol{f}$ 关于运动状态 x 的雅可比矩阵，即

$$\boldsymbol{F} = \frac{\partial \boldsymbol{f}}{\partial \boldsymbol{x}}\bigg|_{x=\hat{x}} \tag{3.5.11}$$

雅可比矩阵 $\boldsymbol{F}$ 的具体形式在附录 E 中给出。基于构造的伪距测量信息，式(3.5.9)中的测量矩阵 $\boldsymbol{H}$ 为

$$\boldsymbol{H} = \frac{\partial \boldsymbol{h}}{\partial \boldsymbol{x}}\bigg|_{x=\hat{x}} = \begin{bmatrix} I_{3\times3}, \mathbf{0}_{3\times6} \end{bmatrix} \tag{3.5.12}$$

EKF 方法需要基于前一时刻的状态参数 $x(k-1)$ 预测当前状态 $\hat{x}(k|k-1)$，计算输出状态 $\hat{y}(\hat{x}(k|k-1))$，并与当前测量信息 $y^*(k)$ 做差来校正待估参数。EKF 估计方程为

$$\hat{\boldsymbol{x}}(k) = \hat{\boldsymbol{x}}(k|k-1) + \boldsymbol{K}(k)(y^*(k) - \hat{\boldsymbol{y}}(\hat{\boldsymbol{x}}(k|k-1))) \tag{3.5.13}$$

其中，$\boldsymbol{K}(k)$ 为增益矩阵；预测信息 $\hat{\boldsymbol{x}}(k|k-1)$ 为

$$\hat{\boldsymbol{x}}(k|k-1) = \hat{\boldsymbol{x}}(k-1) + \boldsymbol{f}(\hat{\boldsymbol{x}}(k-1))T_s + \frac{1}{2}\boldsymbol{F}(\hat{\boldsymbol{x}}(k-1))\boldsymbol{f}(\hat{\boldsymbol{x}}(k-1))T_s^2 \tag{3.5.14}$$

利用式(3.5.13)估计未知系数的前提是辨识过程中实时求解 EKF 滤波方程组，即

$$\begin{cases} \boldsymbol{K}(k) = \boldsymbol{M}(k)\boldsymbol{H}^{\mathrm{T}}(k)(\boldsymbol{H}(k)\boldsymbol{M}(k)\boldsymbol{H}^{\mathrm{T}}(k) + \boldsymbol{R}_v(k))^{-1} \\ \boldsymbol{M}(k) = \boldsymbol{\Phi}(k)\boldsymbol{P}(k-1)\boldsymbol{\Phi}^{\mathrm{T}}(k) + \boldsymbol{Q}_\omega(k) \\ \boldsymbol{P}(k) = (\boldsymbol{I} - \boldsymbol{K}(k)\boldsymbol{H}(k))\boldsymbol{M}(k) \end{cases} \tag{3.5.15}$$

3.5.2　摆式滑翔机动策略设计

机动飞行能够有效提升飞行器的突防能力，然而过于剧烈的机动容易造成过大的能量损耗和终端制导误差。因此，本节在机动弹道设计的基础上构建摆式机动飞行控制模型，以及基于单雷达弹道跟踪的滑翔攻防对抗模型。通过对突防与拦截机理的分析，设计滑翔突防性能指标，进而对机动模式、时刻、参数进行优化。

1. 攻防对抗分析

机动飞行可在纵向与侧向分别体现，由于面对称高超声速飞行器在纵向需要保持滑翔飞行，因此重点设计侧向摆式机动弹道，即

$$n_{zm}(t) = A_m \sin\left(2k_m\pi\frac{t - T_{\text{mstart}}}{T_{\text{mend}} - T_{\text{mstart}}}\right), \quad t \in [T_{\text{mstart}}, T_{\text{mend}}] \tag{3.5.16}$$

其中，A_m 为机动幅度；k_m 为机动频率；T_{mstart}、T_{mend} 为待设计的机动起始时间、结束时间。

根据滑翔制导的需要过载指令 n_y、n_z，以及式(3.5.16)中的机动弹道，控制量攻角与倾侧角计算公式为

$$\begin{cases} \dfrac{\rho V^2 S_r C_L}{2Mg_0} = \sqrt{n_y^2 + (n_z + n_{zm})^2} \\[3mm] \upsilon = \arctan\left(\dfrac{n_z + n_{zm}}{n_y}\right) \end{cases} \tag{3.5.17}$$

其中，升力系数 C_L 为马赫数与攻角的函数，通过第一式的反插值计算可获得攻角大小。

以弹道式飞行器为拦截目标时，预警系统根据拦截高度确定遭遇时间、预测命中点[99]。对于高度变化缓慢的高超声速飞行器而言，需要以飞行距离为基准预测命中时间和位置。因此，预警系统首先拟定拦截弹初始飞行距离 L_d，并基于对目标运动状态的估计，快速计算出从当前位置到初始拦截位置的飞行时间 T_m，以及 T_m 时刻的目标状态 (x_m, y_m, z_m)。其次，以 (x_m, y_m, z_m) 为瞬时目标点，计算拦截飞行时间 T_d。当 $\Delta T = |T_m - T_d| > \varepsilon$ 且 $T_m > T_d$ 时，说明初始距离设置过近，需要增大初始距离 L_d，反之缩小 L_d。依次循环上述过程，直至 $\Delta T < \varepsilon$。此时，T_m 为拦截遭遇时间 $\hat{T}_m$，相应的位置为预测命中点。

根据上述预警过程，拦截遭遇时间直接决定拦截弹的发射时刻和命中点的预测精度。根据目标位置测量信息，高超声速飞行器到拦截弹发射点的距离为

$$L_{Rgo} = R_e \arccos(\sin\hat{\phi}\sin\phi_r + \cos\hat{\phi}\cos\phi_r\cos(\lambda_r - \hat{\lambda})) \tag{3.5.18}$$

其中，λ_r 与 ϕ_r 为拦截弹发射点经纬度；$\hat{\lambda}$ 与 $\hat{\phi}$ 为探测雷达对目标位置的实时估计，可根据观测坐标系中的位置坐标 $(\hat{x}, \hat{y}, \hat{z})$ 计算获得。

结合当前飞行速度及其变化率的估计值可预测待飞时间为

$$
\begin{cases}
\hat{T}_m \approx \dfrac{-\hat{V}\cos\hat{\theta} + \sqrt{\hat{V}^2\cos^2\hat{\theta} + 2\hat{V}(L_{Rgo} - L_d)}}{\hat{V}} \\[3mm]
\hat{V} = \sqrt{\hat{V}_x^2 + \hat{V}_y^2 + \hat{V}_z^2} \\[3mm]
\hat{V} = \sqrt{\hat{V}_x^2 + \hat{V}_y^2 + \hat{V}_z^2} \\[3mm]
\hat{\theta} = \arctan\left(\dfrac{\hat{V}_z}{\sqrt{\hat{V}_x^2 + \hat{V}_y^2}}\right)
\end{cases}
\tag{3.5.19}
$$

预测命中点状态为

$$
\begin{cases}
P_{x,y,z}(\hat{T}_m) = \displaystyle\int_{T_{r0}}^{\hat{T}_m} V_{x,y,z}(t)\mathrm{d}t \\[3mm]
V_{x,y,z}(\hat{T}_m) = \displaystyle\int_{T_{r0}}^{\hat{T}_m} f_{x,y,z}(P_{x,y,z}(t), V_{x,y,z}(t), \hat{N}_{x,y,z}, t)\mathrm{d}t
\end{cases}
\tag{3.5.20}
$$

其中，T_{r0} 为当前时刻。

式(3.5.20)表示在某一周期内，预警系统根据目标运动状态的估计值积分计算预测命中点来导引拦截弹飞行。

在命中点预测方程(3.5.20)中，预警系统对目标状态和拦截遭遇时刻的估计不可避免地存在误差，即

$$
\begin{cases}
\hat{P}_{x,y,z}(T_{r0}) = \overline{P}_{x,y,z}(T_{r0}) + \Delta P_{x,y,z}(T_{r0}) \\[2mm]
\hat{V}_{x,y,z}(T_{r0}) = \overline{V}_{x,y,z}(T_{r0}) + \Delta V_{x,y,z}(T_{r0}) \\[2mm]
\hat{N}_{x,y,z}(T_{r0}) = \overline{N}_{x,y,z}(T_{r0}) + \Delta N_{x,y,z}(T_{r0}) \\[2mm]
\hat{T}_m = \overline{T}_m + \Delta T_m
\end{cases}
\tag{3.5.21}
$$

此外，预警系统无法确定气动力过载在时间区间 $[T_{r0}, \hat{T}_m]$ 的变化形式，意味着只能将 $\hat{N}_{x,y,z}$ 视为常值，也就是当前预警时刻的估计值，即

$$
\hat{N}_{x,y,z}(t) = \hat{N}_{x,y,z}(T_{r0}), \quad t \in [T_{r0}, \hat{T}_m]
\tag{3.5.22}
$$

由式(3.5.20)可知，基于目标估计值进行命中点预测时，必然存在以下关系，即

$$
\begin{cases}
\dfrac{\partial \left| \Delta P_i(\hat{T}_m) \right|}{\partial \left| \Delta V_i(T_{r0}) \right|} > 0, \quad i = x, y, z \\[4mm]
\dfrac{\partial \left| \Delta V_i(\hat{T}_m) \right|}{\partial \left| \Delta N_i(T_{r0}) \right|} > 0, \quad i = x, y, z \\[4mm]
\dfrac{\partial \left| \Delta P_i(\hat{T}_m) \right|}{\partial \left| \Delta T_m \right|} > 0, \quad i = x, y, z
\end{cases}
\tag{3.5.23}
$$

式(3.5.23)表明，命中点的预测误差随目标状态和遭遇时刻估计误差的增大而增大。同时，命中点的预测误差随$[T_{r0},\hat{T}_m]$过载变化幅度的增大而增大，即

$$\frac{\partial\left|\Delta P_i(\hat{T}_m)\right|}{\partial\left|N_i(t)-\hat{N}_i(T_{r0})\right|}>0,\quad i=x,y,z \tag{3.5.24}$$

对于高超声速飞行器而言，突防概率随命中点预测误差的增大而增大。由式(3.5.23)与式(3.5.24)可知，飞行器可通过机动飞行增大预警雷达对飞行状态的估计误差，同时增大气动力过载在待飞时间$[T_{r0},\hat{T}_m]$的变化幅度，为增大命中点的预测误差。

2. 机动策略设计

由式(3.5.17)可知，在侧向机动附加过载n_{z_m}的作用下，增大的侧向过载可同时影响攻角与倾侧角。假设地球为均质不旋转圆球，则飞行器速度大小与当地速度倾角微分为

$$\begin{cases}\dot{V}=-\dfrac{\rho V^2 S_r C_D}{2M}-g\sin\theta\\[3mm]\dot{\theta}=\dfrac{\rho V^2 S_r C_L\cos\upsilon}{2MV}-\dfrac{g\cos\theta}{V}+\dfrac{V\cos\theta}{r}\end{cases} \tag{3.5.25}$$

拟平衡滑翔条件为

$$M\left(g-\frac{V^2}{r}\right)\cos\theta-\frac{\rho V^2 S_r C_L}{2}\cos\upsilon=0 \tag{3.5.26}$$

由拟平衡滑翔条件可得

$$\begin{cases}\cos\upsilon=\dfrac{2M\left(g-\dfrac{V^2}{r}\right)\cos\theta}{\rho V^2 S_r C_L}\xlongequal{\text{def}}\dfrac{C_{\text{midd}}}{C_L}\\[5mm]C_{\text{midd}}=\dfrac{2M\left(g-\dfrac{V^2}{r}\right)\cos\theta}{\rho V^2 S_r}\end{cases} \tag{3.5.27}$$

速度微分与控制量的关系为

$$\begin{cases} \dfrac{\partial \dot{V}}{\partial \alpha} = -\dfrac{\rho V^2 S_r}{2M}\dfrac{\partial C_D}{\partial \alpha} < 0 \\[3mm] \dfrac{\partial \upsilon}{\partial \alpha} = \dfrac{C_{\mathrm{midd}}}{\sqrt{C_L^4 - C_L^2 C_{\mathrm{midd}}^2}}\dfrac{\partial C_L}{\partial \alpha} > 0 \\[3mm] \dfrac{\partial \dot{V}}{\partial \upsilon} = \dfrac{\partial \dot{V}}{\partial \alpha}\Big/\dfrac{\partial \upsilon}{\partial \alpha} < 0 \end{cases} \tag{3.5.28}$$

式(3.5.28)表明，机动飞行必然引起额外的能量损耗，进而减小终端速度。对突防方的高超声速飞行器而言，突防性能随飞行速度与机动过载的增大而增大。然而，剧烈的机动飞行可增大过载及命中点的预测误差，但是必然造成过多的能量损耗，对滑翔制导任务的完成及后续机动突防造成不利影响。综合考虑增大机动过载与减小能量损耗之间的矛盾，在有限时间 $[T_{r0}, \hat{T}_m]$ 范围内设计的滑翔突防性能指标为

$$J = \sup_{n_{zm}(t)}\left(\frac{\left|\boldsymbol{S}_P \Delta \boldsymbol{P}_{x,y,z}(\hat{T}_m)\right| + \left|\boldsymbol{S}_V \boldsymbol{V}_{x,y,z}(\hat{T}_m)\right| + \left|\boldsymbol{S}_N \boldsymbol{N}_{x,y,z}(\hat{T}_m)\right|}{\left\|n_{zm}(t)\right\|_{2,[T_{r0},\hat{T}_m]}}\right) \tag{3.5.29}$$

其中，矩阵 $\boldsymbol{S}_P$、$\boldsymbol{S}_V$、$\boldsymbol{S}_N$ 为命中点预测误差、拦截时刻速度、过载的偏重系数矩阵；$\left\|n_{zm}(t)\right\|_{2,[T_{r0},\hat{T}_m]}$ 为机动控制律 $n_{zm}(t)$ 的有限时间 L_2 范数，即

$$\left\|n_{zm}(t)\right\|_{2,[T_{r0},\hat{T}_m]} = \left(\int_{T_{r0}}^{\hat{T}_m} n_{zm}^2(t)\mathrm{d}t\right)^{\frac{1}{2}} \tag{3.5.30}$$

式(3.5.29)的物理意义是，通过设计式(3.5.16)中给出的侧向机动控制律，以较小的能量损耗来增大命中点的预测误差。相应地，设计如图 3.5.3 所示的两次滑翔机动策略。

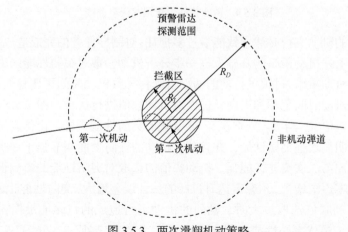

图 3.5.3　两次滑翔机动策略

图中，R_I 为最大拦截距离，R_D 为最大雷达探测距离，两次机动的幅值分别为 A_{m1} 与 A_{m2}。由于滤波收敛需要时间，因此此飞行器在进入探测区域的初始阶段无须采取任何机动，随后进行两次机动飞行实现有效突防。第一次机动是飞行器与预警雷达之间的博弈，此时二者相对较远，机动的目的是增大弹道预测误差；第二次机动是飞行器与拦截弹之间的博弈，机动的目的是增大自身过载来增大拦截难度。两次机动相互协调可增大突防概率，也可降低能量损耗。

3.5.3　仿真分析

设置飞行器机动开始时间分别为进入雷达覆盖区 100s 与 300s 之后，机动周期都设置为 100s，机动幅值 $A_{m1} = 0.5$、$A_{m2} = 2$。由图 3.5.4 可知，位置跟踪误差与机动飞行密切相关，并且在机动结束之后 EKF 都经历了较长的收敛时间。对比两次机动的跟踪误差可知，虽然第二次机动幅度大于第一次，但是较近的相对距离与较小的实际机动过载导致其跟踪误差小于第一次机动。总之，在进行两次机动飞行之后的滑翔弹道更加复杂，更加有利于实现突防。

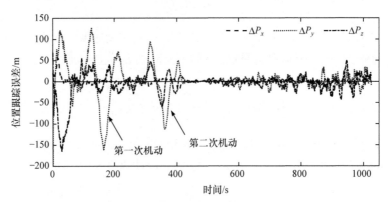

图 3.5.4　两次机动位置跟踪误差曲线

不合理的机动飞行必然导致能量过多损耗，对制导任务的完成造成不利影响，因此需要在上述机动策略的基础上进一步分析机动参数对突防性能的影响。基于本节提出的机动策略，过顶飞行前的两次机动将导致机动时间可调整的范围较小，因此可固定机动时间范围和周期，进而对机动幅值进行优化。图 3.5.5 和表 3.5.1 给出了机动幅值 A_{m1} 与 A_{m2} 分别在 0~2 变化的突防性能指标。由仿真结果可知，机动飞行可明显增强突防性能，并且两次机动的突防性能明显强于一次机动，而第一次机动比第二次突防性能强。机动幅值的选取对突防性能的影响很大，随着机动幅值由零逐渐增大，预警雷达对目标的估计误差增大，突防性能也随之提高。然而，当机动幅值选取过大时，剧烈的机动飞行造成的过多能量损耗会导致突防性能下降。最优突防性能出现在 $A_{m1} = 1.4$、$A_{m2} = 1.2$ 处。

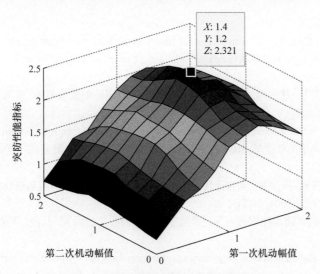

图 3.5.5　机动幅值对突防性能的影响

表 3.5.1　不同机动幅值下的突防性能指标

A_{m1}	A_{m2}										
	0	0.2	0.4	0.6	0.8	1.0	1.2	1.4	1.6	1.8	2.0
0	0.731	0.755	0.798	0.816	0.859	0.864	0.883	0.816	0.776	0.745	0.732
0.2	0.967	0.983	1.092	1.110	1.134	1.230	1.231	1.204	1.182	1.084	0.966
0.4	1.198	1.206	1.237	1.268	1.311	1.365	1.409	1.392	1.361	1.302	1.257
0.6	1.305	1.362	1.447	1.580	1.649	1.653	1.632	1.593	1.555	1.463	1.314
0.8	1.524	1.576	1.622	1.693	1.768	1.788	1.792	1.814	1.736	1.652	1.584
1.0	1.826	1.851	1.914	1.953	1.977	1.984	1.966	1.906	1.867	1.833	1.811
1.2	1.931	1.964	1.993	2.112	2.214	2.265	2.283	2.179	2.071	1.983	1.956
1.4	2.023	2.048	2.069	2.157	2.226	2.272	2.321	2.289	2.227	2.108	2.014
1.6	1.945	1.956	1.986	2.011	2.142	2.221	2.046	1.983	1.925	1.991	1.901
1.8	1.823	1.859	1.911	1.943	1.982	1.997	1.925	1.903	1.884	1.846	1.821
2.0	1.681	1.698	1.703	1.725	1.761	1.892	1.901	1.884	1.862	1.841	1.808

参 考 文 献

[1] Betts J T. Survey of numerical methods for trajectory optimization. Journal of Guidance, Control, and Dynamics, 1998, 21(2): 193-206.

[2] Anhtuan D N. A fuel-optimal trajectory for a constrained hypersonic vehicle using a direct transcription method//Proceedings on Aerospace Conference, Montana, 2004: 2704-2709.

[3] 雍恩米, 陈磊, 唐国金. 飞行器轨迹优化数值方法综述. 宇航学报, 2008, 29(2): 397-406.

[4] 周浩, 陈万春, 殷兴良. 高超声速飞行器滑行航迹优化. 北京航空航天大学学报, 2006,

32(5): 513-517.

[5] Morimoto H, Chuang J C. Minimum-fuel trajectory along entire flight profile for a hypersonic vehicle with constraint//AIAA Guidance, Navigation, and Control Conference and Exhibit, Boston, 1998.

[6] 王大轶, 李铁寿, 马兴瑞. 月球最优软着路两点边值问题的数值解法. 航天控制, 2000, (3): 44-49.

[7] Benson D A. A Gauss Pseudospectral Transcription for Optimal Control. Cambridge: MIT, 2004.

[8] 王明光, 袁建平, 罗建军. RLV 上升段轨迹机载快速优化. 弹箭与制导学报, 2004, 24(4): 88-93.

[9] 罗亚中, 唐国金, 周黎妮. 混合遗传算法及其在运载火箭最优上升段轨道设计中的应用. 国防科技大学学报, 2004, 26(2): 5-8.

[10] 雍恩米. 高超声速滑翔式再入飞行器轨迹优化与制导方法研究. 长沙: 国防科学技术大学, 2008.

[11] Bibeau R T, Rubenstein D S. Trajectory optimization for a fixed-trim reentry vehicle using direct collocation and nonlinear programming//AIAA Guidance, Navigation, and Control Conference and Exhibit, Denver, 2000: 1-12.

[12] Yokoyama N, Suzuki S. Trajectory optimization via modified genetic algorithm//AIAA Guidance, Navigation, and Control Conference and Exhibit, Austin, 2003: 1-8.

[13] 涂良辉, 袁建平, 罗建军. 基于伪光谱方法的有限推力轨道转移优化设计. 宇航学报, 2008, 29(4): 1189-1193.

[14] Gogu C, Matsumura T, Haftka R T, et al. Aeroassisted orbital transfer trajectory optimization considering thermal protection system mass. Journal of Guidance, Control, and Dynamics, 2009, 32(3): 927-938.

[15] Walberg G D. A survey of aeroassisted orbit transfer. Journal of Spacecraft and Rockets, 1985, 22(1): 3-18.

[16] Mease K D. Optimization of aeroassisted orbital transfer: current status. The Journal of Astronautical Sciences, 1988, 36(1/2): 7-33.

[17] Rao A V, Tang S, Hallman W P. Numerical optimization study of multiple-pass aeroassisted orbital transfer. Optimal Control Applications and Methods, 2002, 23(4): 215-238.

[18] Rehder J J. Multiple pass trajectories for an aeroassisted orbital transfer vehicle//AIAA Aerospace Sciences Meeting, Reno, 1984: 84.

[19] Hull D. Conversion of optimal control problems into parameter optimization problems. Journal of Guidance Control and Dynamics, 1997, 20(1): 57-60.

[20] 屈香菊. 直接多重打靶法在轨迹优化方面的应用. 飞行力学, 1992, 10(1): 13-22.

[21] Garza D M. Application of automatic differentiation to trajectory optimization via direct multiple shooting. Texas: The University of Texas at Austin, 2003.

[22] Raiszadeh B, Eric M Q. Partial validation of multibody program to optimize simulated trajectories II (POST II) parachute simulation with interacting forces. Virginia: NASA, Langley Research Center, 2002.

[23] Gill P E, Murray W, Saunders M A. SNOPT: an SQP algorithm for large-scale constrained

optimization. SIAM Review, 2005, 47(1): 99-131.

[24] 谢愈, 刘鲁华, 汤国建, 等. 多约束条件下高超声速滑翔飞行器轨迹优化. 宇航学报, 2011, 32(12): 2499-2504.

[25] Paris S W, Hargraves S R. Optimal trajectories by implicit simulation (OTIS) volume II-user's mannual. Chicago: Boeing Defense and Space Group, 1996.

[26] Rao A V. User's manual for GPOPS version 1.0: a matlab Implementation of the gauss pseudospectral method for solving multiple-phase optimal control problems. Gainesville: TOMLAB, 2007.

[27] Ross I M, Fahroo F. User's manual for DIDO 2001: a matlab Application for solving optimal control problems. Monterey: Naval Postgraduate School, 2001.

[28] Becerra V M. PSOPT: optimal control solver user manual. Reading: University of Reading, 2009.

[29] 陈琪锋. 飞行器分布式协同进化多学科设计优化方法研究. 长沙: 国防科学技术大学, 2003.

[30] 罗世彬. 高超声速飞行器机体/发动机一体化及总体多学科设计优化方法研究. 长沙: 国防科学技术大学, 2004.

[31] 雷德明, 严新平. 多目标智能优化算法及其应用. 北京: 科学出版社, 2009.

[32] Adam W, Tim C, Ellen B. Genetic algorithm and calculus of variations-based trajectory optimization technique. Journal of Spacecraft and Rockets, 2003, 40(6): 882-888.

[33] Luo Y Z, Tang G J, Lei Y J. Optimal multi-objective linearized rendezvous. AIAA Journal of Guidance, Control and Dynamics, 2007, 30(2): 383-389.

[34] Luo Y Z, Lei Y J, Tang G J. Optimal multi-objective nonlinear rendezvous. AIAA Journal of Guidance, Control and Dynamics, 2007, 30(4): 994-1002.

[35] Chen G, Hu Y, Wan Z M, et al. RLV reentry trajectory multi-objective optimization design based on NSGA-II algorithm//AIAA Atmospheric Flight Mechanics Conference and Exhibit, San Francisco, 2005: 1-6.

[36] Hu Y, Chen G, Wan Z M, et al. Multi-objective pareto collaborative optimization and its application//The 11th AIAA/ISSMO Multidisciplinary Analysis and Optimization Conference, Virginia, 2006: 1-6.

[37] Akhtar S, Linshu H. An efficient evolutionary multi-objective approach for robust design of multi-stage space launch vehicle//The 11th AIAA/ISSMO Multidisciplinary Analysis and Optimization Conference, Virginia, 2006: 1-12.

[38] 王鲁. 基于遗传算法的多目标优化算法研究. 武汉: 武汉理工大学, 2006.

[39] 关志华. 面向多目标优化问题的遗传算法的理论应用研究. 天津: 天津大学, 2002.

[40] Messac A. Physical programming: effective optimization for computational desgin. AIAA Journal, 1996, 34(1): 149-158.

[41] 雍恩米, 陈磊, 唐国金. 基于物理规划的高超声速飞行器滑翔式再入轨迹优化. 航空学报, 2008, 29(5): 1091-1097.

[42] Luo Y Z, Tang G J, Parks G. Multi-objective optimization of perturbed impulsive rendezvous trajectories using physical programming. Journal of Guidance, Control, and Dynamics, 2008, 31(6): 1829-1832.

[43] 田志刚, 黄洪钟, 姚新胜, 等. 模糊物理规划及其在结构设计中的应用. 中国机械工程, 2002, 13(24): 2131-2133.

[44] Tian Z G, Huang H Z, Guan L W. Fuzzy physical programming and its application in optimization of through passenger train plan//Proceedings of the 3rd International Conference on Traffic and Transportation Studies, New York, 2002: 498-503.

[45] 黄洪钟, 田志刚, 关立文. 基于神经网络的交互式物理规划及其在机械设计中的应用研究. 机械工程学报, 2002, 38(4): 51-57.

[46] 姚雯. 飞行器总体不确定性多学科设计优化研究. 长沙: 国防科技大学, 2011.

[47] Huyse L. Solving problems of optimization under uncertainty as statistical decision problems// The 42nd AIAA/ASME/ASCE/AHS/ASC Structures, Structural Dynamics, and Materials Conference and Exhibit, Seattle, 2001: 1519.

[48] Mourelatos Z, Jinghong L. A methodology for trading-off performance and robustness under uncertainty. Journal of Mechanical Design, 2006, 128(4): 856-863.

[49] Uebelhart S A. Non-deterministic design and analysis of parameterized optical structures during conceptual design. Cambridge: Massachusetts Institute of Technology, 2006.

[50] Yao W, Chen X Q, Luo W C, et al. Review of uncertainty-based multidisciplinary design optimization methods for aerospace vehicles. Progress in Aerospace Sciences, 2011, 47(6): 450-479.

[51] Taguchi G. Off-line and on-line quality control systems//Proceedings of International Conference on Quality Control, Tokyo, 1978: 1-8.

[52] Taguchi G. Taguchi on Robust Technology Development: Bringing Quality Engineering Upstream. New York: ASEM Press, 1993.

[53] Phadke M S. Quality Engineering using Robust Design. Englewood Cliffs: Prentice Hall, 1989.

[54] 陈立周. 稳健设计. 北京: 机械工业出版社, 2000.

[55] Lee K, Park G. Robust optimization considering tolerances of design variables. Computers and Structures, 2001, 79(1): 77-86.

[56] Chen W, Wiecek M M, Zhang J. Quality utility: a compromise programming approach to robust design. Journal of Mechanical Design, 1999, 121(2): 179-187.

[57] Messac A, Ismail-Yahaya A. Multiobjective robust design using physical programming. Structural and Multidisciplinary Optimization, 2002, 23(5): 357-371.

[58] Rai M M. Robust optimal design with differential evolution//The 10th AIAA/ISSMO Multidisciplinary Analysis and Optimization Conference, Albany, 2004: 612-629.

[59] Li M, Azarm S, Aute V. A multi-objective genetic algorithm for robust design optimization// Proceedings of the 2005 Conference on Genetic and Evolutionary Computation, Washington, D.C., 2005: 1-9.

[60] Frangopol D M. Structural optimization using reliability concepts. Journal of Structural Engineering, 1985, 111(11): 2288-2301.

[61] Moses F. Problems and prospects of reliability-based optimization. Engineering Structures, 1997, 19(4): 293-301.

[62] Parkinson A, Sorensen C, Pouthassan N. A general approach for robust optimal design. Journal of

Mechanical Design, 1993, 115(1): 74-80.

[63] Sundaresan S, Ishii K, Houser D R. A robust optimization procedure with variations on design variables and constraints. Advances in Design Automation, 1993, 69(1): 379-386.

[64] Du X, Chen W. Towards a better understanding of modeling feasibility robustness in engineering design. Journal of Mechanical Design, 2000, 122(4): 385-394.

[65] Shan S, Wang G G. Reliable design space and complete single-loop reliability-based design optimization. Reliability Engineering and System Safety, 2008, 93(8): 1218-1230.

[66] Youn B D, Choi K K. A new response surface methodology for reliability-based design optimization. Computers and Structures, 2004, 82(2-3): 241-256.

[67] Olds J R, Way D. Uncertainty optimization applied to the Monte Carlo analysis of planetary entry trajectories. NASA Langley Research Center, 2001: NGT-1-52163.

[68] 罗亚中. 空间最优交会路径规划策略研究. 长沙: 国防科学技术大学, 2007.

[69] 顾文锦, 赵红超, 王凤莲, 等. 导弹末端机动的一体化控制模型. 宇航学报, 2004, 25(6): 677-680.

[70] 曾家有, 赵红超, 潘长鹏. 反舰导弹基于虚拟目标的大空域变轨弹道设计. 航天控制, 2005, 23(1): 69-71.

[71] 郦苏丹, 任萱, 吴瑞林. 再入弹头的螺旋机动研究. 宇航学报, 2000, 21(4): 41-48.

[72] Zarchan P. Proportional navigation and weaving targets. Journal of Guidance, Control, and Dynamics, 1995, 18(5): 969-974.

[73] Zarchan P. Using filter banks to improve interceptor performance against weaving targets//AIAA Guidance, Navigation, and control Conference and Exhibit, Colorado, 2006: 1-8.

[74] 姜玉宪, 崔静. 导弹摆动式突防策略的有效性. 北京航空航天大学学报, 2002, 28(2): 133-136.

[75] 杨友超, 姜玉宪. 导弹随机机动策略的研究. 北京航空航天大学学报, 2004, 30(12): 1191-1194.

[76] Akdag R D, Altilar T. A comparative study on practical evasive maneuvers against proportional navigation missiles//AIAA Guidance, Navigation, and Control Conference and exhibit, San Francisco, 2005: 6352.

[77] Mease K D, Chen D T, Teufel P, et al. Reduced-order entry trajectory planning for acceleration guidance. Journal of Guidance, Control, and Dynamics, 2002, 25(2): 257-266.

[78] 谢愈. 复杂约束条件下高超声速滑翔飞行器弹道规划方法研究. 长沙: 国防科技大学, 2012.

[79] Xie Y, Liu L H, Liu J, et al. Rapid generation of entry trajectories with waypoint and no-fly zone constraints. ACTA Astronautica, 2012, 77: 167-181.

[80] Xie Y, Liu L H, Tang G J, et al. Highly constrained entry trajectory generation. ACTA Astronautica, 2013, 88: 44-60.

[81] 赵汉元. 飞行器再入动力学与制导. 长沙: 国防科技大学出版社, 1997.

[82] 谢愈, 潘亮, 谷学强, 等. 高超声速飞行器多目标复杂约束滑翔弹道优化. 国防科技大学学报, 2017, 39(2): 9-17.

[83] Shen Z J, Lu P. Onboard generation of three-dimensional constrained entry trajectories. Journal

of Guidance, Control, and Dynamics, 2003, 26(1): 111-121.

[84] Vinh N X. Optimal Trajectories in Atmospheric Flight. New York: Elsevier, 1981.

[85] 程国采. 弹道导弹制导方法与最优控制. 长沙: 国防科技大学出版社, 1987.

[86] Betts J T. Practical Methods for Optimal Control and Estimation Using Nonlinear Programming. 2nd Ed. Philadelphia: Society for Industrial and Applied Mathematics, 2010.

[87] 齐治昌. 数值分析及其应用. 长沙: 国防科技大学出版社, 1987.

[88] Rao A V, Benson D A, Huntington G T. Algorithm 902: GPOPS, a matlab software for solving multiple-phase optimal control problems using the gauss pseudospectral method. ACM Transactions on Mathematical Software, 2010, 37(2): 1-39.

[89] Han S P. Superlinearly convergent variable metric algorithms for general nonlinear programming. Mathematical Programming, 1976, 11: 236-282.

[90] Han S P. A globally convergent method for nonlinear programming. Journal of Optimization Theory and Applications, 1977, 22(3): 297-309.

[91] Powell M J D. A fast algorithm for nonlinearly constrained optimization calculations, numerical analysis. Lecture Notes in Mathematics, 1978, 630(1): 144-157.

[92] 倪勤. 最优化方法与程序设计. 北京: 科学出版社, 2009.

[93] 童科伟, 周建平, 何麟书. Legendre-Gauss 拟伪谱法求解最优控制问题. 航空学报, 2008, 29(6): 1531-1537.

[94] Cobleigh B R. Development of the X-33 aerodynamic uncertainty model. NASA/TP-1998-206544, 1998.

[95] Romere P O. STS-26 flight assessment package (FAD 26): orbiter aerodynamics. JSC Report 22078, 1986.

[96] Brunner C W, Lu P. Skip entry trajectory planning and guidance. Journal of Guidance, Control, and Dynamics, 2008, 31(5): 1210-1219.

[97] Harpold J C, Graves C A. Shuttle entry guidance. Journal of the Astronautical Sciences, 1979, 27(3): 239-268.

[98] Dionne D, Michalska H, Shinar J. Decision-directed adaptive estimation and guidance for an interception endgame. Journal of Guidance, Control, and Dynamics, 2006, 29(4): 970-980.

[99] Horn D, Colvert P, Scrip B. THAAD integrated system effectiveness simulation (TISES)//AIAA Modeling and Simulation Technologies Conference, New Orleans, 1997: 121-130.

第 4 章   高超声速滑翔制导方法

滑翔段是高超声速飞行器整个飞行过程的主要飞行阶段，具有飞行距离远、飞行约束复杂、不确定性强等特点。如何在满足各种复杂飞行约束和多样化任务要求的前提下实现远距离高精度滑翔制导，特别是如何在强不确定条件下提高精确制导的鲁棒性，是一个值得研究的关键技术问题。本章首先对滑翔制导技术进行综述，介绍航天飞机经典再入制导方法的基本思想并进行分析。然后，针对高超声速飞行器滑翔制导特点，分别介绍复杂约束条件下基于 D-E 剖面的滑翔制导方法和基于三维剖面的滑翔制导方法。最后，针对滑翔飞行过程中存在的强不确定性问题，重点研究强不确定条件下的鲁棒自适应滑翔制导方法。

4.1   滑翔制导技术综述

4.1.1   关键技术问题

高超声速飞行器滑翔制导需要在满足热流、动压、过载等复杂过程约束的条件下，规避禁飞区并通过航路点，最终满足终端位置、高度与当地速度倾角约束。飞行器在滑翔段主要处于环境复杂多变的临近空间，并且飞行器本体模型必然存在各种偏差。因此，根据滑翔机动飞行任务需求，扩展传统的二维剖面跟踪制导方法，优化设计三维剖面更加复杂。另外，复杂多样的飞行任务、随机大偏差的飞行环境与本体模型，需要自适应更强的滑翔制导方法，以及对大偏差条件的在线辨识与补偿策略。高超声速滑翔制导存在如下关键技术问题。

1. 多约束标准剖面设计与跟踪制导问题

传统阻力加速度剖面主要基于对纵向航程的预测进行设计，忽略了飞行器侧向机动能力的有效利用。基于扩展阻力加速度飞行剖面的滑翔机动弹道规划方法兼顾纵向航程与侧向机动任务需求，设计满足各种约束条件下的三维剖面，通过跟踪剖面得到需要的攻角和倾侧角来控制滑翔机动弹道，以实现能量在纵向和侧向的按需分配。然而，剖面维数增加，将使剖面优化设计更加复杂。另外，高马赫数飞行，以及复杂多变的飞行环境使标准剖面的强鲁棒跟踪较为困难。

2. 脱离拟平衡滑翔条件的制导问题

滑翔段复杂的飞行任务，以及极快的飞行速度导致运动模型存在强烈的时变性与非线性特性，使平衡滑翔飞行的保持面临巨大的挑战。因此，在复杂过程约束与终端约束的限制下，通过两点边值问题解析求解能够抛开标准剖面的滑翔制导律，控制飞行器实现拟平衡滑翔飞行，并满足终端多种约束条件，始终具有较大的难度。

3. 大偏差条件下的自适应滑翔制导问题

高超声速飞行器主要飞行于环境复杂多变的临近空间。飞行器自身的气动系数与大气密度不可避免地存在较大的偏差，必将影响滑翔弹道特性与制导指令的解算精度。因此，控制飞行器实现滑翔飞行并满足多种过程与终端约束、基于有限的弹上测量信息对大气密度与气动系数进行在线辨识，以及提升制导律的鲁棒性是滑翔制导需要解决的关键技术问题。

4.1.2　国内外研究现状

滑翔制导是再入制导的延续与发展[1]。根据制导指令生成模式的不同，大升阻比高超声速飞行器滑翔制导主要分为标准轨迹跟踪制导方法、预测校正制导方法及拟平衡滑翔制导方法。

1. 标准轨迹跟踪制导方法

标准轨迹跟踪制导方法，是指通过跟踪离线或在线规划的参考轨迹，保证飞行器的实际轨迹满足滑翔飞行的各项过程约束和终端约束的滑翔制导方法。该方法包含轨迹规划和轨迹跟踪两个部分。经典的标准轨迹跟踪制导方法由 Harpold 等于 1979 年首先提出[2]，并在后续的飞行试验中不断改进完善，凭借其优良的可靠性与鲁棒性，已成功用于美国航天飞机滑翔制导系统的设计[3]。

经典的标准轨迹跟踪制导，首先设计攻角变化曲线，然后基于纵向与侧向制导实时确定倾侧角。纵向制导的目标是满足终端航程约束，因此首先建立以过程约束为边界条件的飞行走廊，在走廊内设计能够满足航程约束，并具有解析形式的 D-V 剖面作为标准轨迹。其次，设计标准轨迹跟踪控制器，通过调整倾侧角大小实现标准轨迹跟踪，并在飞行过程中预测终端航程，当其与需要的航程存在较大偏差时对原剖面进行微调。侧向制导的目标是消除航向误差，设计漏斗形方位误差走廊，在实际航向误差触碰边界值时改变倾侧角符号，消除航向误差。标准轨迹设计领域的研究现状已在前面章节介绍，本章主要介绍轨迹跟踪方法的研究现状。

高超声速飞行器面临的复杂多样的制导任务和约束条件对制导律设计提出了更高的要求。上述离线设计的标准轨迹能够在标称条件下满足给定的约束条件。然而，当飞行环境和飞行器本体存在较大偏差时，单纯地通过调整倾侧角将无法保证制导精度，因此需要设计高精度、强鲁棒跟踪器来实现制导目标。针对标准轨迹跟踪问题，Mease 等[4]将跟踪问题视为非线性质心控制问题，利用反馈线性化方法将非线性跟踪方程转化为线性方程，进而利用反馈控制等方法实现剖面跟踪。Roenneke 等[5,6]将飞行器实际状态与参考轨迹的误差作为控制输入，将非线性系统轨迹跟踪问题转化为线化系统的跟踪问题，利用线性二次型调节器(linear quadratic regulator, LQR)和非线性控制器解决该跟踪问题，并提升跟踪性能。在Roenneke 的基础上，Lu[7]将二维的滑翔轨迹调节器拓展到三维，并提出线性时变(linear time varying, LTV)模型，这在很大程度上可以提升轨迹跟踪的鲁棒性。基于此，Lu 等[8]进一步提出一种针对 LTV 系统的闭环预测控制方法。该方法具有较强的自适应性，能大幅提高制导方法的鲁棒性和精度。Dukeman[9]在以上研究的基础上，将 LQR 方法应用于滑翔轨迹全状态跟踪反馈制导，跟踪参数状态、航程、攻角、倾侧角等。

采用剖面形式设计轨迹灵活性大、可调整能力强，通过结合剖面的表达式和解析理论有时还可大致估计出待飞航程，提高滑翔制导方法的鲁棒性。这方面的参考轨迹设计方法以航天飞机的阻力加速度剖面设计方法最具有代表性，后续相关方面的研究也大多延续了航天飞机参考剖面的设计思路。与参考剖面相适应，此类参考轨迹的跟踪一般采用线性反馈跟踪方法。Mease 在分析升力式再入飞行器的运动特性后，利用反馈线性化理论，证明航天飞机的跟踪制导律是一种 PD 控制，并给出相关系数的设计方法[4]。Zimmerman 等[10]在航天飞机再入轨迹跟踪制导律的基础上提出基线制导，通过在纵向跟踪阻力加速度-能量剖面实现对再入参考轨迹的跟踪，但是该方法的相关参数应在任务前确定，对飞行任务的适应性较差。Yang 等[11]通过设计参考阻力加速度剖面，将全系数模型自适应方法应用于大升阻比飞行器返回滑翔跟踪制导律，取得了较好的效果。

2. 预测校正制导方法

预测校正滑翔制导方法，是指基于一定的指令剖面和滑翔运动模型，对滑翔轨迹进行预测，并利用预测轨迹的滑翔终端与期望值间的误差校正制导参数剖面来满足滑翔任务需求。这种制导方法可以根据飞行器的状态和模型的变化进行调整，具有很强的通用性和鲁棒性。根据轨迹预测中飞行器运动模型表达式的不同，预测校正制导方法可以大致分为解析预测校正制导方法、数值预测校正制导方法，以及其他预测校正制导方法。

解析预测校正制导方法的运动模型一般通过求解运动微分方程得到解析表达

式。相较于数值预测校正制导方法中以微分形式表达的运动模型,滑翔运动解析解更为简单。根据解析表达式中的自变量取值和制导指令剖面形式,无须数值积分即可快速得到飞行器后续轨迹相关参数。由于飞行器滑翔运动方程非线性强,大气模型和飞行器气动系数模型等难以用解析表达式描述,通过求解运动方程得到解析表达式几乎没有可能[12],因此大多数解析解都是针对特定类型的飞行器和飞行任务,在诸多假设前提下推导获得的,但是精度都不高。如前所述,运动模型的精度决定着制导方法的鲁棒性。因此,这会在很大程度上降低解析预测校正滑翔制导方法的鲁棒性。在滑翔过程中,大气密度和飞行器的气动系数等扰动较大,初始状态也可能存在较大的误差。为保证滑翔任务的安全性,一般对滑翔制导方法的鲁棒性都有较高的要求[13]。

数值预测校正制导方法的运动模型一般为微分方程形式,由于通过解析方法一般难以求解,因此可以将制导指令抽象为几个待定参数的函数表达式,在飞行过程中利用数值积分在线预测终端状态,并根据终端偏差校正制导参数。这种形式的运动模型一般较为准确,鲁棒性和适应性都较好,但是计算量一般较大。随着计算机性能的快速提升,数值预测校正制导方法开始展露出巨大的潜力,逐渐成为近年来滑翔制导的研究热点[14]。经典的预测方法是四阶 Runge-Kutta 积分法。制导参数校正方法包括两种,即梯度法、二分法搜索。为降低计算量,Zhang 等[15]提出每个制导周期只计算一次补偿校正,而不进行迭代的思路。王俊波等[16]利用模糊逻辑研究滑翔段数值预测制导方法。该方法能够减少制导指令的迭代时间。Joshi 等[17]提出基于轨迹在线优化的数值预测制导方法,实现滑翔轨迹的在线寻优。其优化的轨迹能减少制导参数的迭代次数,提高制导指令的解算精度。文献[18]将人工神经网络引入数值预测校正制导,利用神经网络代替数值积分来减小弹载计算量,同时通过对神经网络输入输出的合理设计及其自身结构的优化获得较好的校正精度。

近年来,Padhi 等[19]将模型预测控制与近似动态规划结合起来,提出模型预测静态规划(model predictive static programming,MPSP)预测校正制导方法。该方法首先对全弹道进行初始化,然后将连续运动方程转化为离散方程,基于近似动态规划方法计算状态转移灵敏度矩阵与控制灵敏度矩阵,结合初始弹道采样参数,利用矩阵相乘实现从初始状态到终端状态的解析预测[20],最后构建制导参数的校正模型,将终端状态预测值与需要值之差作为系统的输入,利用最优控制方法计算校正量来实现制导目标[21]。国海峰等[22]利用三维轨迹快速在线生成方法生成 MPSP 预测校正制导的初值,并提出改进 MPSP 滑翔制导方法。

3. 拟平衡滑翔制导方法

高超声速飞行器滑翔段飞行具有特殊的弹道特性,由此产生的拟平衡滑翔制导是目前研究的重点之一。传统的拟平衡滑翔制导可分为拟平衡滑翔标准轨迹制导与解析预测校正制导。

拟平衡滑翔标准轨迹制导利用拟平衡滑翔条件在线生成标准轨迹，再进行跟踪。该制导方法仍未摆脱对标准轨迹的依赖，因此实质上可算作标准轨迹制导[23]。解析预测校正制导需要基于拟平衡滑翔条件对原运动方程进行合理的简化，并将滑翔制导分解为纵向制导与侧向制导。纵向制导的目的是，在给定的目标处满足高度约束，因此基于当前运动状态实时预测终端高度，并根据其与需要高度之差求解需要的当地速度倾角，进而获得制导指令攻角。侧向制导的目的是，消除航向误差，利用当前经纬度与目标位置计算视线方位角，根据航向误差计算倾侧角。另外，针对速度大小控制问题，基于速度微分与高度微分建立终端速度预测模型，通过求解定积分预测终端速度，将速度误差反馈到倾侧角的计算中。最后，将动压、过载与热流密度约束转化为攻角约束，保证制导任务的顺利完成。然而，该方法未控制终端当地速度倾角，其速度反馈控制中的系数也需要手动调整[24]。

基于拟平衡滑翔飞行特性，利用先进的控制方法研究制导问题是另一重要的方向。文献[25]分析了大升阻比飞行器在滑翔段的飞行特性，以需要的过载为控制变量，基于拟平衡滑翔条件建立最优控制模型，并以能量损耗最小为性能指标推导能够满足终端经度、纬度、高度和当地速度倾角约束的最优制导律。另外，采用解析预测校正的方法实现速度控制，针对待飞航程较长带来的速度预测误差较大的问题，采用只在飞行后期进行速度控制的方法来保证制导精度。最后，将复杂的过程约束全部转化为攻角约束来保证制导任务的顺利完成。

在上述制导方法中，跟踪制导过分依赖标准轨迹，对不同制导任务的适应性较差。预测校正制导方法虽然能够解决该问题，但是数值预测校正制导需要的在线计算量过大，限制了其工程实用性。尤其对于长航时且多迭代变量的情况，解析预测校正制导在预测终端状态时对运动模型的简化必然引入方法误差。目前，基于拟平衡滑翔条件的研究成果仍属于上述两类制导理论的范畴。另外，复杂多变的飞行环境，以及自身模型的不确定性使高超声速飞行器的高精度制导更加困难。考虑不确定性的滑翔制导研究较少，主要通过拓宽制导系统的稳定域来保证制导任务的顺利完成。因此，脱离标准轨迹，充分利用大升阻比滑翔飞行特性，基于拟平衡滑翔条件和先进的控制理论研究自适应制导方法是目前滑翔制导研究的重点。此外，根据飞行器自身实测弹道数据，在线估计气动系数与大气模型偏差，进而实现对制导律的鲁棒性补偿是滑翔制导需要考虑的重点问题。

4.2　航天飞机经典再入制导方法

4.2.1　基本思想与方法

基于标准阻力加速度剖面跟踪的再入制导方法自 20 世纪 70 年代在航天飞机上成功实现以来，一直受到学者的青睐，目前已经发展为再入飞行器制导方法的标杆。其核心思想主要包括以下部分[3,26]。

1. 再入飞行走廊模型的建立

在参考攻角剖面给定的基础上，将再入飞行过程中的驻点热流密度峰值、最大动压、最大过载等典型过程约束转换成阻力加速度关于速度的函数，确定再入飞行走廊的上边界。同时，以飞行器保持拟平衡滑翔飞行条件作为软约束，建立再入飞行走廊的下边界。通过建立再入飞行走廊约束边界，确定飞行器可行飞行剖面的调整范围，为标准剖面规划提供依据。

2. 标准阻力加速度剖面规划

在建立的再入飞行走廊内，选择合适的函数设计参考飞行剖面。通过分析飞行器再入过程运动特性，经典航天飞机再入制导方法将标准剖面分成五个部分，即两个二次曲线温控段、拟平衡滑翔飞行段、常阻力加速度段和线性能量段。温控段标准剖面设计的重点是，控制飞行器初始再入时的驻点热流峰值。拟平衡滑翔飞行段的设计目的在于尽可能使飞行器进行长时间的拟平衡滑翔，而线性能量段则是考虑飞行器在末段由于当地速度倾角过大产生的航程预测损失严重，因此将 D-V 飞行剖面改为 D-E 剖面，提高航程控制精度的同时平滑高度变化。当选定标准剖面形式后，根据阻力加速度与航程的对应关系，迭代确定满足航程约束的参考剖面。

3. 侧向横程控制

为了确保满足终端位置精度要求，除了利用标准飞行剖面控制总航程，还应控制飞行器的横程或航向，因此设计了漏斗型的方位误差走廊，决定侧向倾侧反转时机和符号。当飞行器的航迹偏航角与视线方位角差始终保持在误差走廊内时，飞行器的航向渐进收敛到视线方向，从而通过调整漏斗形状获得满意的横程控制精度。

4. 跟踪器设计及标准剖面更新

实际飞行状态与设计的标准情况之间总存在偏差，如飞行器本体在安装、制造过程中不可避免地引入系统偏差，测量过程中产生的工具误差，以及实际大气、地球模型等无法精确测量和准确获取而产生的模型误差等。这些偏差的存在，势必造成实际弹道与标准弹道发生偏离。为了确保飞行器能沿既定标准弹道完成飞行任务，首先通过求解关于阻力加速度的运动方程，建立阻力加速度二阶导数与控制量倾侧角的对应关系。然后，利用反馈线性化等方法设计比例-积分-微分形式的控制器，求解跟踪参考阻力加速度及其一阶变化率所需的控制量大小，从而实现对参考飞行剖面或者标准轨迹的跟踪。同时，为了进一步消除实际弹道与参考弹道的偏差，每隔一段时间对标准剖面进行一次更新，从而提高终端位置的控制精度。

通过以上步骤，即可完成航天飞机的再入制导过程。作为最早在工程上成功应用的重要方法，国内外许多学者都对这一方法进行改进，主要集中在标准剖面规划、侧向运动控制、轨迹跟踪控制器设计等方面。

4.2.2　航天飞机经典再入制导方法分析

航天飞机再入制导方法主要包括两个部分，即纵向的标准剖面规划与跟踪、侧向的终端横程控制。对于纵向标准剖面规划，其主要目的是通过调整剖面来满足飞行航程的需求。侧向机动能力的大小也与剖面相关，航天飞机剖面规划模式难以兼顾航程控制和侧向机动能力需求。

由于事先无法获得航程的大小，因此剖面规划采取基于大圆弧假设而没有考虑轨迹的曲率影响，即直接令规划的阻力加速度剖面对应航程等于大圆弧射程。轨迹曲率示意图如图 4.2.1 所示。由航程近似计算公式[式(3.4.18)]可知，规划的阻力加速度剖面求得的是飞行器总的飞行航程。这显然大于或等于飞行器的射程，当且仅当飞行器不进行任何侧向机动时才可近似认为两者相等。因此，通常情况下，规划的标准剖面获得的航程总是大于纵向需要的航程。此外，由于航天飞机经典再入制导方法一般采用事先给定的参考攻角剖面进行轨迹控制，难以充分发挥飞行器的固有机动能力，因此对于某些考虑航路点和禁飞区约束的复杂机动任务，很可能由于规划的标准剖面超出再入飞行能力边界而没有可行解，适应性较差。

对于侧向终端横程控制，航天飞机经典再入制导中采取的策略是利用方位误差走廊控制飞行器沿着视线方向飞行。通过漏斗形式的方位误差走廊，一方面，可以使侧向运动渐进收敛，确保飞行器在终端结束时刻能准确到达既定目标；另一方面，富余的能量可以通过飞行器不断倾侧反转而消耗掉，保证终端的约束满足要求。因为方位误差走廊建立时必须与目标点位置直接关联，所以一旦增加航路点或禁飞区等路径约束,侧向运动控制方法势必无法确保飞行器通过给定航路点或规避禁飞区。同时,由于侧向运动控制必须确保视线方向与速度方向的偏差渐进收敛(图 4.2.1),因此方位误差走廊一定不能设置过大。这对需要进行较大横侧向机动的飞行任务同样不适应。

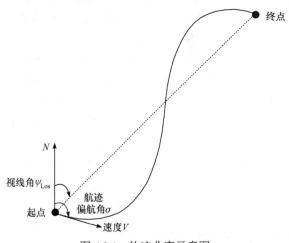

图 4.2.1　轨迹曲率示意图

综上所述,无论是纵向还是侧向,航天飞机经典再入制导方法都很难满足考虑航路点、禁飞区等复杂约束下的飞行任务需求,因此有必要进行改进和拓展。

4.3　复杂约束下基于 D-E 剖面的滑翔制导方法

4.3.1　滑翔制导问题的描述

3.2.1 节建立了基本的滑翔运动模型,为了满足复杂约束条件下滑翔制导的需求,此处需要对运动模型及飞行约束条件进行相应的转换或处理。

1. 运动模型

1) 以能量为自变量的三自由度运动模型

考虑飞行器在滑翔飞行过程中没有动力,因此能量 E 为严格单调递减的参数,即

$$E = \frac{V^2}{2} - \frac{\mu}{r} \tag{4.3.1}$$

其中,μ 为地球引力常数。

假设地球为旋转圆球,以 E 为自变量的运动方程包括 5 个状态参数,即地心

距 r、经度 λ、地心纬度 ϕ、当地速度倾角 θ、航迹偏航角 σ。由于 $\mathrm{d}E/\mathrm{d}t \approx -DV$ （D 为阻力加速度），根据 3.2.1 节以时间 t 为自变量的运动模型，可导出以 E 为自变量的运动模型，即

$$\frac{\mathrm{d}r}{\mathrm{d}E} = -\frac{\sin\theta}{D} \tag{4.3.2}$$

$$\frac{\mathrm{d}\lambda}{\mathrm{d}E} = -\frac{\cos\theta\sin\sigma}{rD\cos\phi} \tag{4.3.3}$$

$$\frac{\mathrm{d}\phi}{\mathrm{d}E} = -\frac{\cos\theta\cos\sigma}{rD} \tag{4.3.4}$$

$$\frac{\mathrm{d}\theta}{\mathrm{d}E} = -\frac{L}{V^2 D}\cos\upsilon + \left(g - \frac{V^2}{r}\right)\frac{\cos\theta}{V^2 D} + C_\theta + \tilde{C}_\theta \tag{4.3.5}$$

$$\frac{\mathrm{d}\sigma}{\mathrm{d}E} = -\frac{\tan\phi\cos\theta\sin\sigma}{rD} - \frac{L\sin\upsilon}{V^2 D\cos\theta} + C_\sigma + \tilde{C}_\sigma \tag{4.3.6}$$

令状态量 $\boldsymbol{X} = (r,\lambda,\phi,\theta,\sigma)^{\mathrm{T}}$，控制量 $\boldsymbol{U} = (\alpha,\upsilon)^{\mathrm{T}}$（$\upsilon$ 为倾侧角），一般运动模型对应的科氏加速度项 C_θ 和 C_σ 以及牵连加速度项 $\tilde{C}_\theta$ 和 $\tilde{C}_\sigma$ 可分别表示为

$$\begin{cases} C_\theta = -\dfrac{2\omega_e}{VD}\sin\sigma\cos\phi \\[2mm] C_\sigma = -\dfrac{2\omega_e}{VD}(\sin\phi - \cos\phi\tan\theta\cos\sigma) \\[2mm] \tilde{C}_\theta = -\dfrac{\omega_e^2 r}{V^2 D}(\cos\phi\sin\phi\cos\sigma\sin\theta + \cos^2\phi\cos\theta) \\[2mm] \tilde{C}_\sigma = -\dfrac{\omega_e^2 r\sin\phi\cos\phi\sin\sigma}{V^2 D\cos\theta} \end{cases} \tag{4.3.7}$$

由式(3.2.20)可得，以 E 为自变量的换极运动模型中的科氏加速度项 C_θ 和 C_σ 以及牵连加速度项 $\tilde{C}_\theta$ 和 $\tilde{C}_\sigma$ 分别为

$$\begin{cases} C_\theta = \dfrac{1}{VD}(2\omega_{ey}\cos\sigma - 2\omega_{ez}\sin\sigma) \\[2mm] C_\sigma = -\dfrac{1}{VD}[2\omega_{ex} - 2\tan\theta(\omega_{ey}\sin\sigma + \omega_{ez}\cos\sigma)] \\[2mm] \tilde{C}_\theta = -\dfrac{r}{V^2 D}[\omega_{ex}\omega_{ey}\sin\theta\sin\sigma + \omega_{ex}\omega_{ez}\sin\theta\cos\sigma + (\omega_{ey}^2 + \omega_{ez}^2)\cos\theta] \\[2mm] \tilde{C}_\sigma = \dfrac{r}{V^2 D\cos\theta}(\omega_{ex}\omega_{ey}\cos\sigma - \omega_{ex}\omega_{ez}\sin\sigma) \end{cases} \tag{4.3.8}$$

本章参考弹道生成算法采用换极运动模型描述，而弹道跟踪算法和最终的仿真结果均采用一般运动模型进行描述。为描述方便，在不引起混淆的情况下，本

章采用相同的符号描述。

2) 滑翔段侧向降阶运动模型

高超声速飞行器在滑翔段飞行过程中，当地速度倾角 θ 为小量，可令 $\cos\theta = 1$。由于滑翔段飞行高度较低，高度相对于地心距也为小量，即 $h \ll r$，因此在研究侧向运动时，可假设地心距为某一常值 $\tilde{r}$ (如滑翔段平均高度)。基于 $\cos\theta = 1$ 和 $r = \tilde{r}$ 的假设对式(4.3.2)～式(4.3.6)进行简化，可获得一个降阶的运动模型。文献[27]给出不考虑地球转动情况下的降阶运动模型。为提高模型精度，建立考虑科氏加速度和牵连加速度项的降阶换极侧向运动模型，即

$$\frac{\mathrm{d}\sigma}{\mathrm{d}E} = \frac{-\tan\phi\sin\sigma}{\tilde{r}}\left(\frac{1}{D}\right) - \frac{1}{V^2}\left(\frac{L}{D}\sin\upsilon\right) + C_\sigma + \tilde{C}_\sigma \tag{4.3.9}$$

$$\frac{\mathrm{d}\lambda}{\mathrm{d}E} = -\frac{\sin\sigma}{\tilde{r}\cos\phi}\left(\frac{1}{D}\right) \tag{4.3.10}$$

$$\frac{\mathrm{d}\phi}{\mathrm{d}E} = -\frac{\cos\sigma}{\tilde{r}}\left(\frac{1}{D}\right) \tag{4.3.11}$$

其中，C_σ 和 $\tilde{C}_\sigma$ 可简化为

$$C_\sigma = -\frac{1}{VD}(2\omega_{ex})$$
$$\tilde{C}_\sigma = \frac{\tilde{r}}{V^2 D}(\omega_{ex}\omega_{ey}\cos\sigma - \omega_{ex}\omega_{ez}\sin\sigma) \tag{4.3.12}$$

值得说明的是，$\cos\theta = 1$ 和 $r = \tilde{r}$ 的假设仅用于降阶运动模型的推导，θ 和 r 的值需通过另外的方法求解。上述运动模型在适当简化的情况下，可以实现侧向运动和纵向运动的解耦。

2. 约束条件及其转换

滑翔制导需要考虑各种复杂约束条件的影响。约束条件不仅包括驻点热流密度、动压、过载、拟平衡滑翔条件，以及终端状态约束等一般飞行约束条件，还包括航路点和禁飞区约束。

假设再入起始点和终端能量分别为 E_0 和 E_f，对能量 E 进行归一化处理，即令 $\tilde{E} = (E - E_0)/(E_f - E_0)$，使再入起点和终端归一化能量分别为 $\tilde{E}_0 = 0$ 和 $\tilde{E}_f = 1$。假定 $r \approx \tilde{r}$，则可由 D-V 剖面确定驻点热流密度、动压、过载、拟平衡滑翔条件对应的阻力加速度能量(D-E)剖面，即

$$\begin{cases} D(\tilde{E}) \leqslant D_{\dot{Q}}(\tilde{E}) = \dfrac{C_D S_r \dot{Q}_{\max}^2}{2MK_h^2 V^{2m-2}} \\[4mm] D(\tilde{E}) \leqslant D_q(\tilde{E}) = \dfrac{q_{\max} C_D S_r}{M} \\[4mm] D(\tilde{E}) \leqslant D_n(\tilde{E}) = \dfrac{n_{\max} g_0}{\sqrt{1 + \left(\dfrac{C_L}{C_D}\right)^2}} \\[6mm] D(\tilde{E}) \geqslant D_e(\tilde{E}) = \dfrac{C_D}{C_L}\left(g - \dfrac{V^2}{\tilde{r}}\right) \end{cases} \qquad (4.3.13)$$

其中，$V = \sqrt{2[\tilde{E}(E_f - E_0) + E_0] + 2\mu/\tilde{r}}$。

在标准条件下，若将滑翔弹道对应的 D-E 剖面限制在 D-E 飞行走廊内，则可满足驻点热流密度、动压、过载、拟平衡滑翔约束。

飞行器滑翔飞行段在终端区域能量管理(terminal area energy management，TAEM)交班点处结束。由于某些飞行器可能无须进行 TAEM，因此此处 TAEM 交班点仅用于表示滑翔飞行结束点。一般来说，高超声速飞行器应该满足一定的滑翔终端约束来确保满足交班条件。如图 4.3.1 所示，$\Delta\sigma_f$ 为终端方位误差，即航迹偏航角与飞行器到目标点视线的角度差。终端速度矢量应该指向目标。另外，终端高度 h_f、速度 V_f，以及待飞航程 S_f 均应满足设定要求。综上所述，终端约束可表示为

$$h_f = h_{\text{TAEM}}, \quad V_f = V_{\text{TAEM}}, \quad S_f = S_{\text{TAEM}}, \quad \left|\Delta\sigma_f\right| \leqslant \Delta\sigma_{\text{TAEM}} \qquad (4.3.14)$$

如图 4.3.1 所示，TAEM 接口可以是半径为 S_{TAEM} 的 TAEM 圆上的任意位置。为了满足终端方位误差约束，需对 TAEM 接口位置进行调整，这将在后续制导算法中详细介绍。

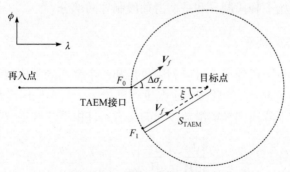

图 4.3.1　终端方位误差的定义

除了上述约束条件，制导还需考虑禁飞区和航路点约束。假设禁飞区为位于地球表面的圆柱形区域，要求飞行器实现对禁飞区的侧向绕飞规避。航路点约束是指飞行器在飞行过程中需通过的事先选定的位置，即要求飞行器从指定的航路点正上方通过，但是对通过航路点的时间、控制量、高度、当地速度倾角、速度大小及航迹偏航角等均不作要求。

3. 问题的描述及基本假设

航路点和禁飞区约束下的滑翔制导问题可描述为，通过设计合适的滑翔飞行控制参数(一般为攻角和倾侧角)，使飞行器在滑翔飞行过程中从指定航路点正上方飞过，实现对指定禁飞区的侧向绕飞规避，同时满足气动热、过载、动压、平衡滑翔等飞行约束条件，并以要求的终端状态到达目标位置。由此可见，航路点和禁飞区约束下的滑翔制导问题是一个比较复杂的问题。航天飞机经典再入制导方法难以满足要求，因此需结合高超声速飞行器滑翔飞行的特点，研究新的制导算法。

本章研究工作基于如下假设条件。

(1) 航路点和禁飞区位于滑翔飞行的后半段，此时飞行高度较低，飞行器有足够的升力实现大范围侧向机动。

(2) 航路点和禁飞区分布合理，存在过航路点并实现禁飞区规避的可行弹道。

(3) 方案攻角设计为归一化能量的分段线性函数，在初始飞行阶段以大攻角飞行，而后逐步转为大升阻比攻角。

4.3.2 基于 D-E 剖面的滑翔制导方法

1. 基本思路

基于 D-E 剖面的滑翔制导流程如图 4.3.2 所示。根据弹道特性，可以将整个滑翔制导分为初始下降段制导和平衡滑翔段制导两部分。

2. 初始下降段制导

为确定初始下降段弹道，可以利用攻角和一个合适的常值倾侧角来积分运动方程。初始倾侧角取 0，然后按指定幅度逐渐增大，直至同时满足飞行约束及交班点条件。初始下降段和平衡滑翔段间的交班条件由下式确定[28]，即

$$\left| \frac{\mathrm{d}r}{\mathrm{d}V} - \left(\frac{\mathrm{d}r}{\mathrm{d}V} \right)_{\mathrm{QEGC}} \right| < \delta \tag{4.3.15}$$

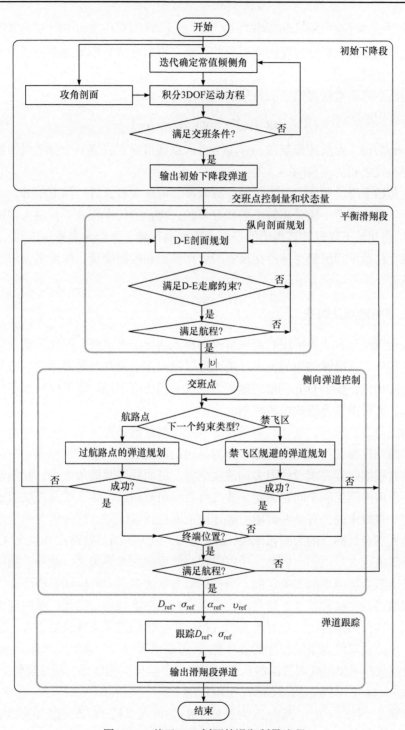

图 4.3.2 基于 D-E 剖面的滑翔制导流程

其中，δ 为进入平衡滑翔状态的阈值；$dr/dV = -V\sin\theta/(D+g\sin\theta)$；$(dr/dV)_{\text{QEGC}}$ 为平衡滑翔弹道在高度速度剖面对应的斜率，可通过拟平衡滑翔条件求关于速度 V 的微分得到。

初始下降段常值倾侧角的符号确定方法为

$$\text{sgn}(\upsilon_0) = -\text{sgn}(\sigma_0 - \psi_{\text{LOS}}) \tag{4.3.16}$$

其中，σ_0 为再入点航迹偏航角；ψ_{LOS} 为再入点到目标点或第一个参考点的视线与再入点经线之间的夹角(图 3.3.2)。

在初始下降段制导中，为提高计算效率，可取大步长进行弹道积分。当飞行器进入飞行走廊后，应采用较小的积分步长，防止迭代中积分步长过大"错过"交班点。将初始下降段计算得出的三自由度弹道存储下来作为参考弹道的一部分，同时保存初始下降段到滑翔段交班点的运动参数和控制变量，作为平衡滑翔段的起始条件。

3. 平衡滑翔段制导

滑翔段制导方法仍采用航天飞机经典再入制导基本思路，即先规划纵向阻力加速度剖面，获得倾侧角的大小，进而通过侧向弹道控制确定倾侧角的符号。与传统方法相比，基于 D-E 剖面的制导方法又有两方面不同，即考虑航路点与禁飞区约束；实现参考弹道的快速规划。

如图 4.3.2 所示，复杂约束条件下滑翔段制导的关键问题是参考弹道的规划问题。滑翔段参考弹道规划问题可分为纵向剖面规划子问题和侧向弹道控制子问题。前者根据航程需求设计阻力加速度剖面，进而获得倾侧角大小；倾侧角的符号通过侧向弹道控制子问题确定，使飞行器满足航路点、禁飞区及终端航迹偏航角约束。一般来说，有必要对阻力加速度剖面进行重规划。这是因为初始航程采用过再入点和目标点的大圆弧(即纵程)来近似，但为了满足航路点和禁飞区约束，飞行器需进行大范围侧向机动，所以纵程与航程间的差异很大。此外，侧向机动能力是由阻力加速度剖面决定的，当初始阻力加速度剖面对应侧向机动能力不足以完成航路点通过和禁飞区规避时，必须进行剖面重规划。因此，纵向规划和侧向规划须进行多次迭代，直至所有的过程约束和终端约束条件满足要求。最后，基于一个弹道跟踪器跟踪设计的参考弹道，可获得可行的三自由度闭环滑翔弹道。

滑翔段参考弹道规划算法的基本步骤类似于演化加速度再入制导逻辑(evolved acceleration guidance logic for entry，EAGLE)[29]。

步骤 1，令 $S_0 = R_d$，其中 S_0 为航程，R_d 为再入点到 TAEM 接口的大圆弧(即初始纵程)。

步骤 2，基于航程需求，通过纵向剖面规划确定阻力加速度剖面，进而获得相应的倾侧角大小。

步骤 3，利用侧向弹道控制确定倾侧角符号来满足航路点、禁飞区及终端方位角约束，并求出飞行器实际纵程 R_i（即终端经度）。

步骤 4，更新航程 $S_{i+1} = S_i + (R_d - R_i)$，其中 S_i 和 R_i 分别为第 i 步的航程和纵程大小。

步骤 5，若终端误差满足要求，则结束算法；否则，重复步骤 2～步骤 5。

1) 纵向剖面规划

纵向剖面规划的关键是，在 D-E 飞行走廊内设计阻力加速度剖面，以便满足航程要求。另外，在进行剖面设计时，还需考虑满足航路点和禁飞区约束所需的侧向机动能力要求。

在进行 D-E 剖面设计前，需基于确定的攻角方案将飞行约束条件转换为 D-E 飞行走廊约束。如图 4.3.3 所示，初始 D-E 剖面设计为归一化能量的 5 段线性函数。E_c 为初始下降段和平衡滑翔段交班点处归一化能量，$E_f = 1$，E_1、E_2、E_3 和 E_4 均为 0 和 1 之间的参数，且 $E_c < E_1 < E_2 < E_3 < E_4 < E_f$。$D_c$ 和 D_f 分别设置为 E_c 和 E_f 处对应的阻力加速度值，从而终端速度和高度约束得到满足。第二段和第四段阻力加速度剖面分别称为航程调整段和侧向机动能力调整段。两者均为常值阻力加速度剖面，其他剖面段则为中间连接段。如图 4.3.3 所示，航程调整段剖面通过上下调整剖面的位置来满足航程需求，而侧向机动能力调整段剖面则通过上下调整剖面位置来满足飞行器在飞行末段所需的侧向机动能力需求。当机动能力满足要求时，侧向机动能力调整段剖面也可辅助航程调整。

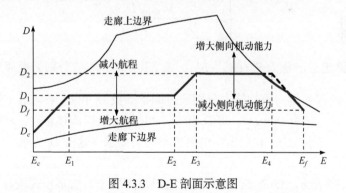

图 4.3.3　D-E 剖面示意图

图 4.3.3 所示的五段阻力加速度剖面可表示为

$$D(E) = \begin{cases} D_c + \dfrac{D_1 - D_c}{E_1 - E_c}(E - E_c), & E_c \leqslant E < E_1 \\[2mm] D_1, & E_1 \leqslant E < E_2 \\[2mm] D_1 + \dfrac{D_2 - D_1}{E_3 - E_2}(E - E_2), & E_2 \leqslant E < E_3 \\[2mm] D_2, & E_3 \leqslant E < E_4 \\[2mm] D_2 + \dfrac{D_f - D_2}{E_f - E_4}(E - E_4), & E_4 \leqslant E \leqslant E_f \end{cases} \quad (4.3.17)$$

其中，D_1 和 D_2 为航程和侧向机动能力调整参数。

因为飞行器航程可表示为

$$S = -\int (1 / D(E)) \mathrm{d}E \quad (4.3.18)$$

所以各段阻力加速度剖面对应的航程分别为

$$\begin{cases} S_1 = \dfrac{E_1 - E_c}{D_1 - D_c} \ln \dfrac{D_c}{D_1} \\[3mm] S_2 = \dfrac{E_1 - E_2}{D_1} \\[3mm] S_3 = \dfrac{E_3 - E_2}{D_2 - D_1} \ln \dfrac{D_1}{D_2} \\[3mm] S_4 = \dfrac{E_3 - E_4}{D_2} \\[3mm] S_5 = \dfrac{E_f - E_4}{D_f - D_2} \ln \dfrac{D_2}{D_f} \end{cases} \quad (4.3.19)$$

显然，弹道总航程为 $S = (E_f' - E_0') \sum\limits_{i=1}^{5} S_i$，其中 E_f' 和 E_0' 分别为滑翔结束点和起始点能量。航程和侧向机动能力分别通过调整参数 D_1 和 D_2 来满足。若侧向机动能力满足要求，则令 $D_1 = D_2$，将 D_1 和 D_2 同时作为航程调整参数；否则，按固定值逐步增大 D_2 (如 0.5)，直至满足侧向机动能力要求。这时 D_1 为唯一的航程调整参数。

如图 4.3.3 所示，D-E 飞行走廊的上边界可用三个二次多项式较好地拟合，而下边界可用一个二阶多项式拟合。一旦初始设计的阻力加速度剖面超出走廊边界值，则用边界值代替对应的剖面。由于二阶多项式对应的航程可以解析求出[2]，因此能够快速确定修正后阻力加速度剖面对应的航程。

　　与航天飞机再入制导方法[2]类似，倾侧角大小可根据设计好的阻力加速度剖面确定。通过对阻力加速度求关于能量的微分，可得

$$h' = -h_s\left(\frac{D'}{D} - \frac{2V'}{V} - \frac{C_D'}{C_D}\right) \tag{4.3.20}$$

其中，$V' \approx 1/V$。

　　再次求式(4.3.20)关于能量的微分，可得

$$h'' = -h_s\left(\frac{D''}{D} - \frac{D'^2}{D^2} + \frac{4}{V^4} - \frac{C_D''}{C_D} + \frac{C_D'^2}{C_D^2}\right) \tag{4.3.21}$$

　　滑翔段当地速度倾角 θ 为小量，可令 $\sin\theta = \theta$ 和 $\cos\theta = 1$。因此，对式(4.3.2)求关于能量的微分，可以得到关于 h'' 的另一个等式，即

$$h'' = r'' \approx -\frac{1}{D}\left[-\frac{L}{V^2 D}\cos\upsilon + \left(g - \frac{V^2}{r}\right)\frac{\cos\theta}{V^2 D} + C_\theta + \tilde{C}_\theta - h_s D'\left(\frac{D'}{D} - \frac{2}{V^2} - \frac{C_D'}{C_D}\right)\right] \tag{4.3.22}$$

　　综合式(4.3.21)和式(4.3.22)可得

$$\frac{L}{D}\cos\upsilon = a(D'' - b) \tag{4.3.23}$$

根据式(4.3.23)可确定倾侧角的大小，其中

$$a = -h_s V^2$$

$$b = D\left(\frac{C_D''}{C_D} - \frac{C_D'^2}{C_D^2}\right) + D'\left(\frac{2}{V^2} + \frac{C_D'}{C_D}\right) - \frac{4D}{V^4} + \left(g - \frac{V^2}{r}\right)\frac{1}{h_s V^2 D} + \frac{C_\theta + \tilde{C}_\theta}{h_s} \tag{4.3.24}$$

　　总之，通过设计阻力加速度剖面，可以满足航程、终端高度、终端速度、气动热、过载、动压、拟平衡滑翔条件等约束。此外，通过航路点和规避禁飞区对应的侧向机动能力需求也在纵向阻力加速度剖面设计中加以考虑，而航路点、禁飞区、终端方位角约束可通过侧向弹道控制来满足。

　　2) 侧向弹道控制

　　D 和 $(L/D)\cos\upsilon$ 的值都已通过纵向剖面规划确定，利用方案攻角和 $r = \tilde{r}$，可确定 $(L/D)\sin\upsilon$ 的大小，即

$$\left|\frac{L}{D}\sin\upsilon\right| = \left[\left(\frac{L}{D}\right)^2 - \left(\frac{L}{D}\cos\upsilon\right)^2\right]^{1/2} \tag{4.3.25}$$

因此，在确定倾侧角的符号后，即可对式(4.3.9)～式(4.3.11)进行求解。

　　由于 TAEM 接口点(即滑翔弹道终端位置)也可看作一个航路点，因此侧向弹

道控制的主要目的是通过确定倾侧角的符号通过航路点、规避禁飞区，并满足终端方位角约束。

(1) 禁飞区约束。

禁飞区的规避可采用一种倾侧角反转逻辑来实现。该算法最早在文献[12]中提出，这里对该方法进行改进和完善，即采用换极运动模型，进一步简化规划算法；对原算法进行完善，以适应不同禁飞区侧向规避情况下的弹道规划要求。

倾侧反转逻辑基于换极运动模型描述，因此可用重新定义的经度 λ 和地心纬度 ϕ 分别描述纵程角和横程角。如图 4.3.4 所示，设飞行器当前位置为 $M(\lambda_M, \phi_M)$ ，目标点(瞄准点)为 $T(\lambda_T, \phi_T)$ ，圆柱形禁飞区中心为 $N(\lambda_N, \phi_N)$ ，对应半径为 R_N ，$|MN|$ 和 $|NT|$ 均为大圆弧长度，飞行器相对目标点的视线 MT 与禁飞区间的相对位置关系有两种，即 MT 通过禁飞区[图 4.3.4(a)]和 MT 不通过禁飞区[图 4.3.4(b)]。定义 ψ_A 为切线 MA 与 M 点处纬线的夹角，ψ_B 为切线 TB 与 T 点处纬线的夹角，而 ψ_M 为 MT 与 M 点处纬线的夹角。定义方位角为 $\psi = \pi / 2 - \sigma$ ，从而有 $\psi \in [-\pi, \pi]$ ，且 $\psi = 0$ 对应飞行器沿着纬线朝标方向飞行，而 $\psi = \pi / 2$ 对应飞行器朝极点 P 方向飞行。ψ_A 、ψ_B 、ψ_M 的符号定义与 ψ 一致。由图 4.3.4 可知，ψ_A 、ψ_B 、ψ_M 可分别近似表示为

$$\psi_A = \arctan\frac{\phi_N - \phi_M}{\lambda_N - \lambda_M} \pm \arcsin\frac{R_N}{|MN|}$$

$$\psi_B = -\arctan\frac{\phi_N - \phi_T}{\lambda_N - \lambda_T} \pm \arcsin\frac{R_N}{|NT|} \qquad (4.3.26)$$

$$\psi_M = \arctan\frac{\phi_T - \phi_M}{\lambda_T - \lambda_M}$$

若飞行器从禁飞区上边界绕飞，则式(4.3.26)中第一式和第二式中符号取为正；反之，若从下边界绕飞，则取为负。

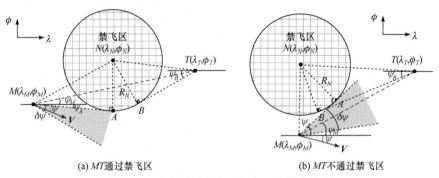

(a) MT 通过禁飞区　　　　　　　　(b) MT 不通过禁飞区

图 4.3.4　飞行器视线相对禁飞区的位置关系

　　类似于航天飞机侧向制导逻辑，可将禁飞区规避的侧向弹道控制算法分为两步。首先，基于禁飞区与视线 MT 的相对位置关系确定方位角 ψ 的最大值和最小值。在此基础上，基于飞行器实际方位角与方位角的可行变化范围确定倾侧角反转位置。因此，这种算法又可看作航天飞机侧向制导逻辑的一种扩展形式。算法具体流程如下。

　　步骤 1，判断飞行器在当前位置是否已过禁飞区。当 $\lambda_M \geqslant \lambda_N + R_N / R_e$ 时，说明飞行器已过禁飞区，转到步骤 2；否则，说明飞行器未过禁飞区，转到步骤 3。

　　步骤 2，飞行器已过禁飞区，方位角对应的上下边界值可表示为

$$\begin{aligned} \psi_{\min} &= \psi_M - \delta\psi / 2 \\ \psi_{\max} &= \psi_M + \delta\psi / 2 \end{aligned} \tag{4.3.27}$$

其中，$\delta\psi$ 为事先确定的正常数，表示方位走廊的宽度。

　　步骤 3，确定飞行器应从禁飞区上边界还是下边界绕飞。若 $\phi_M < \phi_N$，则从禁飞区下边界绕飞，算法转到步骤 4；否则，从上边界绕飞，转到步骤 7。

　　步骤 4，判断飞行器当前位置和目标位置连线 MT 是否通过禁飞区。若 $|\psi_M| \leqslant |\psi_B|$，则说明 MT 通过禁飞区，转到步骤 5；否则，说明 MT 没有通过禁飞区，转到步骤 6。

　　步骤 5，MT 通过禁飞区，则方位角上下边界值可表示为

$$\begin{aligned} \psi_{\min} &= \psi_A - \delta\psi \\ \psi_{\max} &= \psi_A \end{aligned} \tag{4.3.28}$$

　　步骤 6，MT 不通过禁飞区，则方位角上下边界值可表示为

$$\psi_{\min} = \psi_M - \delta\psi / 2$$
$$\psi_{\max} = \begin{cases} \psi_A, & \psi_A < \psi_M + \delta\psi / 2 \\ \psi_M + \delta\psi / 2, & \text{其他} \end{cases} \tag{4.3.29}$$

　　步骤 7，飞行器从禁飞区上边界绕飞，对应的弹道控制算法与步骤 4～步骤 6 类似。首先，判断飞行器视线 MT 是否通过禁飞区，若 $|\psi_M| \leqslant |\psi_B|$，则说明 MT 通过禁飞区，转到步骤 8；否则，说明 MT 不通过禁飞区，转到步骤 9。

　　步骤 8，MT 通过禁飞区，则方位角上下边界值可表示为

$$\begin{aligned} \psi_{\min} &= \psi_A \\ \psi_{\max} &= \psi_A + \delta\psi \end{aligned} \tag{4.3.30}$$

　　步骤 9，MT 不通过禁飞区，则方位角上下边界值可表示为

$$\psi_{\min} = \begin{cases} \psi_A, & \psi_A > \psi_M - \delta\psi / 2 \\ \psi_M - \delta\psi / 2, & \text{其他} \end{cases} \tag{4.3.31}$$
$$\psi_{\max} = \psi_M + \delta\psi / 2$$

需要说明的是，若 $\lambda_M > \lambda_N$，则式(4.3.28)和式(4.3.29)中的 ψ_A 应加上 π，式(4.3.30)和式(4.3.31)中的 ψ_A 应减去 π。倾侧角反转控制逻辑流程图如图 4.3.5 所示。

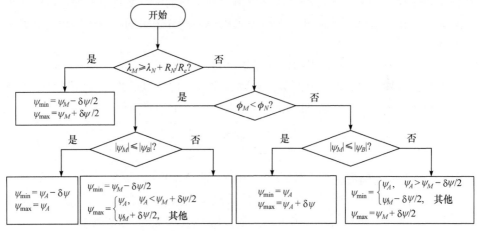

图 4.3.5　倾侧角反转控制逻辑流程图

至此，已经确定方位角 ψ 的上下边界值 $\psi_{\min}$ 和 $\psi_{\max}$。根据 ψ 与 $\psi_{\min}$ 和 $\psi_{\max}$ 的关系，即可确定倾侧角的反转位置，进而确定倾侧角的符号，即

$$\operatorname{sgn}(\upsilon) = \begin{cases} \operatorname{sgn}(\psi - \psi_{\max}), & \psi > \psi_{\max} \\ \operatorname{sgn}(\psi - \psi_{\min}), & \psi < \psi_{\min} \\ \operatorname{sgn}(\upsilon_0), & \psi_{\min} \leqslant \psi \leqslant \psi_{\max} \end{cases} \tag{4.3.32}$$

其中，υ_0 表示上一时刻倾侧角值，因此式(4.3.32)中第三式表示保持上一时刻倾侧角符号不变。

由于利用前述倾侧角反转控制逻辑可以确定倾侧角的符号，而倾侧角的大小已通过纵向剖面规划算法确定，因此可通过式(4.3.9)~式(4.3.11)确定对应的滑翔弹道，直至完成禁飞区的侧向规避。

(2) 航路点约束。

对每一个航路点，假定均通过一次倾侧角反转来消除过航路点的侧向误差。采用牛顿迭代算法确定倾侧角的反转时机 E_r。在换极运动模型中，牛顿迭代算法可表示为

$$E_r^{(i+1)} = E_r^{(i)} - \frac{E_r^{(i)} - E_r^{(i-1)}}{\phi_w^{(i)} - \phi_w^{(i-1)}}(\phi_w^{(i)} - \phi_w), \quad i = 1, 2, \cdots \tag{4.3.33}$$

其中，ϕ_w 为设定的航路点地心纬度；$\phi_w^{(i)}$ 为通过式(4.3.9)~式(4.3.11)获得的实际航路点地心纬度。

确定倾侧角反转时机后，结合倾侧角初始符号，即可确定过航路点的倾侧角

的符号。在实际情况下,飞行器不可能在瞬间完成倾侧反转,即在倾侧反转过程中需考虑最大倾侧反转角速率的约束。具体实现方法是,在飞行器进行倾侧反转时,假设倾侧角变化速率保持为最大允许倾侧角速率不变,直至倾侧角变化到符号相反的值,此时认为完成反转。因此,在反转过程中,倾侧角大小可能与纵向剖面规划获得的值不一致。当反转完成后,倾侧角大小再取为纵向规划算法的值。

(3) 终端方位角约束。

终端方位角约束可通过改变飞行弹道终点在 TAEM 接口圆上的位置来满足[29]。具体步骤如下。

步骤 1,TAEM 接口的初始位置取为接口圆与过再入点及目标点的大圆弧交点(图 4.3.1 中的 F_0)。点 F_0 对应的经度和地心纬度分别为 $\lambda_f^0 = \lambda_T - S_{TAEM} / R_e$ 和 $\phi_f^0 = 0$,其中 λ_T 表示目标点的经度,显然有 $\xi = 0$。

步骤 2,基于当前 TAEM 接口位置,依据式(4.3.33)确定最后一次反转位置,通过积分侧向运动方程确定终端航迹偏航角 σ_f。

步骤 3,计算终端方位误差 $\Delta\sigma_f = \sigma_f - (\pi/2 + \xi)$,其中 $\sigma_f, \xi \in [-\pi, \pi]$。

步骤 4,若 $|\Delta\sigma_f| \leqslant \Delta\sigma_{TAEM}$,结束;否则,计算参数 $\xi = (\sigma_f - \pi/2)$,更新终端 TAEM 接口位置,并重复步骤 2~步骤 4。新的终端接口位置可表示为

$$\lambda_f = \lambda_T - S_{TAEM} \cos\xi / R_e$$
$$\phi_f = S_{TAEM} \sin\xi / R_e \tag{4.3.34}$$

3) 弹道跟踪

前面通过纵向剖面规划获得参考阻力加速度剖面 D_r、侧向运动状态参考变量 σ_r、λ_r、ϕ_r,以及攻角 α_r 和倾侧角 υ_r。为了生成可行的三自由度滑翔弹道,采用一种控制律[29]同时跟踪参考阻力加速度剖面和方位角剖面。阻力加速度剖面跟踪律设计可表示为

$$(D_r'' - D'') + 2\zeta\omega(D_r' - D') + \omega^2(D_r - D) + k_1 \int (D_r - D)\mathrm{d}E = 0 \tag{4.3.35}$$

其中,ω 和 ζ 为比例和微分增益系数;k_1 为积分增益系数。

同样,方位角跟踪律可设计为

$$(\sigma_r' - \sigma') + k_2\omega(\sigma_r - \sigma) + k_3 \int (\sigma_r - \sigma)\mathrm{d}E = 0 \tag{4.3.36}$$

其中,k_2 和 k_3 为比例增益和积分增益系数。

令 $u_D = (L/D)\cos\upsilon$、$u_\sigma = (L/D)\sin\upsilon$,结合式(4.3.23)和式(4.3.35)可确定跟踪 D_r 所需的 u_D,即

$$u_D = a\left[-b + D_r'' + 2\zeta\omega(D_r' - D') + \omega^2(D_r - D) + k_1\int(D_r - D)\mathrm{d}E\right] \quad (4.3.37)$$

综合式(4.3.6)和式(4.3.36)可得跟踪 σ_r 所需的 u_σ 为

$$u_\sigma = -V^2\cos\theta\left[\frac{\tan\phi\cos\theta\sin\sigma}{rD} - C_\sigma - \tilde{C}_\sigma + \sigma_r' + k_2\omega(\sigma_r - \sigma) + k_3\int(\sigma_r - \sigma)\mathrm{d}E\right]$$

$$(4.3.38)$$

因此，对应于 u_D 和 u_σ 的倾侧角分别为

$$\upsilon_D = \arccos(Du_D / L)$$
$$\upsilon_\sigma = \arcsin(Du_\sigma / L) \quad (4.3.39)$$

倾侧角指令 υ_{cmd} 取 υ_D 和 υ_σ 的加权和，即

$$\upsilon_{cmd} = \varpi\,\mathrm{sgn}(\upsilon_r)\upsilon_D + (1-\varpi)\upsilon_\sigma \quad (4.3.40)$$

其中，ϖ 为权重值，$\varpi \in [0,1]$。

在倾侧反转过程中，控制量采用开环控制，即倾侧角取参考值，攻角取方案攻角。上述指令攻角和倾侧角可用于获得闭环滑翔弹道。

4. 仿真分析

下面以 CAV-H 模型为例进行仿真分析。控制量约束为 $\alpha \in [5°, 25°]$、$\upsilon \in [-90°, 90°]$、$\dot{\alpha} \leqslant 5°/\mathrm{s}$、$\dot{\upsilon} \leqslant 20°/\mathrm{s}$，在弹道跟踪时，攻角和倾侧角偏离参考值的大小分别限制为 ±5° 和 ±20°。飞行约束条件设置为 $\dot{Q}_{\max} = 1500\mathrm{kW/m^2}$、$q_{\max} = 100\mathrm{kPa}$、$n_{\max} = 3g$。

CAV-H 的飞行任务想定，以及过程约束和终端约束分别设置如下。假定飞行器从某一位置开始滑翔飞行，要求飞行器在飞行过程中规避设定的禁飞区，并从航路点正上方飞过，最后到达指定终端位置，生成的弹道要求满足所有的过程和终端约束条件，初始高度 $h_0 = 80\mathrm{km}$、初始速度大小 $V_0 = 6500\mathrm{m/s}$、初始当地速度倾角 $\theta_0 = 0°$、初始经度和地心纬度均取为 0、目标点经度和地心纬度分别为 55° 和 30°。TAEM 接口点位于距目标点距离为 100km 的接口圆上。终端高度和速度大小分别取 25km 和 2000m/s，允许的终端航向偏差为 ±5°。令 $E_1 = 0.3$、$E_2 = 0.5$、$E_3 = 0.7$、$E_4 = 0.8$、$\delta\psi = 10°$，弹道跟踪算法中的相关参数设置与文献[29]相同。下面通过三个不同仿真算例对弹道规划算法进行测试。

1) 算例一：多个禁飞区约束情况

假设 CAV-H 在滑翔飞行过程中实现对两个禁飞区的规避，其中禁飞区 1 中心坐标为 (20°, 20°)，半径为 600km，禁飞区 2 中心坐标为 (45°, 20°)，半径为 1000km。图 4.3.6 所示为多禁飞区约束滑翔弹道地面航迹。可以看出，生成的滑

翔弹道依次绕过设定的两个禁飞区，并成功到达指定的 TAEM 接口位置。实际闭环弹道对应的终端速度误差为–0.048m/s，终端高度误差为–9.892m，终端待飞航程偏差为–1.765km，终端方位误差为 1.152°。

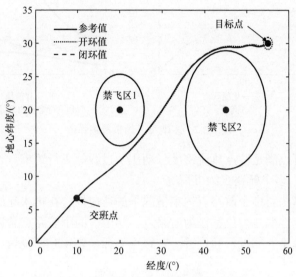

图 4.3.6　多禁飞区约束滑翔弹道地面航迹

多禁飞区约束滑翔弹道如图 4.3.7 所示。其中，开环值由参考弹道规划算法获得参考攻角和倾侧角后将其代入式(4.3.2)～式(4.3.7)进行数值积分获得，而闭环值则通过跟踪参考 D-E 剖面及方位角剖面获得。所有参考值、开环值、闭环值均采用一般运动模型的对应参数进行描述。由于参考弹道规划算法无法获得参考飞行高度，因此仿真结果中未给出弹道参考高度值。如图 4.3.7 所示，为了完成两个禁飞区的规避，飞行器共进行 5 次倾侧反转。图中各个状态参数对应的参考值、开环值和闭环值结果十分接近。由图 4.3.7(d)可知，D-E 剖面满足飞行走廊约束，说

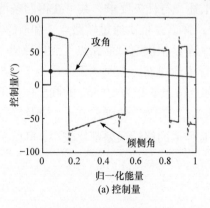

(a) 控制量

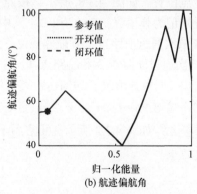

(b) 航迹偏航角

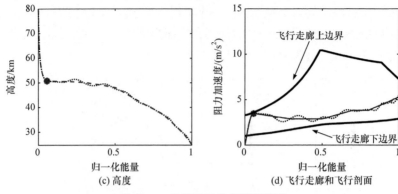

图 4.3.7　多禁飞区约束滑翔弹道

明设计的弹道可以满足驻点热流密度、动压、过载等飞行约束。

2) 算例二：多个航路点约束情况

为了测试算法对多个航路点约束情况下的适应性，在再入起始点 EI 和目标点之间的航路上选取 4 个位置作为航路点。其中，两个航路点靠近再入起始点位置，另外两个航路点靠近目标位置。航路点坐标如表 4.3.1 所示。

表 4.3.1　航路点坐标

航路点编号	λ_w /(°)	ϕ_w /(°)
1	24	18
2	45	30
3	25	15
4	45	23

CAV-H 滑翔飞行任务要求飞行器在滑翔飞行过程中依次通过表 4.3.1 所示的四个航路点中的两个。其中，一个航路点靠近再入起始点位置，另一个航路点靠近目标点位置。如图 4.3.8 所示，按照上述飞行任务要求，共可获得四条滑翔弹道，分别记为弹道 A、B、C 和 D。其中，弹道 A 依次通过航路点 3 和航路点 2；弹道 B 依次通过航路点 1 和航路点 2；弹道 C 依次通过航路点 1 和航路点 4；弹道 D 依次通过航路点 3 和航路点 4。各弹道通过航路点时的误差均小于 1.5km。可以看出，四条弹道最后均到达距离目标点待飞航程为 100km 的圆上。各条弹道对应的终端速度误差 ΔV_f、终端高度误差 Δh_f、终端方位误差 $\Delta \sigma_f$，以及终端待飞航程误差 ΔS_f 如表 4.3.2 所示。可见，所有弹道的终端误差都比较小，可以满足终端精度要求。

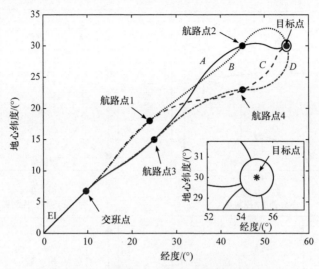

图 4.3.8　多航路点约束滑翔弹道地面航迹

表 4.3.2　多航路点约束滑翔弹道终端误差

弹道	ΔV_f /(m/s)	Δh_f /m	$\Delta \sigma_f$ /(°)	ΔS_f /km
A	0.047	−9.566	1.384	−0.617
B	0.036	−7.376	3.016	1.135
C	0.049	−10.065	1.078	0.735
D	0.041	−8.458	2.649	1.049

　　多航路点约束滑翔弹道控制量如图 4.3.9 所示。由图可知，各条弹道均只需进行三次倾侧反转就可以依次通过两个航路点并到达指定终端目标位置，获得的控制量满足幅值和角速率约束。如图 4.3.10 所示，所有剖面均满足飞行走廊约束。弹道 A 和弹道 C 对应的 D-E 飞行剖面基本重合。此外，由于这两条弹道通过航路点时对飞行器侧向机动能力需求不高，图 4.3.3 中航程调整段剖面和侧向机动能力调整段剖面均可用于进行航程调整。因此，剖面对应的调整参数 D_1 和 D_2 取值相同。但是，弹道 B 和弹道 D 通过航路点时对侧向机动能力要求较高，使这两条弹道对应的 D-E 飞行剖面中反映侧向机动能力的参数 D_2 的值相对较大，以提高飞行末段的侧向机动能力。

　　3) 算例三：同时考虑航路点和禁飞区约束情况

　　假设航路点经度和地心纬度分别设置为 49.4° 和 28.2°，禁飞区中心位置为 (30.43°, 24.26°)，半径为 1000km。两条弹道除了初始位置不同，所有的飞行任务想定及约束条件设置均相同。远射程弹道初始位置对应的经纬度均为 0，而近射

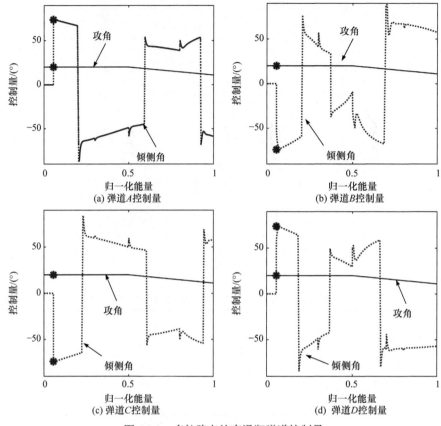

图 4.3.9　多航路点约束滑翔弹道控制量

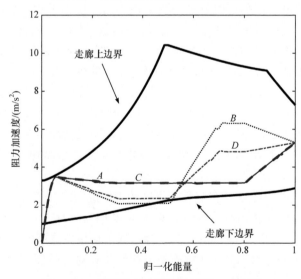

图 4.3.10　多航路点约束滑翔弹道 D-E 剖面

程弹道初始经纬度分别为 0° 和 30°。两条弹道的射程分别为 6695.717km 和 5241.966km。

如图 4.3.11 所示，两条弹道对应的地面航迹均成功实现了对禁飞区的规避，并通过设定的航路点，最后达到 TAEM 接口位置。弹道对应的地面航迹参考值、开环值和闭环值比较接近。可以看出，对近射程弹道而言，靠近目标位置的开环弹道值偏离参考值比较大，但是对应的闭环弹道值能很好地跟踪参考值，说明跟踪算法是十分有效的。远射程闭环弹道的终端速度误差为 -0.277m/s、终端高度误差为 56.866m、终端待飞航程误差为 0.959km、终端航迹偏航角误差为 0.998°，近射程弹道对应的误差值分别为 0.020m/s、4.056m、-1.765km 和 0.032°。远射程和近射程弹道航路点位置误差分别为 0.8km 和 1.3km。可见，生成的弹道可以满足飞行器滑翔飞行过程中载荷释放或对地侦测任务的要求。

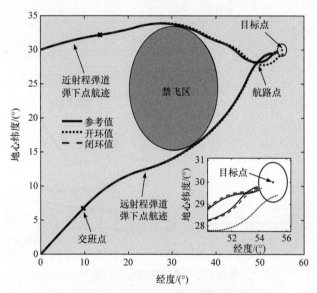

图 4.3.11　不同射程弹道对应的地面航迹

如图 4.3.12(a)所示，对于远射程弹道，飞行器需三次倾侧反转即可满足航路点约束，并实现禁飞区规避，获得的控制量满足幅值约束和角速率约束。图 4.3.12(b)和图 4.3.12(c)分别给出弹道对应的航迹偏航角和高度。D-E 飞行走廊和 D-E 飞行剖面如图 4.3.12(d)所示。可以看出，气动加热约束在初始下降段和滑翔段的交班点处起作用。由于该弹道对应禁飞区和航路点约束对侧向机动能力要求不高，因此 D_1 和 D_2 两个参数均作为射程调整参数，且 $D_1 = D_2$。

近射程弹道规划结果如图 4.3.13 所示。由于该弹道需要较大的侧向机动能力来满足禁飞区和航路点约束要求，因此算法通过增大 D_2 的值来增大侧向机动能力。算例表明，阻力加速度剖面规划算法能够适应航路点和禁飞区约束情况下的滑翔弹道规划要求。由仿真结果可以看出，开环弹道对应的阻力加速度剖面在参考值附近振荡，但是增加跟踪控制后，实际阻力加速度剖面能够很好地跟踪参考剖面。这说明，剖面跟踪算法是有效的。

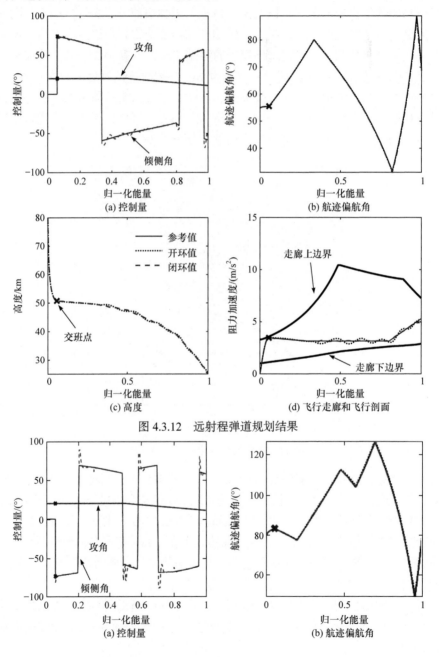

图 4.3.12　远射程弹道规划结果

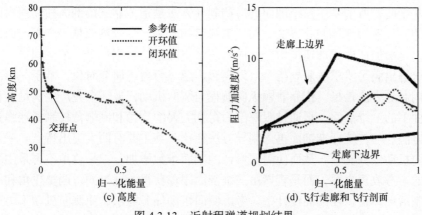

图 4.3.13　近射程弹道规划结果

4.4　基于三维剖面的滑翔制导方法

　　虽然航天飞机经典再入制导方法是迄今应用最多、最成熟的方法，但是面对大横程机动、长距离滑翔、高适应性、低能量消耗、低成本，以及考虑航路点、禁飞区等复杂约束任务要求时，该方法不再那么安全、可靠、有效。目前，关于航天飞机经典再入制导方法的改进无外乎两种。一种是改善纵向跟踪制导律，提高制导方法对大范围偏差的收敛精度，增加鲁棒性。另一种是改进侧向制导方法来适应大横程机动和初始大横程偏差等要求，同时减少倾侧反转次数来提高制导控制系统的稳定性。针对这两个方面的改进，虽然前人已经做了大量的研究，但基本都是围绕在攻角剖面事先给定的限定下进行的。作为控制量的一个关键参数，攻角一旦事先确定(即使实际飞行中可以微调)，飞行器的机动能力和机动范围就基本被限制了。一旦飞行器遇到紧急情况，仅依靠调节倾侧角的控制方式将会使飞行器机动的范围十分有限，难以可靠地确保飞行任务安全。同时，无论采用哪一种改进的侧向制导，都需要制导系统在瞬间或者以最大倾侧翻转速率完成，这样或多或少会引起控制过程的跳跃，增加结构系统的负担。因此，依然局限于传统二维标准剖面再入制导方法的改进是无法从根本上解决问题的。

　　国外的许多学者已经注意到这个问题，并制订了相关的研究计划。例如，美国的 AG&C 项目开展了三维剖面再入制导的验证。1999 年，Mease 等将传统航天飞机的标准剖面规划方法 (二维) 拓展到三维，并应用到 RLV 的再入返回试验中。通过将三维剖面设计拆解为首先规划纵向阻力加速度和侧向制导指令两个剖面，然后利用轨迹长度和轨迹曲率两个子问题进行反复迭代生成参考三维剖面，再依据得到的三维剖面生成需要的攻角和倾侧角。实际上，EAGLE 就是在这个基础上简化得到的，只不过它采用固定攻角剖面进行规划。

　　基于此，所谓基于三维剖面的滑翔制导方法是指依靠三维剖面独立获得制导指令的一种新型滑翔制导方法。与三维弹道相区别，三维剖面是一个更为广泛的概念，是由加速度或加速度指令构成的三维空间量。根据这个三维空间量，应能唯一求解出满足要求的制导指令。以高超声速飞行器为研究对象，基于三维剖面的滑翔制导方法是指，依靠兼顾纵向航程与侧向机动任务需求先产生满足各种约束条件下的三维剖面，再通过跟踪剖面得到需要的攻角和倾侧角控制滑翔弹道的制导方法。与传统标准剖面再入制导方法相比，其主要有两大突出特点。一是增加侧向机动任务需求，从而使需要设计的剖面维数增加。二是攻角不再采用事先给定的参考攻角方案，而是直接由三维剖面跟踪获得，通过同时调整攻角和倾侧角控制滑翔弹道。在剖面设计中，考虑侧向机动任务需求，使侧向机动不再是纵向制导的陪衬，可有效提高横向机动控制能力，改善横程误差。通过跟踪三维剖面，确定需要的攻角与倾侧角，既不会有控制能力富余造成多余的机动，也不会因为控制能力不足引起飞行过程的抖动，从而有效减少能量浪费、增大滑翔距离、提高机动性能、增加可覆盖区域。由于攻角不再事先给定，同时剖面维数增加，设计剖面时需要的飞行走廊将会变得更加复杂。同时，由跟踪剖面实时获得控制所需的攻角和倾侧角，一旦飞行过程产生偏差或模型不准时，剖面跟踪制导调整会比传统标准剖面复杂。因此，为了获得高精度的剖面跟踪性能，需要对三维剖面重新研究一种行之有效的跟踪制导方法。可见，高超声速飞行器三维剖面制导方法是一个前景广阔，同时富有挑战的研究方向。

　　通过规划满足任务要求的三维加速度剖面或类三维加速度剖面，可以唯一获得可行弹道解。对于滑翔段，飞行器保持拟平衡滑翔条件是实现长时间远距离平稳飞行的充分条件。同时，在任一瞬时，飞行器的纵向阻力加速度、侧向加速度及铅锤方向加速度彼此独立。因此，本节充分利用这一特性，介绍一种基于分平面策略的三维剖面滑翔制导方法，即先规划满足任务要求的纵向和侧向两个子剖面函数，结合拟平衡滑翔条件生成需要的弹道和控制变量，再通过设计三维跟踪器进行弹道控制。相比传统的二维剖面制导方法，三维剖面制导方法可以摆脱事先设计攻角剖面的约束，根据弹道制导需求同时调整攻角和倾侧角，充分挖掘飞行器的潜能。

4.4.1　三维飞行走廊模型的构建

　　阻力加速度本身隐含丰富的纵向运动信息，因此可以用作纵向运动的特征量。在飞行走廊模型中，考虑侧向运动，引入侧向指令变量 L_z，即

$$L_z = L_D \sin \upsilon \tag{4.4.1}$$

其中，L_D 表示飞行器的升阻比。

事实上,可以代表侧向运动的特征量有很多,如航迹偏航角、侧向加速度。相对来说,航迹偏航角、侧向加速度看起来都能更直观地表征侧向运动。但是,航迹偏航角的可行变化范围很难直接准确得到。通常需要在简化假设下,结合侧向指令或侧向加速度变换进行求解。因此,航迹偏航角就不如侧向指令或侧向加速度更能直接、精准地表征侧向运动。此外,选择 L_z 表示侧向走廊更能体现三维剖面的优越性,同时方便后续三维剖面的设计。因此,本节建立的三维飞行走廊形式为 $f(D, L_z, E)$。

为了建立三维飞行走廊,需要将式(3.2.22)所示的约束条件转换为阻力加速度和侧向指令关于能量的形式,即确定三维飞行走廊函数 $f(D, L_z, E)$。参照二维飞行走廊模型的构建方法,可以得到式(4.3.13)所示的纵向 D-E 飞行走廊。值得注意的是,作为三维飞行走廊的纵向子走廊,此时的攻角剖面并未事先给定,即需要遍历所有可行攻角才能确定纵向飞行走廊的边界。

对于侧向指令 L_z,有

$$|L_z| = \sqrt{L_D^2 - (L_D \cos \upsilon)^2} \tag{4.4.2}$$

它将拟平衡滑翔条件作为硬约束,并忽略地球自转影响。考虑滑翔段高度变化相对比较缓慢,并且当地速度倾角长期保持在 0 附近,因此近似计算时可以令 $\cos \theta = 1$。这样简化后的拟平衡滑翔条件可表示为

$$D = \frac{1}{(L/D)\cos \upsilon}\left(g - \frac{V^2}{r}\right) \tag{4.4.3}$$

阻力加速度与升力加速度相互依存,对于某一特定的能量点,当高度值给定后,可直接由规划的阻力加速度剖面唯一确定侧向指令的大小。将能量定义式(4.3.1)代入式(4.4.3),可得

$$L \cos \upsilon = -2\frac{E}{r} - \frac{\mu}{r^2} \tag{4.4.4}$$

由式(4.4.4)可知,当能量 E 给定时,$L \cos \upsilon$ 随 r 单调递增。因此,侧向指令可表示为

$$|L_z| = \sqrt{L_D^2 - \left(\frac{L \cos \upsilon}{D}\right)^2}$$
$$= \sqrt{L_D^2 - \left(2\frac{E}{Dr} + \frac{\mu}{Dr^2}\right)^2}$$
$$= f(\alpha, E, h) \tag{4.4.5}$$

定义气动系数为攻角和能量的函数,当能量和攻角给定时,侧向指令 L_z 的大

小随地心距或者高度的减少而增加。根据飞行任务要求，滑翔段高度控制在 $[h_0, h_f]$。因此，侧向剖面应满足

$$|L_z| \in [f(\alpha, E, h_0), f(\alpha, E, h_f)] \qquad (4.4.6)$$

由式(4.4.6)可知，当能量给定时，侧向走廊边界 $|L_z|$ 的边界与倾侧角无关，仅由攻角和高度决定。事实上，由于滑翔段高度变化相对较小，当能量和攻角给定后，高度变化对侧向指令的影响十分有限，因此以能量为自变量时，侧向走廊主要由攻角的变化范围确定。值得注意的是，高超声速飞行器的最大升阻比与最大阻力加速度一般不在同一攻角处取得，因此最大侧向边界通常在最大攻角与最大升阻比攻角之间某个攻角处产生。

三维飞行走廊的生成，关键在于确定 D 和 L_z 关于能量的可行解范围。以归一化能量 $e = 0.4$ 为例，当攻角 α 给定时可解出对应的 $D_{\max}(E)$，从而得到对应的倾侧角最大值 $\upsilon_{\max}$。将倾侧角 υ 从 0 遍取到 $\upsilon_{\max}$，由式(4.4.3)和式(4.4.5)可得所有可行的 D 和 L_z。依照同样的方法，改变攻角 α 的值可以得到不同 (D, L_z) 的可行解集。同理，给定倾侧角 υ 时，根据式(4.4.3)，在 $[\alpha_{\min}, \alpha_{\max}]$ 遍取攻角也可得到相应的可行解。$e = 0.4$ 时侧向指令随阻力加速度变化曲线如图 4.4.1 所示。

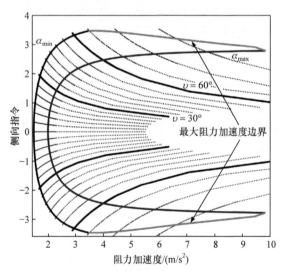

图 4.4.1　$e = 0.4$ 时侧向指令随阻力加速度变化曲线

由图 4.4.1 可知，通过最大阻力加速度约束和最大、最小攻角产生的边界组成的包络即当前能量下对应的 (D, L_z) 可行解范围。分析倾侧角 $\upsilon = 30°$ 和 $\upsilon = 60°$ 两条曲线可知，随着 D 增大，L_z 近似呈指数形式衰减，且衰减程度随倾侧角先增加后减少。对于最大和最小攻角两条曲线，L_z 随着阻力加速度的增大呈对数形式增加，可以通过最大过程约束限制其最大值。显然，当 (D, L_z) 位于包络之间时即为

满足约束的可行解。

4.4.2　三维剖面设计方法

在生成三维剖面前，需要确定其可行边界。在侧向走廊内，根据给定的初始终端约束，设计一条二次型函数的初始侧向剖面，即

$$f_z(E) = a_z E^2 + b_z E + c_z \tag{4.4.7}$$

其中，a_z、b_z、c_z 为侧向剖面待定系数。

给定初、终端条件后，再任给一个中间可行点即可求解式(4.4.7)。根据升阻比约束，有

$$L_D \cos\upsilon = \sqrt{L_D^2 - (f_z(E))^2} \tag{4.4.8}$$

由拟平衡滑翔条件可知

$$L \cos\upsilon \leqslant g - \frac{V^2}{r} = f_{QEG}(E) \tag{4.4.9}$$

将其作为硬约束并取等号，结合式(4.4.8)可得对应阻力加速度剖面变化范围，即

$$\frac{f_{QEG}(E)}{\sqrt{L_{D\max}^2 - (f_z(E))^2}} \leqslant D(E) \leqslant \frac{f_{QEG}(E)}{\sqrt{L_{D\min}^2 - (f_z(E))^2}} \tag{4.4.10}$$

其中，$L_{D\max}$ 和 $L_{D\min}$ 表示最大和最小升阻比。

此外，阻力加速度剖面还应满足初始和终端条件。为了使剖面平滑，可通过在初始和终端分别设计过渡段衔接。至此，当给定一个权重 ω_D 时，可利用式(4.4.10)确定的阻力加速度变化范围求得相应的阻力加速度剖面，从而完成满足过程约束的初始三维剖面设计。

为了使设计的三维剖面满足终端位置约束，还要进行迭代调整。根据初始三维剖面，可通过积分侧向降阶运动方程组[式(4.3.9)～式(4.3.11)]，快速确定其对应的终端状态。因为侧向剖面可直观理解为升力在侧向运动的分量，当其增大时对应的横程也增加，所以阻力加速度剖面与总航程有近似反比的解析关系。因此，为了简化分析，减小纵向和侧向的运动耦合影响，通常对飞行任务进行换极坐标变换，即在均质圆球假设下以初始和目标点所在平面为新的赤道平面建立新的极点坐标系。通过变换，飞行器的纬度代表横程，经度代表纵程。

令 λ_f 和 ϕ_f 表示期望的终端经纬度，$\lambda(E_f)$ 和 $\phi(E_f)$ 表示由降阶动力学积分得到的经度和纬度。如图 4.4.2 所示，当飞行器仅做一次倾侧反转时有以下步骤。

步骤 1，初始化倾侧反转点位置 (e_r, L_{zr})，结合初始和终端点确定侧向二次型剖面，并根据式(4.4.10)求得相应的可行阻力加速度变化范围。初次计算时，可选择 $(e_r, L_{zr}) = (0.5, 0)$。

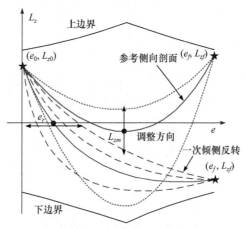

图 4.4.2　侧向剖面规划方法示意图

步骤 2，令阻力加速度剖面权重 ω_D 分别取 0 和 1，当求得的终端纵程偏差同号时，表明此时无满足纵程要求的阻力加速度剖面存在，因此可将初始 e_r 向左或向右平移一个单位，转到步骤 1，直至求得的纵程差出现异号；否则，基于牛顿迭代方法，求解出满足 $\left|\lambda_f - \lambda(E_f)\right| \leqslant \varepsilon_\lambda$ 的阻力加速度剖面权重 ω_D。

步骤 3，设定倾侧反转点 e_r 的可行搜索范围 $[e_{r\min}, e_{r\max}]$，利用二分法求解满足任务精度 $\left|\phi_f - \phi(E_f)\right| \leqslant \varepsilon_\phi$ 的倾侧反转点 e_r。令 e_r 分别取最大和最小边界值，若求得的终端横程偏差同号，则表明设定的可行搜索范围内不存在解，需要扩大搜索区间。

步骤 4，若 $\left|\phi_f - \phi(E_f)\right| \leqslant \varepsilon_\phi, \left|\lambda_f - \lambda(E_f)\right| \leqslant \varepsilon_\lambda$，停止迭代；否则，转到步骤 2。

两次倾侧反转的迭代生成思路与一次倾侧反转的基本相同。不同的是，此时侧向剖面迭代的参数变为中间设计点纵坐标 L_{zm} (图 4.4.2)，而纵向剖面迭代参数仍为权重 ω_D。侧向剖面可以直接通过调整其顶点或过零点横坐标改变二次曲线的函数值，纵向剖面可以通过调整权重 ω_D 实现剖面调整。值得注意的是，当侧向剖面调整后，其对应的纵向阻力剖面可行解也对应着变化。为确保三维剖面规划的可行性，当侧向剖面调整后，应验证纵向剖面的可行性，并进行相应的调整。

当实际飞行中由于某种需要飞行器必须通过特定测控区域(航路点)或者规避禁飞区时，需要对上述方法进行相应的拓展。

1) 考虑航路点约束的三维剖面设计

设航路点中心位置为 $(\lambda_{wp}, \phi_{wp})$，利用降阶运动方程组积分得到终端坐标，先迭代纵向剖面使纵程满足精度，再迭代侧向剖面使过航路点和终端横程精度同时满足任务要求。为了加快侧向剖面解的收敛，可以先迭代终端横程，产生初值后再迭代，以便同时满足航路点和终端横程要求。具体流程如下(步骤 1～步骤 3 与之前保持一致)。

步骤 1，初始化侧向剖面。

步骤 2，根据侧向剖面，求解 ω_D，产生初始化纵向阻力加速度剖面。

步骤 3，进行迭代，确定倾侧反转点 e_r。

步骤 4，记由降阶运动方程组积分得到的坐标为 $(\lambda_{wp}, \phi(E_{wp}))$，其中 E_{wp} 表示纵程为 λ_{wp} 的能量点，若 $\left|\phi_{wp} - \phi(E_{wp})\right| \leqslant \varepsilon_{wp}$ 且 $\left|\phi_f - \phi(E_f)\right| \leqslant \varepsilon_\phi$，则转到步骤 6；否则，转到步骤 5。

步骤 5，对步骤 4 中 E_{wp} 对应的侧向剖面值，以 E_{wp} 为分界点，将侧向剖面分为两段二次曲线剖面，记过初始和终端点的斜率分别为 k_{z0} 和 k_{zf}。利用牛顿迭代方法，迭代 k_{z0} 和 k_{zf}，直至满足 $\left|\phi_{wp} - \phi(E_{wp})\right| \leqslant \varepsilon_{wp}$ 且 $\left|\phi_f - \phi(E_f)\right| \leqslant \varepsilon_\phi$。

步骤 6，进行判断，若 $\left|\phi_f - \phi(E_f)\right| \leqslant \varepsilon_\phi$、$\left|\lambda_f - \lambda(E_f)\right| \leqslant \varepsilon_\lambda$ 且 $\left|\phi_{wp} - \phi(E_{wp})\right| \leqslant \varepsilon_{wp}$，则停止迭代；否则，转到步骤 2。

2) 考虑禁飞区规避的三维剖面设计

与航路点不同，禁飞区是飞行器必须规避绕开的区域。为了方便处理，通常将禁飞区假设为无限高圆柱形区域或者半椭球区域。设禁飞区为无限高圆柱形区域，禁飞区中心位置为 $(\lambda_{NF}, \phi_{NF})$，半径为 R_{NF}，为了利用过航路点的剖面设计方法实现禁飞区规避任务，记禁飞区顶点为参考点 $(\lambda_{NF}, \phi_{NF} + R_{NF} / R_0)$，设计三维剖面，当其通过设定的禁飞区参考点时，判断其他点是否满足规避要求。若满足，则停止迭代；否则，上移参考点，直至满足规避要求。禁飞区规避策略如图 4.4.3 所示。

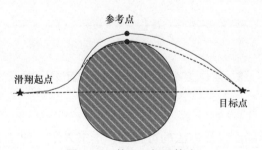

图 4.4.3　禁飞区规避策略

综合上述研究内容，复杂飞行任务下三维剖面设计方法如图 4.4.4 表示。

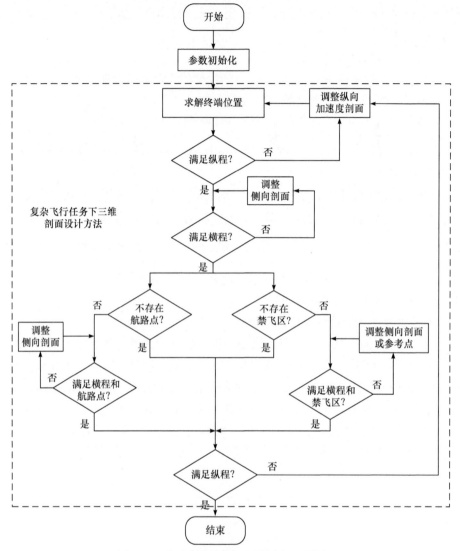

图 4.4.4　复杂飞行任务下三维剖面设计方法

4.4.3　三维跟踪器设计

为了验证三维剖面设计方法的可行性，本书采用一种三维剖面跟踪器。令 $\mu_L = (L/D)\cos\upsilon$ 和 $\mu_z = (L/D)\sin\upsilon$ 分别表示需要的制导指令，采用攻角保持为参考剖面解算值，倾侧角大小取加权值，倾侧角符号与侧向参考剖面相同的控制策略进行弹道跟踪控制。

对于纵向跟踪，借鉴航天飞机再入制导方法[3]，可得

$$\mu_L = \mu_{L0} + f_1\Delta D + f_2\Delta\dot{h} \tag{4.4.11}$$

其中，参数 f_1 和 f_2 为反馈系数；$\Delta D = D - D_{\text{ref}}$；$\Delta\dot{h} = \dot{h} - \dot{h}_{\text{ref}}$，下角 ref 表示参考状态量。

文献[26]给出求解参数 f_1 和 f_2 的详细推导过程。μ_{L0} 为标准制导指令，忽略阻力系数一阶、二阶导数，由设计的标准阻力加速度剖面，可得

$$\mu_{L0} = \frac{1}{D_0}\left(g_0 - \frac{V_0^2}{r_0}\right) - h_s\left(\frac{4D_0}{V_0} - 2D_0'\right) \tag{4.4.12}$$

对于侧向跟踪，设计 PD 跟踪律，通过跟踪三维剖面解算可以得到航迹偏航角剖面产生侧向制导指令，即

$$(\sigma' - \sigma_{\text{ref}}') + k_\sigma\omega(\sigma - \sigma_{\text{ref}}) = 0 \tag{4.4.13}$$

结合动力学方程，可得

$$(L/D)\sin\upsilon = V^2\left[\sigma_{\text{ref}}' - k_\sigma\omega(\sigma - \sigma_{\text{ref}}) + \frac{\tan\phi\sin\sigma}{r}\left(\frac{1}{D}\right)\right] \tag{4.4.14}$$

记通过纵向和侧向控制器求解的倾侧角大小分别为 $|\upsilon_L|$ 和 $|\upsilon_z|$，则

$$\begin{cases} |\upsilon_L| = \arccos\left(\dfrac{\mu_L}{(L/D)_{\text{ref}}}\right) \\[2mm] |\upsilon_z| = \arccos\left(\dfrac{\mu_z}{(L/D)_{\text{ref}}}\right) \end{cases} \tag{4.4.15}$$

其中，$(L/D)_{\text{ref}}$ 表示由参考剖面解算的参考攻角求得的升阻比。

因此，制导需要的倾侧角为

$$\upsilon^* = \text{sgn}(\upsilon_{\text{ref}})[\omega_\upsilon\,|\upsilon_z| + (1 - \omega_\upsilon)\,|\upsilon_L|] \tag{4.4.16}$$

其中，ω_υ 为权重值，$\omega_\upsilon \in [0,1]$。

4.4.4　仿真分析

采用 CAV-H 模型作为仿真对象，同时将气动系数拟合为攻角和马赫数的函数。设定飞行器从 $(0,0)$ 处以 $h_0 = 80\text{km}$、$V_0 = 6500\text{m/s}$ 沿赤道方向自西向东进行再入，要求飞行过程中的最大驻点热流、动压、过载约束分别为 $\dot{Q}_{\max} = 2000\text{kW/m}^2$、$q_{\max} = 100\text{kPa}$、$n_{\max} = 2g$，终端高度、速度大小限定在 $h_f = (30\pm1)\,\text{km}$、$V_f = (2500\pm50)\,\text{m/s}$。同时，设置攻角、倾侧角的幅值约束分别为 $\alpha \in [10°, 20°]$、$\upsilon \in [-85°, 85°]$，不考虑控制量的角速率限制。此外，本节所述方法主要针对滑翔段，初始下降段可采用 4.3.2 节所述的方法求解。复杂任务的滑翔初始和终端状态

如表 4.4.1 所示。

表 4.4.1　复杂任务的滑翔初始和终端状态

状态	高度/km	速度/(m/s)	当地速度倾角/(°)	航迹偏航角/(°)	经度/(°)	纬度/(°)
滑翔段起点	50.7	6380	0	90	12.3	0
滑翔段终点	30.1	2499.7	−0.49	31.9	75.91	0.05

1. 典型任务下三维剖面设计与跟踪

假定典型任务的目标点位于 $(76°,0°)$，设定滑翔终端时刻的攻角为 12.5°，终端时刻的倾侧角通过拟平衡滑翔条件求得，终端经度和纬度的迭代精度分别为 $\varepsilon_\lambda = 1 \times 10^{-4}$ 和 $\varepsilon_\phi = 1 \times 10^{-4}$。根据三维剖面设计方法，满足任务要求的侧向指令剖面和纵向阻力加速度剖面分别如图 4.4.5(a)和图 4.4.5(b)所示。受运动耦合因素影响，图 4.4.5(a)的侧向剖面确定后，纵向剖面的可行规划边界受到严重压缩，如图 4.4.5(b)所示。根据设定的终端位置精度要求，利用牛顿迭代和二分法确定的侧向和纵向剖面参数分别为 $e_r = 0.333$ 和 $\omega_D = 0.886$。基于迭代的三维剖面，解算的参考控制量、航迹偏航角、三维弹道分别如图 4.4.5(c)、图 4.4.5(d)、图 4.4.5(e)所示。为方便对照，将利用跟踪器得到的实际结果同样绘制在相应仿真图中。由图 4.4.5(a)～图 4.4.5(e)的仿真结果可见，跟踪器较好地完成了对参考弹道跟踪，终端高度和速度大小分别为 30.09km 和 2499.65m/s，滑翔终端位置为 $(75.91°,0.05°)$，满足给定的任务要求。针对同一飞行任务，图 4.4.5(f)给出通过调整终端期望攻角和反转次数获得的多组满足任务要求的弹道结果。

2. 复杂飞行任务三维剖面设计与跟踪

不改变上述算例的仿真初始条件和终端约束，在飞行任务中增设航路点 $(50°, -4.5°)$，同时要求设计弹道通过航路点的位置精度约束为 $\varepsilon_{wp} = 1 \times 10^{-5}$。根据前述方法，仿真得到的航路点约束的三维剖面仿真结果如图 4.4.6 所示。其中，图 4.4.6(a)给出三维飞行走廊内三维剖面的设计结果，图 4.4.6(b)～图 4.4.6(d)分别给出对应的二维弹道、控制量及航迹偏航角的变化曲线。显然，终端期望攻角 α_f 不同，对应的三维剖面和弹道终端状态也不相同。由于初始条件、航路点位置及目标点都没改变，因此无论是三维剖面，还是弹道状态在过航路点前基本都没改变。可见，设计的三维剖面可以较好地反映运动状态和控制量的变化情况，实现给定约束范围内规划过航路点的三维弹道任务要求，弹道状态、控制量攻角和倾侧角变化都较为平缓。不同攻角下相同任务的成功规划结果进一步验证了所提方法对飞行任务有较强的适应性和可行性。

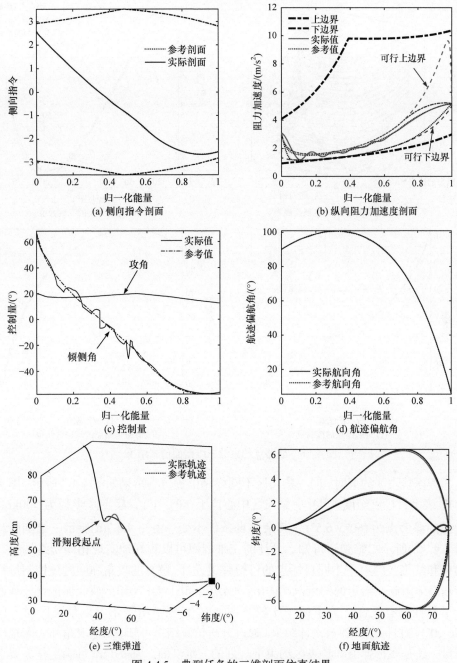

图 4.4.5　典型任务的三维剖面仿真结果

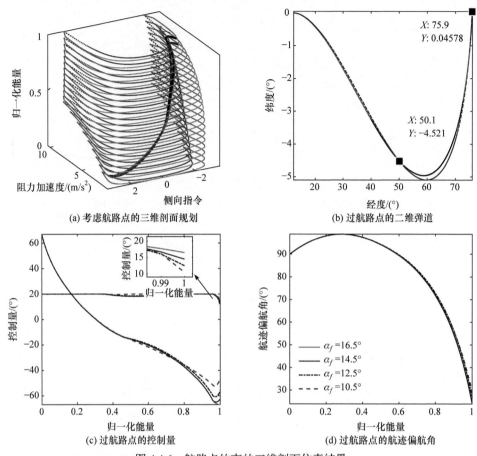

(a) 考虑航路点的三维剖面规划　　　　　(b) 过航路点的二维弹道

(c) 过航路点的控制量　　　　　　　　(d) 过航路点的航迹偏航角

图 4.4.6　航路点约束的三维剖面仿真结果

　　考虑禁飞区约束时, 同一禁飞区不同终端位置仿真结果如图 4.4.7 所示, 图例中 λ_f 表示目标点经度。其中, 禁飞区中心位于(60°,-1°), 禁飞区半径为 500km, 选择的参考点为 (60°,-6.5°), 其余仿真条件不变。由图 4.4.7(a)所示三维剖面和图 4.4.7(b)所示二维弹道可知, 设计的三维剖面可以较好地实现相同初终端状态约束和禁飞区约束下不同目标点的可行弹道设计, 解算的攻角和倾侧角控制量都能较好地限制在给定的约束范围内[图 4.4.7(c)和图 4.4.7(d)], 从而保证设计弹道的可行性和有效性。为了便于比较, 图 4.4.7(b)还给出了未考虑禁飞区时, 以 (76°,0°) 为目标点的弹道设计结果。通过分析仿真结果可知, 无论攻角和倾侧角控制量, 还是飞行弹道和禁飞区约束下规划的三维剖面, 都是光滑且满足任务要求的。可见, 设计的禁飞区约束下的三维剖面设计方法是可行的。

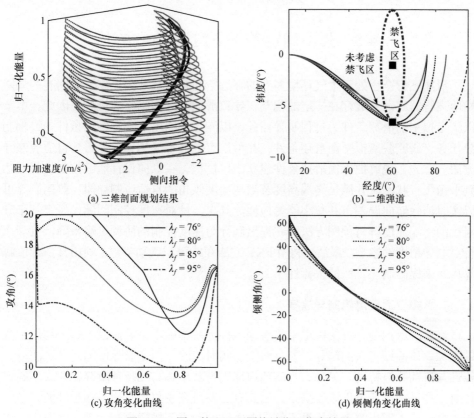

(a) 三维剖面规划结果

(b) 二维弹道

(c) 攻角变化曲线

(d) 倾侧角变化曲线

图 4.4.7 同一禁飞区不同终端位置仿真结果

基于三维剖面的制导方法生成的参考弹道和控制量都可以通过设计的三维剖面直接获得,不需要事先优化参考攻角剖面,从而使飞行器的机动能力得到充分发挥,未来可以继续对其进行深入研究和拓展,使其适应更加复杂的机动飞行任务。从控制维度上看,由于攻角剖面事先给定,因此二维剖面制导方法只是一维的单通道制导方法。按需分配控制能力的三维剖面制导方法可以摆脱事先设计攻角剖面的约束,根据弹道制导需求同时调整攻角和倾侧角,是二维的双通道制导方法。三维剖面制导方法通过释放控制量约束,可以充分挖掘飞行器的潜能,使飞行器的覆盖能力得到提高。此外,由于三维剖面设计考虑侧向运动,取消了传统航天飞机再入制导方法的方位误差走廊控制,因此获得的弹道和控制量更加平滑,更有利于控制系统的指令跟踪和工程实现。

4.5　强不确定条件下滑翔制导方法

滑翔飞行全程处于大气环境多变的临近空间，并且地面风洞试验固有的局限性使飞行器气动系数存在一定的偏差，导致滑翔制导面临巨大挑战。因此，本节以满足拟平衡滑翔条件为过程制导任务，以满足经纬度等多种约束条件为终端制导任务，研究脱离拟平衡滑翔条件，并可以有效处理气动偏差的鲁棒自适应制导方法。首先，脱离拟平衡滑翔条件建立制导模型，在纵向设计能够控制飞行器达到平衡飞行状态，并满足终端高度及当地速度倾角的自适应制导律；侧向制导可以实时消除航向误差，并减小能量损耗。其次，针对速度控制问题，研究基于升阻比的终端速度解析预测方法，并提出制导与速度控制的协调策略来降低机动飞行对制导精度的影响。最后，利用 EKF 方法在线辨识气动参数，利用其估计值解算攻角来提高制导算法的鲁棒性。

4.5.1　鲁棒自适应滑翔制导建模

经典的滑翔制导方法以拟平衡滑翔条件为基本前提，并假设地球为均质不旋转圆球。该假设引入的制导误差虽然能够实时消除，但是必然影响制导算法的鲁棒性与滑翔弹道特性。另外，当高超声速飞行器本体与飞行环境存在较大不确定性时，拟平衡滑翔条件难以满足，因此有必要研究脱离拟平衡滑翔条件的自适应制导方法。采用半速度坐标系下的三自由度运动方程描述滑翔运动，为使后续制导律设计更加简洁，对运动方程做以下处理，即

$$\begin{cases} \dot{V} = -\dfrac{\rho V^2 S_r C_D}{2M} + g_r' \sin\theta + C_v \\[2mm] \dot{\theta} = \dfrac{\rho V^2 S_r C_L \cos\upsilon}{2MV} + \dfrac{g_r' \cos\theta}{V} + \dfrac{V\cos\theta}{r} + C_\theta \\[2mm] \dot{\sigma} = \dfrac{\rho V^2 S_r C_L \sin\upsilon}{2MV\cos\theta} + \dfrac{V\tan\phi\cos\theta\sin\sigma}{r} + C_\sigma \\[2mm] \dot{\phi} = \dfrac{V\cos\theta\cos\sigma}{r} \\[2mm] \dot{\lambda} = \dfrac{V\cos\theta\sin\sigma}{r\cos\phi} \\[2mm] \dot{r} = V\sin\theta \end{cases} \tag{4.5.1}$$

其中，C_v、C_θ、C_σ 为地球自转和扁率对滑翔飞行的影响项，即

$$\begin{cases} C_v = g_{\omega e}(\cos\sigma\cos\theta\cos\phi + \sin\theta\sin\phi) + \omega_e^2 r(\cos^2\phi\sin\theta - \cos\phi\sin\phi\cos\sigma\cos\theta) \\ C_\theta = \dfrac{g_{\omega e}}{V}(\cos\theta\sin\phi - \cos\sigma\sin\theta\cos\phi) + 2\omega_e\sin\sigma\cos\phi \\ \qquad + \dfrac{\omega_e^2 r}{V}(\cos\phi\sin\phi\cos\sigma\sin\theta + \cos^2\phi\cos\theta) \\ C_\sigma = -\dfrac{g_{\omega e}\sin\sigma\cos\phi}{V\cos\theta} + \dfrac{\omega_e^2 r(\cos\phi\sin\phi\sin\sigma)}{V\cos\theta} + 2\omega_e(\sin\phi - \cos\sigma\tan\theta\cos\phi) \end{cases}$$

$$(4.5.2)$$

其中，g_r' 和 $g_{\omega e}$ 分别为地球引力沿地心矢径和地球自转方向的分量[26]。

1. 反馈线性化基本原理

半速度坐标系下的运动模型是复杂的非线性方程，可利用反馈线性化方法将其转换为同等阶数的线性方程，基于线性方程设计制导律并将其转换到原非线性方程中实现既定的制导任务。下面首先给出反馈线性化基本定理。

定理 4.1[30]　给定非线性系统，即

$$\begin{cases} \boldsymbol{x} = \boldsymbol{f}(\boldsymbol{x}) + \boldsymbol{g}(\boldsymbol{x})\boldsymbol{u} \\ \boldsymbol{y} = \boldsymbol{h}(\boldsymbol{x}) \end{cases} \tag{4.5.3}$$

其中，$\boldsymbol{x}\in\mathbb{R}^n$ 为系统状态矢量；$\boldsymbol{u}\in\mathbb{R}^m$ 为系统控制矢量；$\boldsymbol{y}\in\mathbb{R}^m$ 为系统输出矢量。

若式(4.5.3)满足以下条件：①二阶李导数 $L_{gj}L_f^k h_i(\boldsymbol{x}) = 0, 1\leqslant i\leqslant m, 1\leqslant j\leqslant m$, $1\leqslant k\leqslant r_i-1$；②$m\times m$ 维矩阵，即

$$\boldsymbol{P}(\boldsymbol{x}) = \begin{bmatrix} L_{g1}L_f^{r_1-1}h_1(\boldsymbol{x}) & \cdots & L_{gm}L_f^{r_1-1}h_1(\boldsymbol{x}) \\ L_{g1}L_f^{r_2-1}h_2(\boldsymbol{x}) & \cdots & L_{gm}L_f^{r_2-1}h_2(\boldsymbol{x}) \\ \vdots & & \vdots \\ L_{g1}L_f^{r_m-1}h_m(\boldsymbol{x}) & \cdots & L_{gm}L_f^{r_m-1}h_m(\boldsymbol{x}) \end{bmatrix} \tag{4.5.4}$$

在 $\boldsymbol{x}=\boldsymbol{x}_0$ 处非奇异，则非线性系统(4.5.3)的相对阶为 $r=\sum_{i=1}^{m}r_i$，其中 $L_{gj}L_f^k h_i(\boldsymbol{x})$ 表示将函数 $h_i(\boldsymbol{x})$ 沿着 $\boldsymbol{f}(\boldsymbol{x})$ 求 k 阶李导数，并沿着 $g_i(\boldsymbol{x})$ 求一阶李导数。

引理 4.1[30]　非线性系统(4.5.3)可实现精确线性化的充要条件是，存在合适的输出函数 $\boldsymbol{y}=\boldsymbol{h}(\boldsymbol{x})$，使系统的相对阶为 $r=\sum_{i=1}^{m}r_i=n$。

引理 4.2[30]　若非线性系统(4.5.3)可完全精确线性化，则存在控制输入的变化

关系，即

$$u = P^{-1}(x)(-Q(x) + u_n) \tag{4.5.5}$$

其中，u_n 为线性化之后系统的控制矢量。

状态变量转化关系为

$$\xi_i^k(x) = L_f^{k-1} h_i(x) \tag{4.5.6}$$

并且

$$Q(x) = [L_f^{r_1-1} h_1(x), L_f^{r_2-1} h_2(x), \cdots, L_f^{r_m-1} h_m(x)]^{\mathrm{T}} \tag{4.5.7}$$

线性化后的系统模型为

$$\begin{cases} \dot{\xi} = A\xi + Bu_n \\ y = C\xi \end{cases} \tag{4.5.8}$$

其中，线性矩阵 A、B、C 均为 Brunovsky 标准形，且系统完全可控。

2. 纵向运动建模及转化

滑翔段纵向制导需要满足终端高度与当地速度倾角约束，高度与当地速度倾角的控制问题实际是高度与高度变化率的控制问题。对高度求二阶导数，可得

$$\begin{aligned} \ddot{h} &= \dot{V}\sin\theta + V\cos\theta\dot{\theta} \\ &= \dot{V}\sin\theta + V\cos\theta\left(\frac{\rho V^2 S_r C_L \cos\upsilon}{2MV} - \frac{g\cos\theta}{V} + \frac{V\cos\theta}{r} + C_\theta \right) \\ &= \dot{V}\sin\theta - g\cos^2\theta + \frac{V^2\cos^2\theta}{r} + V\cos\theta C_\theta + \cos\theta\frac{\rho V^2 S_r C_L \cos\upsilon}{2M} \end{aligned} \tag{4.5.9}$$

引入纵向过载为中间控制变量，即

$$n_y = \frac{L\cos\upsilon}{Mg_0} = \frac{\rho V^2 S_r C_L \cos\upsilon}{2Mg_0} \tag{4.5.10}$$

可得高度控制模型，即

$$\begin{cases} \dot{h} = V\sin\theta \\ \ddot{h} = a(x) + b(x)n_y \end{cases} \tag{4.5.11}$$

其中

$$\begin{cases} a(x) = \dot{V}\sin\theta - g\cos^2\theta + \frac{V^2\cos^2\theta}{r} + V\cos\theta C_\theta \\ b(x) = g_0\cos\theta \end{cases} \tag{4.5.12}$$

定义高度控制系统的状态变量、控制变量、输出变量分别为

$$
\begin{cases}
\boldsymbol{x} = [h, \dot{h}]^{\mathrm{T}} \\
u_y = n_y \\
y = x_1 = h
\end{cases}
\tag{4.5.13}
$$

基于式(4.5.11)与式(4.5.13)，建立高度控制系统，即

$$
\begin{cases}
\dot{x}_1 = x_2 \\
\dot{x}_2 = a(\boldsymbol{x}) + b(\boldsymbol{x})u_y
\end{cases}
\tag{4.5.14}
$$

式(4.5.14)中第一式为严格的线性方程，第二式包含复杂的非线性项，因此需对上述方程进行线性转化以获得解析滑翔制导律。将式(4.5.14)描述为形如式(4.5.3)的标准非线性控制模型的形式，则存在以下关系，即

$$
\begin{cases}
\boldsymbol{f}(\boldsymbol{x}) = [x_2, a(\boldsymbol{x})]^{\mathrm{T}} \\
\boldsymbol{g}(\boldsymbol{x}) = [0, b(\boldsymbol{x})]^{\mathrm{T}}
\end{cases}
\tag{4.5.15}
$$

其中

$$
\begin{cases}
L_g L_f h(\boldsymbol{x}) = b(\boldsymbol{x}) \\
L_f^2 h(\boldsymbol{x}) = a(\boldsymbol{x})
\end{cases}
\tag{4.5.16}
$$

其中，李导数 $L_g L_f h(\boldsymbol{x}) = b(\boldsymbol{x}) \neq 0$，因此高度控制系统的相对阶 $r = 2$，意味着高度控制系统(4.5.11)可进行精确线性化，将控制量转化为

$$
u_y = \frac{u_{ny} - a(\boldsymbol{x})}{b(\boldsymbol{x})}
\tag{4.5.17}
$$

其中，u_{ny} 为线性化之后的系统控制变量。

新的状态变量为

$$
\boldsymbol{\zeta} = [h(\boldsymbol{x}), L_f h(\boldsymbol{x})]^{\mathrm{T}} = [h, \dot{h}]^{\mathrm{T}} = \boldsymbol{x}
\tag{4.5.18}
$$

转化之后的制导模型为

$$
\begin{cases}
\dot{x}_1 = x_2 \\
\dot{x}_2 = u_{ny}
\end{cases}
\tag{4.5.19}
$$

式(4.5.19)对应的状态空间方程为

$$
\begin{cases}
\dot{\boldsymbol{x}} = \boldsymbol{A}\boldsymbol{x} + \boldsymbol{B}u_{ny} \\
\boldsymbol{A} = \begin{bmatrix} 0 & 1 \\ 0 & 0 \end{bmatrix} \\
\boldsymbol{B} = \begin{bmatrix} 0 \\ 1 \end{bmatrix}
\end{cases}
\tag{4.5.20}
$$

由于 $\mathrm{rank}(\boldsymbol{B}, \boldsymbol{AB}) = 2$，因此该线性系统完全能控。基于式(4.5.20)可首先设计 u_{ny}，其次利用式(4.5.17)求解实际需要的制导律 u_y。相对于原制导模型式(4.5.11)，式(4.5.20)的形式更加简洁，制导律的求解更加简便。

3. 侧向运动建模及转化

与纵向制导模型构建相同，侧向制导建模同样引入过载作为控制变量，并将原非线性运动方程转化为线性方程来简化制导问题的求解。侧向过载为

$$n_z = \frac{\rho V^2 S_r C_L \sin \upsilon}{2 M g_0} \tag{4.5.21}$$

结合航迹偏航角微分方程与侧向过载，可得侧向控制方程为

$$
\begin{aligned}
\Delta \dot{\sigma} &= \dot{\sigma}_{\mathrm{LOS}} - \dot{\sigma} \\
&= \dot{\sigma}_{\mathrm{LOS}} - C_\sigma - \frac{V \tan \phi \cos \theta \sin \sigma}{r} - \frac{g_0}{V \cos \theta} n_z
\end{aligned} \tag{4.5.22}
$$

其中，σ_{LOS} 为视线方位角。

定义状态变量、控制变量、输出变量为

$$
\begin{cases}
x = \Delta \sigma \\
u_z = n_z \\
y = \Delta \sigma
\end{cases} \tag{4.5.23}
$$

基于侧向方程(4.5.22)，可得侧向控制系统，即

$$\dot{x} = f(x) + g(x) u_z \tag{4.5.24}$$

其中

$$
\begin{cases}
f(x) = \dot{\sigma}_{\mathrm{LOS}} - C_\sigma - \dfrac{V \tan \phi \cos \theta \sin \sigma}{r} \\
g(x) = -\dfrac{g_0}{V \cos \theta}
\end{cases} \tag{4.5.25}
$$

由式(4.5.24)与式(4.5.25)组成的侧向控制系统明显可完全线性化，进而将控制量转化为

$$u_z = \frac{u_{zn} - L_f h(x)}{L_g h(x)} = \frac{u_{zn} - f(x)}{g(x)} \tag{4.5.26}$$

其中，u_{zn} 为线性化之后的系统输入。

新的状态变量为

$$z = h(x) = \Delta \sigma = x \tag{4.5.27}$$

可将原非线性制导模型精确线性化为

$$\begin{cases} \dot{x} = u_{nz} \\ y = x \end{cases} \tag{4.5.28}$$

相对于式(4.5.22)，式(4.5.28)的形式更加简单，方便制导律的设计。

4.5.2　鲁棒自适应滑翔制导方法

将滑翔制导问题视为初终端状态确定的质心控制问题，基于线性化之后的运动方程(4.5.20)与式(4.5.28)，设计能够满足终端经纬度、高度，以及当地速度倾角约束的自适应制导律，并将地球自转项补偿到制导律中增强鲁棒性。针对前期速度控制中终端速度预测误差较大，且反馈系数需要手动调整的问题，提出基于升阻比的速度解析预测方法，将剩余速度的耗散与自适应制导律相结合来满足终端多种约束条件。

1. 满足三维位置与角度约束的滑翔制导律

与基于拟平衡滑翔条件的制导方法不同，自适应制导方法需要脱离拟平衡滑翔条件，控制飞行器实现滑翔飞行，并在给定的目标处满足高度和当地速度倾角约束。侧向制导需要消除航向误差，并满足终端位置约束。

1) 纵向自适应制导律设计

飞行器在长时间的滑翔飞行中，其初始状态、飞行过程都存在较大的偏差。这些偏差将对制导精度造成不良影响，甚至导致滑翔制导任务失败。自适应滑翔制导需要在满足终端多种约束的前提下，控制飞行器达到拟平衡滑翔状态，因此纵向制导的性能指标可设计为

$$J = \min\left(\frac{1}{2} \int_0^{t_f} x_2^2 + u_{ny}^2 \mathrm{d}t \right) \tag{4.5.29}$$

性能指标(4.5.29)的物理意义是，在制导律 u_{ny} 的作用下，滑翔飞行过程中的高度变化率达到最小，即尽可能地减小当地速度倾角绝对值，并降低能量损耗。性能指标(4.5.29)与线性制导模型(4.5.20)组成典型的有限时间 LQR 控制系统，然而二阶系统 Riccati 方程的解析求解很难实现。因此，可设计分层制导策略，即内层为基于两点边值问题设计的能够满足高度与当地速度倾角约束的最优制导律，外层为控制飞行器达到拟平衡滑翔状态的补偿制导律。纵向自适应滑翔制导律设计逻辑如图 4.5.1 所示。

内层滑翔制导需要在给定的目标处满足高度和当地速度倾角约束。该制导任务与助推制导完全相同，因此可直接利用助推最优制导方法实现滑翔制导任务。纵向最优制导律为

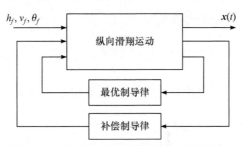

图 4.5.1 纵向自适应滑翔制导律设计逻辑

$$\begin{cases} u_y^* = \dfrac{u_{ny}^* - a(x)}{b(x)} \\[2mm] u_{ny}^* = C_h t - C_\theta \\[2mm] C_h = \dfrac{6[(t - t_f)(\dot{h}_f + \dot{h}) - 2h + 2h_f]}{t^3 - 3t^2 t_f + 3tt_f^2 - t_f^3} \\[2mm] C_\theta = \dfrac{2[tt_f(\dot{h} - \dot{h}_f) - t_f^2(2\dot{h} + \dot{h}_f) + t^2(2\dot{h}_f + \dot{h}) + 3(t_f + t)(h_f - h)]}{t^3 - 3t^2 t_f + 3tt_f^2 - t_f^3} \end{cases} \tag{4.5.30}$$

外层制导的任务是控制飞行器达到拟平衡滑翔状态，即引入补偿制导律 u_{extra} 使当地速度倾角保持零状态。当地速度倾角控制模型为

$$\dot{\theta} = -\frac{g\cos\theta}{V} + \frac{V\cos\theta}{r} + C_\theta + \frac{g_0}{V} u_y^* + u_{\text{extra}} \tag{4.5.31}$$

在与助推段交班之后，滑翔初始速度倾角误差直接影响拟平衡滑翔条件是否能够满足，且在飞行过程中仍存在当地速度倾角较大的情况，因此设计纵向补偿制导律 u_{extra} 为

$$u_{\text{extra}} = -(k_1 |\theta_0| + k_2) \frac{L_{Rf} - L_R}{L_{Rf}} \theta \tag{4.5.32}$$

其中，θ_0 为滑翔初始当地速度倾角；反馈控制系数 $k_1 > 0$、$k_2 > 0$，使

$$\dot{\theta}\theta < 0 \tag{4.5.33}$$

式(4.5.33)为飞行器保持拟平衡滑翔状态的充要条件。纵向滑翔制导律为

$$u_y = u_y^* + u_{\text{extra}} \tag{4.5.34}$$

由式(4.5.32)与式(4.5.34)可知，补偿制导律 u_{extra} 在滑翔制导初始阶段增益较大，以消除初始当地速度倾角误差，而反馈系数随着制导的推进不断减小并趋于零。此时，纵向制导律主要为能够满足终端高度与当地速度倾角约束的最优制导律。

2) 侧向自适应制导律设计

与纵向制导类似，滑翔段侧向制导不但需要满足终端位置约束，而且需要实时消除航向误差来保证制导任务顺利完成，因此侧向制导性能指标可设计为

$$J = \frac{1}{2} x(t_f) F x(t_f) + \frac{1}{2} \int_0^{t_f} (x^2 + u_{nz}^2) \mathrm{d}t \qquad (4.5.35)$$

侧向制导模型(4.5.28)与性能指标(4.5.35)组成典型的 LQR 最优控制系统，因此可通过求解 Riccati 方程获得最优制导律，即

$$\begin{cases} \dot{P}(t) + P(t)A + A^{\mathrm{T}}P(t) - P(t)BR^{-1}B^{\mathrm{T}}P(t) + Q = 0 \\ P(t_f) = F \end{cases} \qquad (4.5.36)$$

其中，$A = 0$；$B = 1$；$Q = 1$；$R = 1$；$F = \infty$。

求解 Riccati 方程(4.5.36)，可得

$$P(t) = -\frac{\exp(-2t_f + 2t) + 1}{\exp(-2t_f + 2t) - 1} \qquad (4.5.37)$$

侧向最优制导为

$$u_{nz}^* = -K(t)x = -R^{-1}B^{\mathrm{T}}P(t)x = \frac{\exp(-2t_f + 2t) + 1}{\exp(-2t_f + 2t) - 1}\Delta\sigma \qquad (4.5.38)$$

式(4.5.30)与式(4.5.38)是基于线性方程设计的最优制导律，分别将其代入式(4.5.17)与式(4.5.26)可得滑翔制导实际需要的制导律 u_y 与 u_z。由制导律式(4.5.38)可知，滑翔段侧向制导律是当前飞行时间、终端时间、当前航向误差的函数。与助推制导不同，滑翔段终端时间是自由的，因此利用式(4.5.30)与式(4.5.38)实现制导目标的前提是对终端时间 t_f 的估计。

基于飞行器当前飞行状态和终端目标可精确计算待飞航程，即

$$L_{Rgo} = R_e \arccos[\sin\phi\sin\phi_f + \cos\phi\cos\phi_f\cos(\lambda_f - \lambda)] \qquad (4.5.39)$$

结合当前飞行速度及其变化率可预测待飞时间为

$$T_{go} \approx \frac{-V\cos\theta + \sqrt{V^2\cos^2\theta + 2\dot{V}L_{Rgo}}}{\dot{V}} \qquad (4.5.40)$$

终端时间的预测值为

$$t_{fp} = t + T_{go} \qquad (4.5.41)$$

如图 4.5.2 所示，待飞时间的预测误差在初始飞行阶段较大，但是后期预测精度很高，误差在 2%以内。因此，利用式(4.5.40)与式(4.5.41)可解析预测终端时间，用于滑翔制导指令的生成。

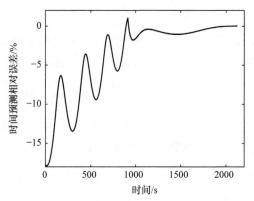

图 4.5.2　滑翔终端时间预测相对误差

2. 基于升阻比的终端速度解析预测校正控制

终端速度是滑翔制导需要满足的一项重要约束条件。本节以自适应制导律为基础，研究基于升阻比的终端速度预测方法，并将速度控制采取的机动飞行与自适应制导结合来满足终端多种约束。

1) 基于升阻比的终端速度解析预测

在滑翔飞行后半段，飞行器具有足够的升力以保持滑翔飞行。此时，飞行器在纵向的受力基本保持平衡，也就是正向作用的升力与负向作用的引力基本相等，即

$$L \approx Mg \tag{4.5.42}$$

对于高超声速飞行器而言，升阻比始终较大且变化幅度较小，因此在同一制导周期内可将升阻比设定为常数。气动阻力可间接表示为

$$D = \frac{L}{R_{L/D}} \approx \frac{Mg}{R_{L/D}} \tag{4.5.43}$$

速度大小微分可转化为

$$\dot{V} = -\frac{D}{M} - g\sin\theta + C_v \approx -\frac{g}{R_{L/D}} - g\sin\theta + C_v \tag{4.5.44}$$

当飞行器满足滑翔飞行时，当地速度倾角及其微分很小，并且附加惯性力项 C_v 可认为是常值，因此式(4.5.44)的右端可视为常数，即速度呈线性变化。对式(4.5.44)求定积分可得终端预测速度，即

$$\int_t^{t_{fp}} \dot{V} \mathrm{d}t \approx \int_t^{t_{fp}} \left(-\frac{g}{R_{L/D}} - g\sin\theta + C_v \right) \mathrm{d}t \Rightarrow V_{fp} \approx V + \left(-\frac{g}{R_{L/D}} - g\sin\theta + C_v \right) T_{go}$$

$$\tag{4.5.45}$$

其中，T_{go} 为由式(4.5.40)获得的待飞时间预测值。

如图 4.5.3 所示，在滑翔前半段预测误差较大，在后半段预测误差能够控制在 ±5% 以内。预测误差呈现上述变化规律的主要原因在于，在初期，飞行器无法实现滑翔飞行，其当地速度倾角和受力均存在一定幅度的变化，并且较大的待飞时间估计误差增大了速度预测误差。在滑翔后期，飞行器基本保持平飞，待飞时间预测精度很高，因此速度预测误差不断减小。

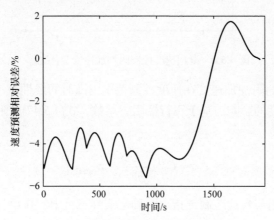

图 4.5.3　滑翔终端速度预测相对误差

2) 速度校正与滑翔制导的协调

速度控制采用的机动飞行必然影响终端制导精度，当速度误差校正中的反馈系数选择不当时，容易导致制导任务失败，因此必须将速度控制与自适应制导进行协调，以同时满足终端多种约束条件。基于理论分析可知，速度基本呈线性减小规律，因此最直接的方法是将剩余速度"平均"分配到剩余时间内。其消耗剩余速度所需的附加加速度为

$$a_{\text{extra}0} = \frac{V_{fp} - V_f}{T_{go}} \tag{4.5.46}$$

然而，式(4.5.46)中的附加加速度在接近目标时仍不为零，同时飞行速度在滑翔后期的降低使产生同样附加加速度所需要的附加攻角增大，因此式(4.5.46)的速度控制方法将对制导精度造成较大影响。式(4.5.46)的改进形式为

$$a_{\text{extra}1} = 2\frac{V_{fp} - V_f}{T_{go}} - 2\frac{V_{fp} - V_f}{T_{go}^2}(t - t_{\text{control}0}) \tag{4.5.47}$$

其中，$t_{\text{control}0}$ 为速度控制开始时间，$t_{\text{control}0} < t < t_f$。

滑翔速度控制附加加速度变化规律如图 4.5.4 所示。

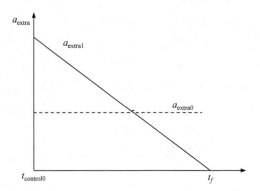

图 4.5.4　滑翔速度控制附加加速度变化规律

式(4.5.47)中的附加加速度在速度控制范围内随时间线性减小，以此来减小机动减速对制导精度的影响。基于飞行器阻力系数，式(4.5.47)中附加加速度的攻角增量为

$$\Delta \alpha = C_D^{-1}\left(\frac{2M}{\rho V^2 S_r}, a_{\text{extra1}} \right) \tag{4.5.48}$$

结合附加攻角与自适应制导指令可确定实际飞行中的攻角为

$$\alpha = \begin{cases} \alpha^* + \Delta \alpha, & V_{fp} > V_f \\ \alpha^*, & V_{fp} \leqslant V_f \end{cases} \tag{4.5.49}$$

其中，α^* 为基于自适应制导律计算获得的攻角。

式(4.5.49)表明，当预测速度小于速度约束时，附加攻角保持为零可以降低额外的能量损耗。基于式(4.5.49)中攻角，可得滑翔制导需要的总过载，即

$$N_{\text{total}} = \frac{\rho V^2 S_r C_L}{2 M g_0} \tag{4.5.50}$$

其中，C_L 为基于当前飞行状态与攻角确定的升力系数。

由于飞行器在纵向需要保持平衡飞行，因此设计速度控制需要的机动飞行只体现在侧向，也就是包含速度控制的过载指令，即

$$\begin{cases} n_y = n_y^* \\ n_z = \sqrt{N_{\text{total}}^2 - n_y^2}\,\text{sgn}(n_z^*) \end{cases} \tag{4.5.51}$$

至此，能够满足终端经纬度、高度、速度和当地速度倾角约束的自适应制导律已获得。

3. 姿态角指令计算与偏差分析

基于自适应制导律(4.5.51)需要的过载，倾侧角计算为

$$\upsilon = \arctan(n_z / n_y) \tag{4.5.52}$$

最直接的攻角计算方式是基于当前飞行状态与过载指令，通过升力系数反插值获得，即

$$\alpha^* = C_L^{-1}\left(\frac{2Mg_0}{\rho V^2 S_r}, \sqrt{n_y^2 + n_z^2} \right) \tag{4.5.53}$$

其中，C_L^{-1} 表示基于升力系数的反插值计算。

由式(4.5.53)可知，攻角计算需要以精确的飞行器质量、参考面积、飞行速度、大气密度、升力系数模型为基础。然而，离线获得的大气密度与升力系数必然存在较大偏差，同时极高的飞行速度导致的烧蚀作用也会对飞行器质量与参考面积产生影响，因此考虑偏差因素的攻角计算方程为

$$\alpha = C_L^{-1}\left(\frac{2(M + \Delta M)g_0}{(\rho_0 + \Delta\rho)(V + \Delta V)^2(S_r + \Delta S_r)}, \Delta C_L, \sqrt{n_y^2 + n_z^2} \right) \tag{4.5.54}$$

由式(4.5.54)可知，若忽略过程偏差的影响，直接基于标称模型计算攻角必将产生包含误差的制导指令，进而对制导精度与弹道特性造成不良影响。在上述偏差项中，参考面积和质量偏差较小，并且速度大小也可通过先进的导航设备与算法实时确定，因此影响攻角计算精度的主要因素是大气密度与气动系数[31]。为提高制导算法的鲁棒性，传统方法假设大气密度可精确获得，利用弹道数据辨识获得气动系数，进而实现制导鲁棒性补偿[32]。在实际飞行过程中，大气密度必然存在较大的偏差，尤其是在高空处[33]。另外，由动力学方程可知，飞行器的运动状态都是大气密度与气动系数共同作用的结果，因此无法同时补偿大气密度与气动系数偏差。本节研究基于升阻比的攻角计算方法，首先给出气动过载，即

$$\begin{cases} n_L = \dfrac{\rho V^2 S_r C_L}{2Mg_0} \\[3mm] n_D = \dfrac{\rho V^2 S_r C_D}{2Mg_0} \end{cases} \tag{4.5.55}$$

将式(4.5.55)第一式除以第二式，可得

$$R_{L/D}(Ma, \alpha) = n_L / n_D \tag{4.5.56}$$

其中，$R_{L/D} = C_L / C_D$ 为升阻比。

将式(4.5.56)中升力方向的实际过载 n_y 改写为过载指令 n_y^*，可得基于需要升

阻比的攻角计算公式, 即

$$\alpha = R_{L/D}^{-1}(Ma, n_y / n_D, \Delta R_{L/D}) \tag{4.5.57}$$

其中, $\Delta R_{L/D}$ 为升阻比偏差量。

新的攻角计算方法可解释为, 利用自适应制导律(4.5.51)给出的过载指令 n_y 与实际过载 n_D 计算升阻比, 结合升阻比系数与马赫数计算制导需要的攻角。相对于式(4.5.53)给出的传统方法, 新的攻角计算方法无须确定飞行器质量、参考面积、大气密度, 只需利用当前飞行速度与升阻比系数便可计算攻角。

4.5.3　气动参数在线辨识与补偿

由式(4.5.57)可知, 精确的升阻比系数是攻角计算与高精度制导的关键。然而, 受地面试验的限制, 该系数不可避免地存在偏差。因此, 本节基于先验信息确定升阻比模型, 利用飞行器自身实测弹道参数为观测量在线辨识未知系数, 并利用辨识结果计算攻角来增强制导系统的鲁棒性。滑翔制导的升阻比辨识包括模型确定与参数辨识两部分。模型确定需要基于先验信息将升阻比抽象为运动状态的函数。参数辨识根据 EKF 方法估计未知参数。

1. 基于先验信息的气动模型确定

本书将文献[34]给出的 CAV-H 三自由度气动系数拟合为易于参数辨识的多项式模型。升力系数、阻力系数、升阻比与马赫数和攻角的关系如图 4.5.5～图 4.5.7 所示。

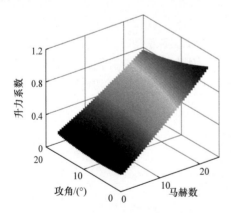 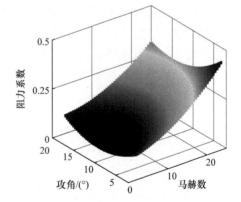

图 4.5.5　升力系数与马赫数和攻角的关系　　图 4.5.6　阻力系数与马赫数和攻角的关系

综合气动系数随马赫数与攻角的变化规律, 可将气动系数抽象为以下模型, 即

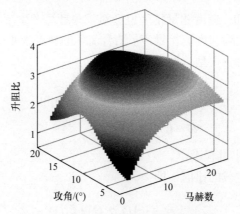

图 4.5.7　升阻比与马赫数和攻角的关系

$$\begin{cases} C_L = C_{L0} + C_L^{\alpha}\alpha + C_L^{\alpha^2}\alpha^2 + C_L^{Ma}Ma + C_L^{Ma^2}Ma^2 + C_L^{\alpha Ma}\alpha Ma \\ C_D = C_{D0} + C_D^{\alpha}\alpha + C_D^{\alpha^2}\alpha^2 + C_D^{Ma}Ma + C_D^{Ma^2}Ma^2 + C_D^{\alpha Ma}\alpha Ma \\ R_{L/D} = C_{L/D0} + C_{L/D}^{\alpha}\alpha + C_{L/D}^{\alpha^2}\alpha^2 + C_{L/D}^{Ma}Ma + C_{L/D}^{Ma^2}Ma^2 + C_{L/D}^{\alpha Ma}\alpha Ma \end{cases} \tag{4.5.58}$$

其中，C_{L0} 为升力系数常数项；C_L^{α} 和 C_L^{Ma}、$C_L^{\alpha^2}$ 和 $C_L^{Ma^2}$ 分别为升力系数对攻角和马赫数的导数；$C_L^{\alpha Ma}$ 为攻角与马赫数的耦合项导数；C_{D0} 为阻力系数常数项；C_D^{α}、C_D^{Ma}、$C_D^{\alpha^2}$、$C_D^{Ma^2}$ 分别为阻力系数对攻角及马赫数的导数；$C_D^{\alpha Ma}$ 为攻角与马赫数的耦合项导数；$C_{L/D0}$ 为升阻比常数项；$C_{L/D}^{\alpha}$ 和 $C_{L/D}^{Ma}$、$C_{L/D}^{\alpha^2}$ 和 $C_{L/D}^{Ma^2}$ 分别为升阻比对攻角和马赫数的导数；$C_{L/D}^{\alpha Ma}$ 为攻角与马赫数的耦合项导数。

2. 基于 EKF 的升阻比在线辨识

利用 EKF 估计未知参数并滤除状态测量误差。首先将待估参数 $\Theta(\dot{\Theta}=0)$ 与原系统状态矢量结合，构建新的非线性状态空间模型，然后采用 EKF 方法估计未知参数。扩展的动力学模型为

$$\begin{cases} \begin{bmatrix} \dot{x}(t) \\ \dot{\Theta} \end{bmatrix} = \begin{bmatrix} f(x(t), u(t), t) \\ 0 \end{bmatrix} + C(t)\begin{bmatrix} \omega(t) \\ 0 \end{bmatrix} \\ y(t) = g(x(t), u(t), \Theta, t) + \xi(t) \end{cases} \tag{4.5.59}$$

其中，$\omega(t)$ 为过程噪声；$\xi(t)$ 为测量噪声；$C(t)$ 为过程噪声分布矩阵。

根据攻角计算方程(4.5.57)，为实现对自适应滑翔制导律的鲁棒性补偿，需要根据弹道参数估计式(4.5.58)中的升阻比系数，即

$$\Theta = \{C_{L/D0}, C_{L/D}^{\alpha}, C_{L/D}^{\alpha^2}, C_{L/D}^{Ma}, C_{L/D}^{Ma^2}, C_{L/D}^{\alpha Ma}\} \tag{4.5.60}$$

由式(4.5.57)可知，速度测量精度也会对攻角计算产生影响，因此需要在估计升阻比系数的同时滤除速度测量噪声。结合简化的速度大小微分式与式(4.5.60)中的待估参数构建动力学模型，即

$$\begin{cases} \dot{V} = -\dfrac{\rho V^2 S_r C_D}{2M} - g\sin\theta + \omega_v \\ \dot{\boldsymbol{\Theta}} = \boldsymbol{0} \end{cases} \tag{4.5.61}$$

其中，ω_v 为速度大小过程噪声。

一维观测量为过载的比值，即

$$y = \frac{n_L}{n_D}(Ma, \alpha, \boldsymbol{\Theta}) + \xi(t) \tag{4.5.62}$$

采用 EKF 方法估计未知参数，需要将动力学方程(4.5.61)离散化，即

$$\begin{cases} \boldsymbol{x}(k) = \boldsymbol{\Phi}(k, k-1)\boldsymbol{x}(k-1) + \boldsymbol{\Gamma}(k, k-1)\boldsymbol{\omega}(k-1) \\ \boldsymbol{y}(k) = \boldsymbol{H}(k)\boldsymbol{x}(k) + \boldsymbol{\xi}(k) \end{cases} \tag{4.5.63}$$

其中，$\boldsymbol{x}$ 为状态矢量；$\boldsymbol{y}$ 为观测矢量；$\boldsymbol{\Phi}$ 为状态转移矩阵；$\boldsymbol{\Gamma}$ 为噪声分布矩阵；$\boldsymbol{H}$ 为测量矩阵，即

$$\boldsymbol{H} = \left.\frac{\partial \boldsymbol{h}}{\partial \boldsymbol{x}}\right|_{x=\hat{x}} \tag{4.5.64}$$

由于采样时间 T_s 较短，因此可利用泰勒展开方法获得状态转移矩阵，即

$$\boldsymbol{\Phi}(k) = \exp(\boldsymbol{F}T_s) \approx \boldsymbol{I}_{7\times7} + \boldsymbol{F}T_s + \frac{\boldsymbol{F}^2 T_s^2}{2} \tag{4.5.65}$$

其中，雅可比矩阵 $\boldsymbol{F}$ 为

$$\boldsymbol{F} = \left.\frac{\partial \boldsymbol{f}}{\partial \boldsymbol{x}}\right|_{x=\hat{x}} \tag{4.5.66}$$

其中，$\boldsymbol{x} = [V, \boldsymbol{\Theta}]^{\mathrm{T}}$ 为系统状态变量。

EKF 方法需要基于前一时刻的状态参数 $\boldsymbol{x}(k-1)$ 预测当前状态 $\hat{\boldsymbol{x}}(k|k-1)$，计算输出状态 $\hat{\boldsymbol{y}}(\hat{\boldsymbol{x}}(k|k-1))$，并与当前测量信息 $\boldsymbol{y}^*(k)$ 作差以校正待估参数。EKF 滤波方程为

$$\hat{\boldsymbol{x}}(k) = \hat{\boldsymbol{x}}(k|k-1) + \boldsymbol{K}(k)[\boldsymbol{y}^*(k) - \hat{\boldsymbol{y}}(\hat{\boldsymbol{x}}(k|k-1))] \tag{4.5.67}$$

其中，$\boldsymbol{K}(k)$ 为增益矩阵；状态预测值 $\hat{\boldsymbol{x}}(k|k-1)$ 可由动力学方程与雅可比矩阵 $\boldsymbol{F}$ 计算获得，即

$$\hat{\boldsymbol{x}}(k|k-1) = \hat{\boldsymbol{x}}(k-1) + \boldsymbol{f}(\hat{\boldsymbol{x}}(k-1))T_s + \frac{1}{2}\boldsymbol{F}(\hat{\boldsymbol{x}}(k-1))\boldsymbol{f}(\hat{\boldsymbol{x}}(k-1))T_s^2 \tag{4.5.68}$$

基于状态参数预测值 $\hat{x}(k|k-1)$，观测量的预测值为

$$\hat{y}(\hat{x}(k|k-1)) = \frac{n_L}{n_D}(\hat{V}, \alpha, \hat{\boldsymbol{\Theta}}) \tag{4.5.69}$$

其中，增益矩阵 $\boldsymbol{K}(k)$ 与协方差矩阵 $\boldsymbol{P}(k)$ 为[35]

$$\begin{cases} \boldsymbol{K}(k) = \boldsymbol{M}(k)\boldsymbol{H}^{\mathrm{T}}(k)(\boldsymbol{H}(k)\boldsymbol{M}(k)\boldsymbol{H}^{\mathrm{T}}(k) + \boldsymbol{R}_\nu(k))^{-1} \\ \boldsymbol{M}(k) = \boldsymbol{\Phi}(k)\boldsymbol{P}(k-1)\boldsymbol{\Phi}^{\mathrm{T}}(k) + \boldsymbol{Q}_\omega(k) \\ \boldsymbol{P}(k) = (\boldsymbol{I} - \boldsymbol{K}(k)\boldsymbol{H}(k))\boldsymbol{M}(k) \end{cases} \tag{4.5.70}$$

其中，$\boldsymbol{P}(k-1)$ 和 $\boldsymbol{M}(k)$ 为更新前和更新后的状态参数协方差矩阵；$\boldsymbol{R}_\nu = \boldsymbol{\sigma}_n^2$ 为测量噪声协方差矩阵；离散系统噪声矩阵 $\boldsymbol{Q}_\omega(k)$ 可通过连续系统的噪声矩阵 $\boldsymbol{Q}$ 求得，即

$$\boldsymbol{Q}_\omega(k) = \int_0^{T_s} \boldsymbol{\Phi}(\tau)\boldsymbol{Q}\boldsymbol{\Phi}^{\mathrm{T}}(\tau)\mathrm{d}\tau \tag{4.5.71}$$

其中，连续系统的噪声矩阵 $\boldsymbol{Q}$ 为

$$\boldsymbol{Q} = E(\omega\omega^{\mathrm{T}}) = \begin{bmatrix} \omega_\nu^2 & \boldsymbol{0}_{1\times6} \\ \boldsymbol{0}_{6\times1} & \boldsymbol{0}_{6\times6} \end{bmatrix} \tag{4.5.72}$$

已知矩阵 $\boldsymbol{\Phi}$、$\boldsymbol{H}$、$\boldsymbol{R}_\nu$、$\boldsymbol{Q}_\omega$，以及表示初始不确定性的初值 $\boldsymbol{P}_0$，便可利用式(4.5.67)与式(4.5.70)估计未知系数。利用 EKF 输出的速度与升阻比系数的估计值，可得攻角计算方程为

$$\alpha = R_{L/D}^{-1}(\hat{V}, \hat{\boldsymbol{\Theta}}) \tag{4.5.73}$$

由于升阻比不是攻角的单调函数，因此需要进一步设计攻角计算策略，即

$$\alpha = \begin{cases} \alpha_{\max}, & R_{L/D}^* > R_{L/D\max} \\ R_{L/D}^{-1}(\hat{V}, \hat{\boldsymbol{\Theta}})_{\min}, & R_{L/D}^* < R_{L/D\max} \end{cases} \tag{4.5.74}$$

其中，$R_{L/D}^*$ 为自适应制导律确定的升阻比指令。

攻角计算策略(4.5.74)的物理意义为，当升阻比指令大于最大升阻比时，飞行器以最大攻角飞行；反之，当升阻比指令小于最大升阻比时，利用式(4.5.58)的第三式与升阻比系数的估计值计算攻角，并选取其较小值。

4.5.4 仿真分析

采用 CAV-H 飞行器总体及气动参数进行仿真分析。飞行器在滑翔段的过程约束为：最大热流密度约束 $\dot{Q}_{\max} = 2\mathrm{MW/m^2}$、最大过载约束 $n_{\max} = 2g$、最大动压约束 $q_{\max} = 100\mathrm{kPa}$。控制量攻角和倾侧角满足以下约束：侧滑角为 0，转弯通过倾

侧实现，并采用 BTT-180 的控制方式；攻角始终为正值，最大攻角 $\alpha_{\max}$=20°、最大倾侧角 $|\upsilon|_{\max}$=70°、最大攻角变化率 $|\dot{\alpha}|_{\max}=5°/\text{s}$，最大倾侧角变化率 $|\dot{\upsilon}|_{\max}=20°/\text{s}$。

1. 气动参数在线辨识仿真分析

为验证 EKF 方法在气动系数在线辨识中的有效性，利用鲁棒自适应制导方法导引飞行器飞行，采用四阶龙格-库塔方法积分弹道，在积分得到的弹道参数真值上增加高斯随机噪声来模拟实测信息，将其作为辨识环节的观测量，进而利用 EKF 方法估计未知的气动系数。

参数估计需要不断地变化攻角、弹道参数，而自适应滑翔制导会使控制量在高空达到饱和状态，这种保持恒定且长期处于饱和状态的控制量无法激励飞行器产生辨识需要的弹道参数。因此，需要在上述攻角指令的基础上，人为地增加附加攻角实现机动飞行，即

$$\alpha^*(t) = \sum_{k \in K} \alpha_{\max k} \sin\left(\frac{2\pi kt}{T} + \phi_k\right) \tag{4.5.75}$$

其中，T 为激励作用的时间长度；K 为机动次数；$\alpha_{\max k}$ 和 ϕ_k 分别为第 k 次正弦信号的幅度和相位。

滑翔飞行初始速度大小为 6500m/s、当地速度倾角为 0°、方位角为 70°、经度为 0°、纬度为 0°、高度为 60km。滑翔飞行总时间为 1725s、附加攻角幅值 $\alpha_{\max k}=2°$、时间长度 $T=100\text{s}$、机动次数 $K=2$、相位 $\phi_k=\pi/2$。在弹道积分获得的升阻比上增加 $\sigma=0.01$ 的高斯白噪声来模拟观测量，设置过载测量值的方差 $R_v=[10^{-4}]$、系统噪声方差 $\boldsymbol{Q}_w=\text{diag}\{10^{-6},10^{-6},10^{-6},10^{-6},10^{-6},10^{-6},10^{-6}\}$、数据采样周期 $T_s=0.1\text{s}$。

在弹道仿真中，采用多项式形式的气动系数生成观测量过载，选取 $C_{L/D0}=$1.753、$C_{L/D}^{\alpha}=2.215$、$C_{L/D}^{\alpha^2}=-6.511$、$C_{L/D}^{Ma}=0.209$、$C_{L/D}^{Ma^2}=-0.006$、$C_{L/D}^{\alpha Ma}=-0.123$。对于 CAV-H 气动数据中各项参数初值，选取初始速度 $V_0=6450\text{m/s}$、$C_{L/D0}(0)=$1.653、$C_{L/D}^{\alpha}(0)=2.115$、$C_{L/D}^{\alpha^2}(0)=-6.011$、$C_{L/D}^{Ma}(0)=0.230$、$C_{L/D}^{Ma^2}(0)=-0.007$、$C_{L/D}^{\alpha Ma}(0)=-0.143$。在参数估计中，选取初始协方差矩阵 $\boldsymbol{P}_0=\text{diag}\{0.1, 0.1, 0.1, 0.1, 0.1, 0.1, 0.1\}$，其中人为地放大 $\boldsymbol{P}_0$ 可以使 EKF 方法获得的估计值更加依赖测量信息。

基于上述参数设置与仿真模拟试验，滑翔段的主要弹道参数与气动参数在线辨识结果如图 4.5.8 所示。由仿真结果可知，利用本章设计的飞行模拟试验，EKF 方法能够高精度地辨识出升阻比系数。由图 4.5.8(a)可知，在滑翔飞行过程中，攻

角在制导开始阶段共进行两次正弦机动产生辨识需要的时变状态参数。图 4.5.8(b) 给出了升阻比估计值和辨识残差。仿真结果表明，在自适应制导律与外加正弦机动的作用下，升阻比在整个飞行过程中持续均匀变化，为气动系数的辨识奠定了有利基础。图 4.5.8(c) 与图 4.5.8(d) 给出气动系数估计值随时间的变化关系。在滑翔飞行的前 120s 内，由于只采用一维过载测量信息估计六个未知参数，加上滤波初值误差与方差的人为增大，各项参数存在较剧烈的振荡。随着飞行时间的推移，估计误差迅速收敛到零，并基本保持恒定直至滑翔结束。另外，由于参数估计过程需要有不断变化的运动状态来生成观测量，但是较高的飞行高度使马赫数变化率较小，因此图 4.5.8(d) 给出的升阻比对马赫数的导数振荡幅度较大。总体而言，EKF 方法能够有效应用于高超声速飞行器的气动参数在线辨识。

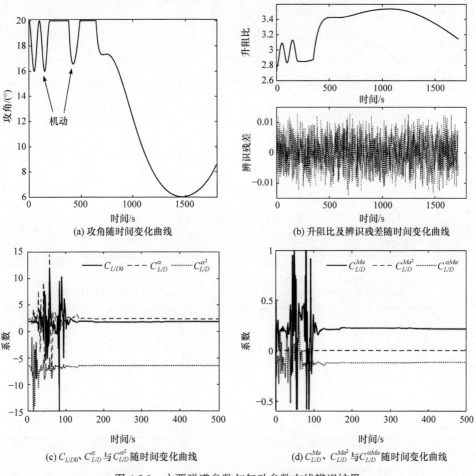

(a) 攻角随时间变化曲线

(b) 升阻比及辨识残差随时间变化曲线

(c) $C_{L/D0}$、$C_{L/D}^{\alpha}$ 与 $C_{L/D}^{\alpha^2}$ 随时间变化曲线

(d) $C_{L/D}^{Ma}$、$C_{L/D}^{Ma^2}$ 与 $C_{L/D}^{\alpha Ma}$ 随时间变化曲线

图 4.5.8　主要弹道参数与气动参数在线辨识结果

2. 制导方法适应性分析

采用与气动参数在线辨识仿真中相同的滑翔飞行初始状态参数，设置终端经度为90°、纬度为10°、高度为30km、当地速度倾角为0°、速度大小为2500m/s，利用鲁棒自适应制导方法导引飞行器飞行，采用式(4.5.53)中的传统方法计算攻角，并在滑翔后期进行速度大小控制。鲁棒自适应滑翔制导主要弹道参数曲线如图 4.5.9 所示。

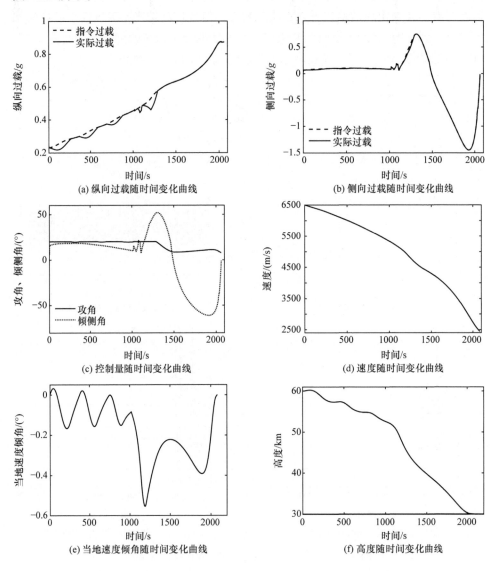

(a) 纵向过载随时间变化曲线　　　　　　　(b) 侧向过载随时间变化曲线

(c) 控制量随时间变化曲线　　　　　　　(d) 速度随时间变化曲线

(e) 当地速度倾角随时间变化曲线　　　　　(f) 高度随时间变化曲线

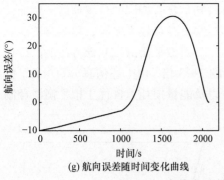

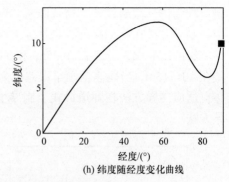

(g) 航向误差随时间变化曲线　　　　　　(h) 纬度随经度变化曲线

图 4.5.9　鲁棒自适应滑翔制导主要弹道参数曲线

由图 4.5.9(a)可知，高空处稀薄的大气密度和有限的控制能力导致纵向过载存在偏差。由图 4.5.9(b)可知，在制导前期侧向过载始终为正以消除航向误差，在速度控制阶段出现大幅度变化以消耗剩余能量，进而实现终端速度的控制。由图 4.5.9(c)可知，制导指令在滑翔全程均匀变化，攻角在高空处保持最大以提供滑翔飞行所需的升力，随后攻角随着高度的降低不断减小。另外，由于不断增大的纵向过载指令与基本不变的侧向过载指令的影响，倾侧角在初始阶段不断减小，而在速度控制阶段随着侧向过载指令大幅度变化。在图 4.5.9(d)中，终端速度大小误差为$-50\mathrm{m/s}$，该误差主要来源于终端速度的预测误差。由图 4.5.9(e)可知，当地速度倾角最大变化不超过$-0.5°$，终端误差为$-0.000186°$，并且其微分基本保持为零，说明鲁棒自适应制导方法能够控制飞行器自主实现滑翔飞行。由图 4.5.9(f)可知，高度变化平缓，其终端误差为$0.0018\mathrm{m}$。在图 4.5.9(g)中，由于侧向过载与倾侧角的作用，航向误差不断减小；在滑翔后期，由于速度控制的影响，航向误差先增大至$31°$，再不断减小到零。航向误差的有效控制是飞行器能够满足终端经纬度约束的充要条件，因此图 4.5.9(g)所示的终端北向误差为$-4.723\mathrm{m}$，东向误差为$-2.916\mathrm{m}$。由图 4.5.9 给出的仿真结果可知，鲁棒自适应制导方法能够控制飞行器达到拟平衡滑翔状态，并导引飞行器高精度地满足给定的终端约束。其速度控制采用的侧向机动飞行对制导精度的影响很小。

采用与气动参数在线辨识仿真中相同的终端状态参数，改变初始当地速度倾角，分别利用鲁棒自适应制导与拟平衡滑翔制导方法[25]导引飞行器飞行，仿真结果如图 4.5.10、图 4.5.11、表 4.5.1 所示。由仿真结果可知，两种制导方法都能有效消除初始当地速度倾角偏差，但是在弹道形式和终端制导精度上存在较大差异。相对于拟平衡滑翔制导，鲁棒自适应制导产生的弹道更加平滑，因此其能量损耗也有所减小。然而，当初始当地速度倾角为$-3°$时，较大的弹道下压幅度使飞行器长时间处于较低高度飞行，因此较大的大气密度增大了气动阻力，进而减小终端速度。另外，由于两组数值仿真皆以射程作为结束条件，因此终端位置误差均为仿真截断误差。这意味着，两种方法基本具有相同的位置精度。然而，两种制导方法在终端高度、当地速度倾角的控制上存在较大差异，鲁棒自适应制导方法的制导误差分别在 0.05m 和0.01°以内，而拟平衡滑翔制导方法的高度误差在 10～15m，当地速度倾角误差也为前者的 2～3 倍。由上述仿真分析可知，鲁棒自适应制导方法在弹道形式、制导精度，以及能量损耗上皆优于拟平衡滑翔制导方法。

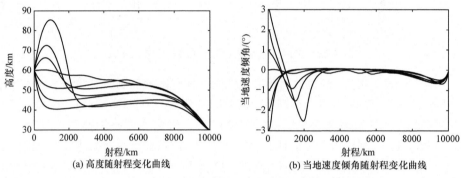

(a) 高度随射程变化曲线　　　　　　(b) 当地速度倾角随射程变化曲线

图 4.5.10　鲁棒自适应制导初始当地速度倾角偏差鲁棒性分析

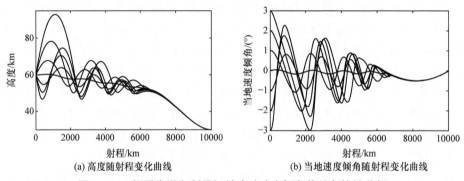

(a) 高度随射程变化曲线　　　　　　(b) 当地速度倾角随射程变化曲线

图 4.5.11　拟平衡滑翔制导初始当地速度倾角偏差鲁棒性分析

表 4.5.1　滑翔制导自适应性对比分析

制导方法	初始当地速度倾角/(°)	位置误差/m	终端高度/km	终端当地速度倾角/(°)	终端速度/(m/s)
鲁棒自适应制导	−3	13.637	30.00001	0.004320	2621.149
	−2	32.929	30.00003	0.006298	3943.987
	−1	4.637	30.00004	0.007182	4200.672
	0	17.266	30.00003	0.006293	3756.759
	1	30.723	30.00004	0.007051	4460.076
	2	24.921	30.00004	0.007316	4594.563
	3	9.351	30.00004	0.007245	4287.652

续表

制导方法	初始当地速度倾角/(°)	位置误差/m	终端高度/km	终端当地速度倾角/(°)	终端速度/(m/s)
	−3	1.839	29.98623	−0.023077	3363.178
	−2	31.320	29.98644	−0.022699	3384.307
	−1	13.554	29.98786	−0.020156	3565.769
拟平衡滑翔制导	0	3.962	29.98902	−0.018076	3748.141
	1	25.934	29.98983	−0.016688	3910.181
	2	25.900	29.99053	−0.015501	4092.193
	3	35.045	29.99098	−0.014679	4249.671

3. 制导方法鲁棒性分析

鲁棒自适应滑翔制导方法的重要特征有以下两点：①不依赖标准弹道与拟平衡滑翔条件生成过载制导指令；②基于 EKF 气动系数在线估计鲁棒性补偿。因此，在弹道仿真中，人为对气动系数拉偏 15%、大气密度拉偏 30%，分别采用式(4.5.53)的无气动偏差补偿与式(4.5.74)的含气动偏差补偿两种方式计算攻角指令来验证制导策略的鲁棒性。

两组仿真条件设置完全相同，制导周期均为 0.01s，无气动偏差补偿和含气动偏差补偿终端制导精度如表 4.5.2 和表 4.5.3 所示。由仿真结果可知，由于鲁棒自适应制导方法直接基于当前飞行状态与终端约束生成制导指令，因此无论对气动系数偏差补偿与否，过程误差皆能被消除，进而高精度地实现制导目标。另外，由于大气密度与气动系数直接影响飞行器的受力，并且速度大小为无控运动状态，因此上述偏差对终端速度大小的影响很大。对比不同偏差条件下的终端速度可知，大气密度的增大无疑增大了气动阻力，进而减小终端速度。当升力系数增大且阻力系数减小时，一方面阻力减小使终端速度增大，另一方面升力系数的增大使飞行器控制能力增强，因此飞行器可利用较小的攻角消除过程偏差，使终端速度进一步增大。相反，当升力系数减小且阻力系数增大时，终端速度最小。

表 4.5.2　无气动偏差补偿终端制导精度

大气密度偏差/%	升力系数偏差/%	阻力系数偏差/%	终端高度/km	位置误差/m	终端当地速度倾角/(°)	终端速度/(m/s)
0	0	0	30.001	17.266	0.006293	3756.759
+30	+15	+15	29.991	4.370	0.018456	3530.533
		−15	29.992	8.119	0.016785	4246.493
	−15	+15	29.970	11.085	0.062546	1637.507
		−15	29.993	9.937	0.013237	3706.006

续表

大气密度偏差/%	升力系数偏差/%	阻力系数偏差/%	终端高度/km	位置误差/m	终端当地速度倾角/(°)	终端速度/(m/s)
−30	+15	+15	29.995	9.536	0.097421	3849.098
		−15	29.996	12.236	0.087435	4521.785
	−15	+15	29.992	4.229	0.016457	2669.628
		−15	29.996	16.758	0.077216	4039.100

表 4.5.3　含气动偏差补偿终端制导精度

大气密度偏差/%	升力系数偏差/%	阻力系数偏差/%	终端高度/km	位置误差/m	终端当地速度倾角/(°)	终端速度/(m/s)
0	0	0	30.001	11.876	0.005493	3862.602
+30	+15	+15	30.001	6.257	0.003456	3555.461
		−15	30.002	8.914	0.006143	4308.843
	−15	+15	29.999	2.403	0.019117	1780.131
		−15	30.002	9.278	0.007328	3796.960
−30	+15	+15	30.001	9.719	0.005452	3980.449
		−15	30.003	11.507	0.003921	4619.173
	−15	+15	30.001	9.329	0.001456	2883.395
		−15	30.001	5.347	0.005371	4101.595

　　对比表 4.5.2 和表 4.5.3 可知，当采用升阻比系数的估计值计算攻角时，制导系统能够基于飞行器的实际控制能力生成制导指令。这意味着，过程偏差导致的运动状态偏差能够得以实时修正，进而提高制导精度。另外，新的攻角计算方法采用产生相同升阻比对应的最小值，较小的攻角产生较小的能量损耗，因此不同偏差条件下的终端速度都有所增大，进而增大滑翔段的射程覆盖范围。

　　上述仿真试验验证了鲁棒自适应制导方法在极值拉偏条件下的鲁棒性，而实际飞行过程中不可避免地存在各种随机偏差。因此，需开展蒙特卡罗模拟打靶试验，以进一步验证制导方法的鲁棒性。在大气密度拉偏+30%、升力系数拉偏−15%，以及阻力系数拉偏+15%的基础上，同时对大气密度与气动系数添加 $3\sigma = 15\%$ 的随机偏差，采用鲁棒自适应制导方法导引飞行器飞行，并基于式(4.5.53)(记为算例一)与式(4.5.74)(记为算例二)计算攻角指令，采用蒙特卡罗模拟打靶 1000 次鲁棒性对比分析和终端参数统计特征分别如图 4.5.12 与表 4.5.4 所示。由仿真结果可知，两种攻角计算方法皆能实现给定的滑翔制导任务，但是其制导精度存在较大差异，即终端位置误差相差约 8m、终端速度大小相差约 150m/s、当地速度倾角误差相差约 0.13°、高度误差相差约 50m。另外，由于鲁棒制导方法能够根据实测的弹道参数对制导指令进行在线修正，同时大气密度未出现在新的攻角计算方程中，因此终端参数的统计特性均有较大改善。由上述仿真结果可得出结论，即基于需要升阻比的攻角计算方法和基于实测弹道参数的气动参数补偿方法能够大大提高制导系统的鲁棒性，同时降低能量损耗。

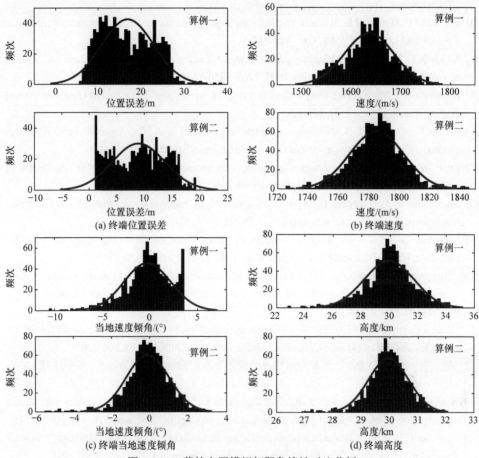

图 4.5.12　蒙特卡罗模拟打靶鲁棒性对比分析

表 4.5.4　蒙特卡罗模拟打靶终端参数统计特性

终端参数	无补偿(算例一)		含补偿(算例二)	
	均值	均方差	均值	均方差
位置误差/m	16.868	6.051	8.921	4.756
终端速度/(m/s)	1635.352	49.577	1784.733	17.576
当地速度倾角/(°)	−0.238	2.428	−0.107	1.115
终端高度/km	29.950	1.752	29.992	0.711

参 考 文 献

[1] Lu P. Entry guidance: a unified method. Journal of Guidance, Control, and Dynamics, 2014, 37(3): 713-728.

[2] Harpold J C, Graves C A. Shuttle entry guidance. Journal of the Astronautical Sciences, 1979, 27(3): 239-268.

[3] Harpold J C, Gavert D E. Space shuttle entry guidance performance Results. Journal of Guidance, Control, and Dynamics, 1983, 6(6): 442-447.

[4] Mease K D, Kremer J. Shuttle entry guidance revisited using nonlinear geometric method. Journal of Guidance Control and Dynamics, 1994, 17(6):1350-1356.

[5] Roenneke A J, Markl A. Re-entry control to a drag-vs-energy profile. Journal of Guidance Control and Dynamics, 1994, 17 (5): 916-920.

[6] Roenneke A J, Well K. Nonlinear drag-tracking control applied to optimal low-lift reentry guidance//Guidance, Navigation and Control Conference, San Diego, 2013: 1-9.

[7] Lu P. Nonlinear trajectory tracking guidance with application to a launch vehicle. Journal of Guidance, Control, and Dynamics, 1996, 19: 99-106.

[8] Lu P, Shen Z J, Dukeman G, et al. Entry guidance by trajectory regulation//AIAA Guidance, Navigation, Control Conference and Exibit, Dever, 2000: 1210-1219.

[9] Dukeman G. Profile-following entry guidance using linear quadratic regulator theory//AIAA Guidance, Navigation, and Control Conference and Exhibi, Monterey, 2002: 4457.

[10] Zimmerman C, Dukeman G, Hanson J. An automated method to compute orbital re-entry trajectories with heating constraints//AIAA Guidance, Navigation, and Control Conference and Exhibit, Monterey, 2002: 639-647.

[11] Yang J C, Hu J, Ni M L. Adaptive guidance law design based on characteristic model for reentry vehicles. Journal of Science China Information Sciences, 2008, 51(12): 2005-2021.

[12] 胡正东, 郭才发, 蔡洪. 天基对地打击动能武器再入解析预测制导技术. 宇航学报, 2009, 30(3): 1039-1044.

[13] Chad H, Tim C, Masciarelli J. Revised algorithm for analytic predictor-corrector aerocapture guidance: exit phase//AIAA Guidnce, Navigation, and Control Conference, Austin, 2003: 5746.

[14] Brunner C W, Lu P. Comparison of numerical predictor-corrector and apollo skip entry guidance algorithms//AIAA Guidnce, Navigation, and Control Conference, Toronto, 2010: 8307.

[15] Zhang Z, Hu J. Prediction-based guidance algorithm for high-lift reentry vehicles. Science China Information Sciences, 2011, 54(3): 498-510.

[16] 王俊波, 曲鑫, 任章. 基于模糊逻辑的预测再入制导方法. 北京航空航天大学学报, 2011, 37(1): 63-66.

[17] Joshi A, Sivan K, Amma S S. Predictor-corrector reentry guidance algorithm with path constraints for atmospheric entry vehicles. Journal of Guidance, Control, and Dynamic, 2007, 30(5): 1307-1318.

[18] Xu M L, Liu L H, Yang Y, et al. Neural network based predictor-corrector entry guidance for high lifting vehicles//The 62nd IAC, Cape Town, 2011: 1-8.

[19] Padhi R, Kothari M. Model predictive static programming: a computationally efficient technique for suboptimal control design. International Journal of Innovative Computing, Information and Control, 2009, 5(2): 399-411.

[20] Halbe O, Mathavaraj S, Padhi R. Energy based suboptimal reentry guidance of a reusable launch vehicle using model predictive static programming//AIAA Guidnce, Navigation, and Control Conference, Toronto, 2010: 8311.

[21] Oza H B, Padhi R. Impact-angle-constrained suboptimal model predictive static programming guidance of air-to-ground missiles. Journal of Guidance, Control, and Dynamics, 2012, 35(1): 153-164.

[22] 国海峰, 黄长强, 丁达理, 等. 改进 MPSP 的高超声速滑翔飞行器滑翔段制导. 国防科技大学学报, 2014, 36(4): 33-40.

[23] 雍恩米, 唐国金, 陈磊. 高超声速无动力远程滑翔飞行器多约束条件下的轨迹快速生成. 宇航学报, 2008, 29(1): 46-52.

[24] Xu M L, Chen K J, Liu L H, et al. Quasi-equilibrium glide adaptive guidance for hypersonic vehicles. Science China Techolonical Science, 2012, 55(3): 856-866.

[25] Zhu J W, Liu L H, Tang G J, et al. Highly constrained optimal gliding guidance. Proceedings of the Institution of Mechanical Engineers Part G: Journal of Aerospace Engineering, 2015, 229(12): 2321-2335.

[26] 赵汉元. 飞行器再入动力学和制导. 长沙: 国防科技大学出版社, 1997.

[27] Mease K D, Chen D T, Teufel P, et al. Reduced-order entry trajectory planning for acceleration guidance. Journal of Guidance, Control, and Dynamics, 2002, 25(2): 257-266.

[28] Shen Z, Lu P. On-board generation of three-dimensional constrained entry trajectories. Journal of Guidance, Control, and Dynamics, 2003, 26(1): 111-121.

[29] Saraf A, Leavitt J A, Chen D T, et al. Design and evaluation of an acceleration guidance algorithm for entry. Journal of Spacecraft and Rockets, 2004, 41(6): 986-996.

[30] 方勇纯, 卢桂章. 非线性系统. 北京: 清华大学出版社, 2009.

[31] Thomas K W, Hosder S, Johnston C O. Multistep uncertainty quantification approach applied to hypersonic reentry flows. Journal of Spacecraft and Rockets, 2014, 51(1): 296-310.

[32] Blanchard R C, Hinson E W, Nicholson J Y. Shuttle high resolution accelerometer package experiment results atmospheric density measurements between 60 and 160km. Journal of Spacecraft, 1989, 26(3): 173-180.

[33] Buckland J H, Musgrave J L, Walker B K. On-line implementation of nonlinear parameter estimation for the space shuttle main engine. NASA TM-106097, 1992.

[34] Phillips T H. A common aero vehicle (CAV) model, description and employment Guide. Schafer Corporation for AFRL and AFSPC, 2003.

[35] Velo J G, Walker B K. Aerodynamic parameter estimation for high- performance aircraft using extended kalman filtering. Journal of Guidance Control and Dynamics, 1997, 20(6): 1257-1259.

第 5 章　下压弹道设计与制导方法

下压段是高超声速飞行器整个飞行过程的最后阶段。下压段弹道设计与制导的主要任务是在满足复杂多约束条件下实现精准着陆或对目标实施精确打击。在下压飞行过程中，纵向运动与侧向运动具有强烈的耦合作用，因此本章构建三维耦合相对运动模型，研究基于 H_∞ 控制的鲁棒制导方法。另外，下压飞行高度与速度的相对降低使飞行器面临的地面防空武器的威胁尤为突出，因此本章设计能够满足终端多种约束且能实现机动飞行的机动弹道。为进一步增强突防性能并协调机动飞行与高精度制导之间的矛盾，基于三维耦合运动方程建立机动飞行的控制模型，构建突防性能评价准则，利用最优控制提出不同攻防条件下的制导突防一体化机动策略。

5.1　下压弹道设计与制导技术综述

本节针对高超声速飞行器下压段的核心制导任务，分析复杂多约束制导、机动弹道设计，以及机动与制导之间的协调等关键技术问题，总结分平面比例导引、三维耦合下压制导、突防性能评估，以及下压机动策略等相关领域的研究现状，进而提出本章采用的主要技术思路。

5.1.1　关键技术问题

下压弹道设计与制导的主要研究问题包括：分析下压纵向与侧向运动的相互影响特性；建立能够描述下压运动耦合特性的三维相对运动方程，并设计能够满足落点与落角约束的制导律；针对部分相对运动信息无法直接测量的问题，通过数学方法对其进行间接估计，同时对测量噪声进行滤除；为增强下压飞行的突防性能，设计并跟踪下压机动弹道来实现下压机动飞行，建立下压机动性能评价准则，在拦截遭遇时刻确定与不确定两种情况下分别提出考虑终端制导精度的最优机动策略，并以此为基础设计最优机动弹道。下压精确制导与机动飞行存在的技术问题如下。

1. 考虑下压运动耦合特性的三维制导问题

高超声速飞行器在下压段仍具有较高的飞行速度，其面对称的气动外形、快速下压和机动飞行的运动特性将导致纵向与侧向的运动存在强烈的耦合作用。因此，为实现下压多约束高精度制导，需要量化分析下压运动耦合作用，建立三维相对运动方程，利用先进的控制方法设计制导律。

2. 多约束下压机动弹道设计与跟踪制导问题

比例导引将视线角速率为零作为控制目的，由此产生的飞行弹道过于平直，必将导致突防性能下降。因此，为同步实现下压机动飞行与多约束制导，需要设计能够满足落点与角度约束的纵向弹道，以及能够消除航向误差的侧向机动弹道，进而设计跟踪制导律实现下压机动飞行与高精度制导。

3. 考虑终端制导精度的下压最优机动问题

机动飞行是提升下压突防性能的有效途径，然而过大的机动飞行必然造成能量损耗，降低飞行速度和突防性能，同时盲目的机动甚至会导致制导任务的失败。因此，为了达到有效机动突防的目的，同时尽量减小机动对制导精度的影响，需要在理论上给出突防性能评价准则，提出制导与机动的协调策略，并优化机动弹道。

5.1.2 国内外研究现状

1. 典型下压制导方法

在下压飞行过程中，飞行器可通过导引设备获得与目标的相对运动信息，进而通过在线计算，生成制导指令，完成飞行任务。为实现下压多约束制导，通常的方法是建立下压段飞行器与目标的相对运动方程，进而利用控制方法设计制导律。根据制导律设计思想的不同，又可以将制导律大致分为两种。一种是根据飞行器和目标的几何关系设计的经典制导律，其形式比较简单。另一种是随着先进控制理论发展而出现的现代制导律，典型代表包括最优制导律、滑模制导律等。

经典制导律中常见的有比例导引法[1]。比例导引法的原理是，在飞行器朝着目标飞行的过程中，其速度转动角速率和目标视线角速率成正比。因为比例导引法只需要获得目标的视线角速率信息，在工程上容易实现，因此其应用较为广泛。比例导引法又可细分为纯比例导引、真比例导引、理想比例导引等。Yang 等[2]将各种比例导引方法统一为一种形式，并对各种比例导引方法的速度增量、拦截域等性能指标进行分析，对比例导引方法进行比较系统的总结。一直以来，诸多研究人员对比例导引加以改进，提出许多具有一定约束的制导方法。高峰等[3]在比例导引中引进偏置项，可以比较精确地对落角进行约束，但是制导精度有一定程度的降低。Jeon 等[4]将时间反馈引入比例导引，设计的导引律可以约束打击时间，用于反舰导弹的协同打击。

　　以最优控制、滑模控制等方法为基础的现代制导方法是近年来的研究重点。其中，最优制导律是以最优控制理论为基础设计的，可使飞行器满足一定的性能指标，如终端过载最小、能量最优等。Zarchan[5]对弹道成型制导律进行了介绍。这种制导律可以对终端落角进行约束，是一种能量最优的制导律。针对弹道成型制导律在弹道末端过载比较大的问题，王辉等[6]通过在性能指标中引进权函数，显著减小了末端过载。Rusnak 等[7]推导了一种最优制导律，可用于目标进行机动的情况和飞行器过载有限制的情况。由于最优制导律中包含的制导信息比较多，在实际飞行中很难全部准确得到，因此最优制导律在工程上不容易实现。

　　滑模制导律也是一种现代制导律。其以滑模变结构控制为基础，具有鲁棒性强、响应快速的优点，已经成为近些年的研究热点。自 Brierley 等[8]最先运用滑模控制进行制导律设计以来，越来越多的学者开始研究滑模制导律。Zhou 等[9]提出一种制导律，可应用于打击高速运动的机动目标。周荻[10]提出一种三维导引律，并分析其鲁棒性。Lee 等[11]通过研究打击速度较慢或静止目标的问题，提出一种滑模制导律，可以约束落角，并且终端制导指令为零。Zhao 等[12]提出时变滑模制导律，可以约束落角，并且鲁棒性较强，但是只适合目标静止的情况。Zhang 等[13]提出在有限时间收敛的滑模导引律，具有较强的实用性。Kumar 等[14]提出非奇异终端滑模导引律，能够解决可能出现的终端滑模面的奇异问题。抖振问题是滑模制导律存在的主要缺陷，怎样减少、消除抖振是滑模控制研究中的重点。常用的消除抖振的方法有边界层法、观测器法、高阶滑模法、智能控制法等[15]。

　　针对飞行过程中，外部环境及相对运动信息的不确定性，文献[16]利用鲁棒控制理论设计能够有效削弱干扰对制导精度影响的鲁棒制导律。另外，下压精确制导能够实现的前提是制导需要的运动信息都能精确获得，然而受弹上测量设备的限制，只有部分信息可直接测量获得，因此需要采用其他数学方法间接计算未知信息。测量信息中不可避免地包含各种噪声，因此 Joongsup 等[17]利用无损卡尔曼滤波来滤除噪声，并估计未知信息来辅助完成制导任务。然而，由于飞行器下压制导中的外界不确定性的统计特性未知，上述传统滤波方法的有效性受到影响[18]。文献[19]利用 H_∞ 滤波方法对视线角实测信息噪声进行滤除，并估计视线角速率信息。为进一步增强制导系统的鲁棒性，利用 H_∞ 控制方法设计能够满足落点、落角、入射方位角的制导律。最后将该制导律代入原非线性方程中，可以实时获得制导需要的姿态角指令。

2. 下压机动与制导方法

　　在经过远距离无动力滑翔飞行之后，飞行器在下压段的高度和速度相对降低，使飞行器被拦截的概率大大增加，因此下压段面临的另一问题是突防问题。

　　机动飞行是增强飞行器突防能力的一种重要方式。典型的机动方式包括 S 形机动(正弦摆动式)、螺旋机动(或称滚筒机动)、摆式机动等，空间机动比平面机动更加复杂，突防性能也优于平面机动[20]。其中，S 形机动和螺旋机动得到广泛研究，前者已经在俄罗斯的反舰导弹"白蛉"中得到应用[21]，其有效性得到充分验证。螺旋机动实现更为复杂，对于传统导弹而言，其产生机理及控制方法也较为成熟[22]。此外，也可直接从制导律设计的角度着手，使导弹导向目标的同时具有一定的突防能力。以零化视线角速率制导指令为基础，设计以视线角速率为表征的参考机动弹道(如正弦规律)并利用控制方法对其进行跟踪，以使实际视线角速率作一定幅度的变化，增强导弹的突防能力[23]。

机动突防是攻防双方博弈对抗的过程，机动策略直接影响飞行器突防性能的发挥。盲目的机动飞行甚至导致制导与机动任务的失败。文献[24]给出针对比例导引的最优机动策略，并研究基于人工智能方法的次优制导律。文献[25]进一步建立飞行器自身与拦截武器的攻防对抗模型，研究能够获得最大脱靶量的最优机动策略。飞行器机动突防过程实际是突防弹与拦截弹之间相互对抗与博弈的过程[26]，基于微分对策及博弈论设计机动策略需要攻防双方能够获得对方完整的运动信息。若拦截弹运动信息无法确定，机动策略则大不相同。Shima 等[27]基于有限的运动信息给出三维最优机动控制律。针对弹道导弹中段机动突防问题，Guo 等[28]假设拦截系统采用卡尔曼滤波预测目标的运动信息，导弹采用 Singer 机动方式增大防御系统的预测误差，并建立考虑最小能量损耗及最大预测误差的 H_∞ 突防性能指标，利用最优控制获得机动策略。另外，Ohlmeyer[29]基于简化攻防模型分析正弦机动对脱靶量的影响，获得了目标初始状态不确定时的脱靶量解析解。然而，下压机动飞行必然对制导精度造成不良影响，甚至是对目标的捕捉失败[30]。目前的研究主要集中在机动飞行方式和机动策略上，未能分析机动飞行对制导精度的影响，即缺乏考虑终端制导精度的机动制导综合性能评价准则和机动策略。

针对下压机动与制导的一体化设计问题，一种简单的做法是将二者分开设计，并串行叠加，即下压攻击前段做机动以达到突防目的，距离目标足够近时不考虑机动，直接导向目标[31]。另一种做法是，将机动和制导综合设计，在进行机动的同时导引攻击目标，即机动控制信号、攻击目标的导引信号共同作用于飞行器，通过加权形成复合制导信号[32]。例如，文献[33]利用递推 Lyapunov 设计方法推导考虑自动驾驶仪惯性运动的跟踪滑模制导律，并设计以视线角表征的正弦形式机动弹道，将其补偿到制导律中以同时实现机动与制导。文献[34]以反舰导弹为研究对象，致力于提高反舰导弹的突防概率，基于导弹与目标之间的三维相对运动模型，利用 Terminal 滑模控制方法设计一种能够满足落角约束的下压导引律。该方法不但能够保证制导精度，而且能够产生较大的机动过载来规避舰空导弹。

3. 小结

传统的分平面制导方法将侧向运动视为小量,并假设两平面内的运动互相独立。然而,高超声速飞行器在下压段需要通过倾侧翻转来实现弹道下压,其较大的侧向机动使两平面内的运动产生强烈的耦合现象。此时,基于简化平面运动建立的相对运动方程及制导方法将不再适用。针对下压机动制导问题,目前的研究主要集中在机动弹道,以及制导律的单独设计上,将二者叠加可以达到机动与制导的目的,但是忽略了机动飞行对终端制导精度的影响、对叠加方式的优化选取,以及对突防性能的评估。

因此,需要建立下压三维耦合相对运动方程,分析下压运动耦合特性,并研究高精度、强鲁棒的制导方法;基于三维方程,研究可同时实现机动飞行与精确制导的下压机动制导方法;结合突防性能与制导精度,提出下压机动性能评价准则,并研究考虑终端制导精度的最优机动策略。

5.2　最优比例导引方法

将飞行器的三维空间运动分解到两个相互垂直的平面内,分别建立飞行器与目标的相对运动方程,进而利用控制方法推导多约束制导律是最为经典的研究思路。该方法已经在反导拦截、对地攻击等背景下得到成功应用,本节采用类似的思路给出飞行器在下压段的分平面最优制导律。

5.2.1　分平面相对运动模型

如图 5.2.1 所示,取目标坐标系为原点在目标点的地理坐标系,将飞行器下压段的运动分解为俯冲平面和转弯平面。其中,俯冲平面定义为飞行器质心 O_1、目标 O_O、地心 O_E 确定的平面,转弯平面定义为过目标 O_O 和飞行器质心 O_1 垂直于俯冲平面的平面。转弯平面与目标点处的当地水平面不重合,二者的夹角为视线高低角 λ_D。

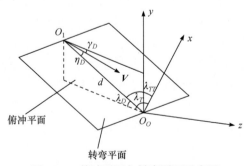

图 5.2.1　俯冲平面与转弯平面示意图

图 5.2.1 中，V 为飞行器速度矢量，γ_D 为速度在俯冲平面内的方位角，λ_D 为视线高低角，η_D 为速度方向与视线间的夹角，d 为飞行器与目标之间的视线距离。当飞行器的侧向机动较小时，假设速度矢量在俯冲平面内，$\gamma_D < 0$，则

$$\eta_D = \lambda_D + \gamma_D \tag{5.2.1}$$

根据相对运动关系可知

$$\begin{cases} \dot{d} = -V\cos\eta_D \\ d\dot{\lambda}_D = V\sin\eta_D \end{cases} \tag{5.2.2}$$

其中，V 为速度大小。

由式(5.2.2)第二式，两边对时间求导，可得俯冲平面内的相对运动方程，即

$$\ddot{\lambda}_D = \left(\frac{\dot{V}}{V} - \frac{2\dot{d}}{d}\right)\dot{\lambda}_D - \frac{\dot{d}}{d}\dot{\gamma}_D \tag{5.2.3}$$

同理，令

$$\eta_T = \lambda_{TT} - \gamma_T \tag{5.2.4}$$

其中，η_T 为速度矢量在转弯平面内与俯冲平面的夹角；γ_T 为速度在转弯平面内的方位角；λ_{TT} 为转弯平面内的视线角。

与俯冲平面类似，推导可得转弯平面内的相对运动方程，即

$$\ddot{\lambda}_{TT} = \left(\frac{\dot{V}}{V} - \frac{2\dot{d}}{d}\right)\dot{\lambda}_{TT} + \frac{\dot{d}}{d}\dot{\gamma}_T \tag{5.2.5}$$

综上所述，可得飞行器在俯冲平面与转弯平面内的相对运动方程，即

$$\begin{cases} \ddot{\lambda}_D = \left(\frac{\dot{V}}{V} - \frac{2\dot{d}}{d}\right)\dot{\lambda}_D - \frac{\dot{d}}{d}\dot{\gamma}_D \\ \ddot{\lambda}_{TT} = \left(\frac{\dot{V}}{V} - \frac{2\dot{d}}{d}\right)\dot{\lambda}_{TT} + \frac{\dot{d}}{d}\dot{\gamma}_T \end{cases} \tag{5.2.6}$$

建立相应的状态空间方程，以便进行更加深入的理论研究与实际分析。以式(5.2.6)中俯冲平面相对运动方程为例，为控制终端位置与角度，选取视线角与角速率的状态变量，即

$$\begin{cases} x_1 = \lambda_D + \gamma_{DF} \\ x_2 = \dot{\lambda}_D \end{cases} \tag{5.2.7}$$

其中，γ_{DF} 为终端落角约束，则式(5.2.6)中第一式可写为标准状态空间形式，即

$$\begin{bmatrix} \dot{x}_1 \\ \dot{x}_2 \end{bmatrix} = \begin{bmatrix} 0 & 1 \\ 0 & \dfrac{\dot{V}}{V} - \dfrac{2\dot{d}}{d} \end{bmatrix} \begin{bmatrix} x_1 \\ x_2 \end{bmatrix} + \begin{bmatrix} 0 \\ -\dfrac{\dot{d}}{d} \end{bmatrix} u_D \qquad (5.2.8)$$

其中, 一维控制量 $u_D = \dot{\gamma}_D$。

$\dot{V}$ 相对于 V 为小量, 可假设 $\dfrac{\dot{V}}{V} \approx 0$, 记 $T_g = -\dfrac{d}{\dot{d}}$, 则有

$$\begin{cases} \boldsymbol{A} = \begin{bmatrix} 0 & 1 \\ 0 & \dfrac{2}{T_g} \end{bmatrix} \\[4mm] \boldsymbol{B} = \begin{bmatrix} 0 \\ \dfrac{1}{T_g} \end{bmatrix} \\[4mm] \boldsymbol{x} = [x_1, x_2]^{\mathrm{T}} \end{cases} \qquad (5.2.9)$$

对应的状态方程为

$$\begin{cases} \dot{\boldsymbol{x}} = \boldsymbol{A}\boldsymbol{x} + \boldsymbol{B}u_D \\ x_1(t_f) = 0 \\ x_2(t_f) = 0 \end{cases} \qquad (5.2.10)$$

因此, 存在以下关系, 即

$$\mathrm{rank}(\boldsymbol{B}, \boldsymbol{AB}) = 2 \qquad (5.2.11)$$

可见, 俯冲平面制导系统中的两个运动状态完全能控。同理, 在转弯平面内, 取状态变量 $x = \dot{\lambda}_{TT}$, 可得转弯平面内的一维状态空间方程, 即

$$\dot{x} = Ax + Bu_T$$
$$x = \dot{\lambda}_{TT}, \quad A = \frac{2}{T_g}, \quad B = -\frac{1}{T_g} \qquad (5.2.12)$$

其中, $u_T = \dot{\gamma}_T$。

根据状态空间方程(5.2.12), 则有

$$\mathrm{rank}(B) = 1 \qquad (5.2.13)$$

说明转弯平面系统状态完全能控。

5.2.2 分平面最优制导律

高超声速飞行器下压段最优制导律是基于俯冲平面及转弯平面内的状态空间方程, 建立相应的性能指标, 利用线性二次型理论可以求解获得最优制导律。

1. 俯冲平面最优制导律

飞行器下压段最优制导的目标是，在保证落点精度的前提下满足落角约束并使落速达到最大，因此下压段最优导引律的性能指标可选取为

$$J = \boldsymbol{x}^{\mathrm{T}}(t_f)\boldsymbol{F}\boldsymbol{x}(t_f) + \frac{1}{2}\int_0^{t_f} \dot{\gamma}_D^2 \mathrm{d}t \tag{5.2.14}$$

其中，$\boldsymbol{x}(t_f)\boldsymbol{F}\boldsymbol{x}(t_f)$ 为补偿函数；$\boldsymbol{F}$ 为半正定常值矩阵，因为要求 $\boldsymbol{x}(t_f) = \boldsymbol{0}$，所以 $\boldsymbol{F} \to \infty$。

根据极大值原理，线性系统二次型性能指标的最优控制律为

$$\boldsymbol{u}^* = -\boldsymbol{R}^{-1}\boldsymbol{B}^{\mathrm{T}}\boldsymbol{P}\boldsymbol{x} \tag{5.2.15}$$

其中，$\boldsymbol{R} = [1]$；$\boldsymbol{P}$ 可由 Riccati 微分方程，即

$$\begin{cases} \dot{\boldsymbol{P}}^{-1} - \boldsymbol{A}\boldsymbol{P}^{-1} - \boldsymbol{P}^{-1}\boldsymbol{A}^{\mathrm{T}} + \boldsymbol{B}\boldsymbol{B}^{\mathrm{T}} = \boldsymbol{0} \\ \boldsymbol{P}^{-1}(t_f) = \boldsymbol{F}^{-1} = \boldsymbol{0} \end{cases} \tag{5.2.16}$$

求解得出

$$\boldsymbol{P} = \begin{bmatrix} \dfrac{4}{T_g} & 2 \\ 2 & 4T_g \end{bmatrix} \tag{5.2.17}$$

最终得到的俯冲平面内最优导引律为

$$\dot{\gamma}_D = K_{GD}\dot{\lambda}_D + K_{LD}(\lambda_D + \gamma_{DF})/T_g \tag{5.2.18}$$

其中，K_{GD} 和 K_{LD} 为导引系数，$K_{GD} = -4$，$K_{LD} = -2$。

2. 转弯平面最优制导律

由于下压制导只要求落速方向为 γ_{DF}，对入射方位没有要求，所以仅要求 $\dot{\lambda}_{TT}(t_f) = 0$，对 $\lambda_{TT}(t_f)$ 没有约束。因此，转弯平面的状态方程可表示为式(5.2.12)。与俯冲平面制导律的推导方法相同，以速度损失最小为性能指标，即

$$J = x(t_f)Fx(t_f) + \frac{1}{2}\int_0^{t_f} \dot{\gamma}_T^2 \mathrm{d}t \tag{5.2.19}$$

要求 $x(t_f) = 0$，因此 $F \to \infty$。根据极大值原理，线性系统二次型性能指标的最优控制律为

$$u_T^* = -R^{-1}BPx \tag{5.2.20}$$

其中，$R = 1$；P 可由 Riccati 微分方程求解获得，即

$$\begin{cases} \dot{P}^{-1} - AP^{-1} - P^{-1}A + B^2 = 0 \\ P^{-1}(t_f) = F^{-1} = 0 \end{cases} \tag{5.2.21}$$

求解得出

$$P = 3T_g \tag{5.2.22}$$

最终得到的转弯平面制导律为

$$\dot{\gamma}_T = 3\dot{\lambda}_{TT} \tag{5.2.23}$$

由于转弯平面与当地水平面之间的夹角为视线高低角 λ_D，因此 $\dot{\lambda}_{TT}$ 可计算为

$$\dot{\lambda}_{TT} = \dot{\lambda}_T \cos \lambda_D \tag{5.2.24}$$

最终可得水平面内的制导律为

$$\dot{\gamma}_T = K_{GT}\dot{\lambda}_T \cos \lambda_D \tag{5.2.25}$$

其中，K_{GT} 为导引系数，$K_{GT} = 3$。

由式(5.2.18)和式(5.2.25)可以看出，最优制导律是在比例制导律的基础上增加满足终端落角约束的修正项，既可以保留比例制导的高精确性，又可以满足终端角度约束。

3. 相对运动参数计算

制导指令计算以飞行器与目标的相对运动参数为输入。通常，相对运动参数计算方程是建立在飞行器地面坐标系的，地面坐标系可取目标坐标系，确定目标与飞行器之间的相对速度参数、位置参数、视线参数。对于攻击地面固定目标的情况，目标坐标系下的俯冲平面与转弯平面的视线角分别为

$$\begin{cases} \lambda_D = \arctan\left(\dfrac{y}{\sqrt{x^2 + z^2}} \right) \\ \lambda_T = \arctan\left(-\dfrac{z}{x} \right) \end{cases} \tag{5.2.26}$$

视线角速度为

$$\begin{cases} \dot{\lambda}_D = V_\eta / d \\ \dot{\lambda}_T = -V_\zeta / (d \cos \lambda_D) \end{cases} \tag{5.2.27}$$

剩余飞行时间为

$$T_g = d / V_\xi \tag{5.2.28}$$

相对视线距离为

$$d = \sqrt{x^2 + y^2 + z^2} \tag{5.2.29}$$

其中，d 为飞行器距目标的视线距离；x、y、z 为飞行器在目标系下位置；V_ξ、V_η、V_ζ 为速度在视线坐标系各轴上的投影，可由飞行器在目标系下的速度 V_x、V_y、V_z 获得，即

$$\begin{bmatrix} V_\xi \\ V_\eta \\ V_\zeta \end{bmatrix} = \boldsymbol{S}_O \begin{bmatrix} V_x \\ V_y \\ V_z \end{bmatrix} \tag{5.2.30}$$

其中，$\boldsymbol{S}_O$ 为目标坐标系到视线坐标系的转换矩阵。

4. 仿真分析

采用 CAV-H 总体及气动参数进行仿真分析。初始条件设置为：经纬度 $\lambda_0 = \phi_0 = 0°$、高度 $h_0 = 40\text{km}$、速度 $V_0 = 2000\text{m/s}$、当地速度倾角 $\theta_0 = 0°$、航迹偏航角 $\sigma_0 = 40°$。过程约束设置为：攻角 $\alpha \in [0°, 20°]$、最大攻角变化率为 5°/s、最大过载不超过 30g、最大倾侧角变化率为 20°/s。终端当地速度倾角约束 $\theta_f = -60°$。目标经纬度 $\lambda_f = \phi_f = 1°$。如图 5.2.2 所示，分平面最优制导方法能够高精

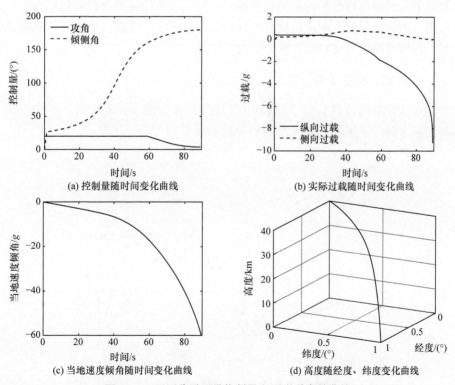

图 5.2.2　下压分平面最优制导主要弹道参数曲线

度地满足下压终端的位置与角度约束，所有弹道参数皆光滑变化，未出现大幅度的震荡。由于存在约 5°的初始航向误差，因此在下压伊始，倾侧角以最大速率变化，并在末端增大至 180°，以使弹道快速下压。在下压中后段，攻角始终为正，倾侧角大于 90°，使纵向过载为负，进而控制弹道快速下压。

5.3　下压三维耦合制导方法

分平面下压制导首先将三维空间运动分解为二维子平面运动，分别建立相对运动方程，进而利用控制方法分别设计制导律。然而，面对称高超声速飞行器在下压段仍有较快的飞行速度，当其进行侧向机动时，纵向运动与侧向运动具有较强的耦合性，因此传统的分平面下压制导方法必然存在局限性。本节首先建立三维耦合相对运动方程，然后研究基于 H_∞ 控制的三维耦合制导律。

5.3.1　三维耦合相对运动建模

下压三维耦合运动方程的建立与下压运动特性分析是制导问题研究的基础。下面基于飞行器与目标的相对运动关系，建立三维非线性耦合相对运动方程，并引入耦合系数来分析下压运动耦合特性。为降低基于三维耦合方程设计制导律的难度，利用反馈线性化对原方程进行线性解耦。

1. 三维耦合相对运动方程

建立目标坐标系 $O\text{-}xyz$，原点 O 在目标处，x 轴指向正北方向，y 指向天，z 指向正东方向。下压段三维相对运动关系如图 5.3.1 所示。

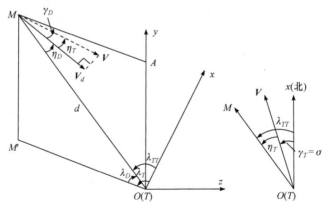

图 5.3.1　下压段三维相对运动关系

图 5.3.1 中，M 表示飞行器，M' 为飞行器到地心连线与地球表面的交点，T

为目标点，MA 为当地水平面的平行线。下压三维运动可分解到纵向与侧向两个方向，其中纵向运动可在 MAO 平面内描述，侧向运动通过当前速度矢量 V 及其在 MAO 平面内的分量 V_d 决定。另外，d 为飞行器到目标的视线距离，λ_D 为视线高低角，γ_D 为纵向速度方位角，η_D 为速度在侧向的投影 V_d 与视线方向的夹角，η_T 为速度 V 与 V_d 的夹角，γ_T 为侧向速度方位角，λ_{TT} 为侧向视线方位角，λ_T 为当前水平面内的视线角，即正北方向与 OM' 方向的夹角，γ_T 与 λ_{TT} 皆正北方向顺时针旋转为正，则有以下相对运动关系，即

$$\begin{cases} \dot{d} = -V\cos\eta_T\cos\eta_D \\ d\dot{\lambda}_D = V\cos\eta_T\sin\eta_D \\ d\dot{\lambda}_{TT} = V\sin\eta_T\cos\eta_D \end{cases} \tag{5.3.1}$$

其中，$\dot{d}$ 为视线距离变化率。

对式(5.3.1)中第二式与第三式求导，可得

$$\begin{cases} \dot{d}\dot{\lambda}_D + d\ddot{\lambda}_D = \dot{V}\cos\eta_T\sin\eta_D - V\dot{\eta}_T\sin\eta_T\sin\eta_D + V\dot{\eta}_D\cos\eta_T\cos\eta_D \\ \dot{d}\dot{\lambda}_{TT} + d\ddot{\lambda}_{TT} = \dot{V}\sin\eta_T\cos\eta_D + V\dot{\eta}_T\cos\eta_T\cos\eta_D - \dot{\eta}_D V\sin\eta_T\sin\eta_D \end{cases} \tag{5.3.2}$$

由此可得

$$\begin{cases} \dot{d}\dot{\lambda}_D + d\ddot{\lambda}_D = \dfrac{\dot{V}}{V}d\dot{\lambda}_D - V\dot{\eta}_T\sin\eta_T\sin\eta_D - \dot{\eta}_D\dot{d} \\ \dot{d}\dot{\lambda}_{TT} + d\ddot{\lambda}_{TT} = \dfrac{\dot{V}}{V}d\dot{\lambda}_{TT} - V\dot{\eta}_D\sin\eta_T\sin\eta_D - \dot{\eta}_T\dot{d} \end{cases} \tag{5.3.3}$$

根据几何关系有

$$\begin{cases} \eta_D = \lambda_D + \gamma_D \\ \eta_T = \lambda_{TT} - \gamma_T \end{cases} \tag{5.3.4}$$

将式(5.3.4)代入式(5.3.3)可得

$$\begin{cases} \ddot{\lambda}_D = \left(\dfrac{\dot{V}}{V} + \dfrac{2}{T_{go}}\right)\dot{\lambda}_D - \dfrac{V\sin\eta_T\sin\eta_D}{d}(\dot{\lambda}_{TT} - \dot{\gamma}_T) + \dfrac{1}{T_{go}}\dot{\gamma}_D \\ \ddot{\lambda}_{TT} = \left(\dfrac{\dot{V}}{V} + \dfrac{2}{T_{go}}\right)\dot{\lambda}_{TT} - \dfrac{V\sin\eta_T\sin\eta_D}{d}(\dot{\lambda}_D + \dot{\gamma}_D) - \dfrac{1}{T_{go}}\dot{\gamma}_T \end{cases} \tag{5.3.5}$$

其中，$T_{go} = -d/\dot{d}$ 为待飞时间。

由式(5.3.5)可知，相对于下压段分平面建立的相对运动方程，三维空间相对运动方程增加了纵向与侧向的耦合项，因此更能准确地描述下压运动特性。为描述

方便，定义下压纵向与侧向运动的耦合系数，即

$$C_{DT} = \frac{V \sin\eta_T \sin\eta_D}{d} \tag{5.3.6}$$

由该系数的影响因素可知，当飞行速度方向与视线之间的夹角越大时，耦合系数越大，表明两方向运动的耦合性越强；当相对距离增大时，耦合系数减小，表明耦合性减弱。因此，当下压侧向运动为小量，即 η_T 很小时，其耦合系数 $C_{DT} \approx 0$，此时相对运动方程完全转化为分平面的解耦方程，即传统的分平面相对运动方程是耦合方程(5.3.5)的一种特例。式(5.3.6)中速度方向与视线方向的夹角可以通过式(5.3.7)计算获得，即

$$\begin{cases} \eta_T = \lambda_T - \sigma \\ \eta_D = \arccos(\dot{d}/V\cos\eta_T) \end{cases} \tag{5.3.7}$$

将下压制导问题视为质心控制问题，并对下压终端落点、落角、入射方位角都进行约束，可定义状态变量、控制量，以及输出变量，即

$$\begin{cases} \boldsymbol{x} = [x_1, x_2, x_3, x_4]^{\mathrm{T}} = [\lambda_D + \gamma_{DF}, \dot{\lambda}_D, \lambda_{TT} + \gamma_{TF}, \dot{\lambda}_{TT}]^{\mathrm{T}} \\ \boldsymbol{u} = [u_1, u_2]^{\mathrm{T}} = [\dot{\gamma}_D, \dot{\gamma}_T]^{\mathrm{T}} \\ \boldsymbol{h}(\boldsymbol{x}) = [h_1(x), h_2(x), h_3(x), h_4(x)]^{\mathrm{T}} = [\lambda_D + \gamma_{DF}, \dot{\lambda}_D, \lambda_{TT} + \gamma_{TF}, \dot{\lambda}_{TT}]^{\mathrm{T}} \end{cases} \tag{5.3.8}$$

其中，γ_{DF} 为终端落角约束；γ_{TF} 为入射方位角约束。

基于给定的状态变量，下压段制导终端目标为

$$\lim_{t \to t_f} x_i(t) = 0, \quad i = 1, 2, 3, 4 \tag{5.3.9}$$

其中，$x_2(t_f) = 0$ 与 $x_4(t_f) = 0$ 表示零化视线角速率，即满足落点约束的充要条件，$x_1(t_f) = 0$ 与 $x_3(t_f) = 0$ 表示终端当地速度倾角与入射方位角的控制。

将上述状态变量代入式(5.3.5)，可得

$$\begin{cases} \dot{x}_1 = x_2 \\ \dot{x}_2 = \left(\dfrac{\dot{V}}{V} + \dfrac{2}{T_{go}}\right)x_2 - C_{DT}x_4 + C_{DT}\dot{\gamma}_T + \dfrac{1}{T_{go}}\dot{\gamma}_D \\ \dot{x}_3 = x_4 \\ \dot{x}_4 = \left(\dfrac{\dot{V}}{V} + \dfrac{2}{T_{go}}\right)x_4 - C_{DT}x_2 - C_{DT}\dot{\gamma}_D - \dfrac{1}{T_{go}}\dot{\gamma}_T \end{cases} \tag{5.3.10}$$

进一步，将式(5.3.10)描述为非线性系统的标准形式，即

$$\begin{cases} \dot{x} = f(x) + g(x)u \\ y = h(x) \end{cases} \tag{5.3.11}$$

其中

$$f(x) = \begin{bmatrix} x_2 \\ \left(\dfrac{\dot{V}}{V} + \dfrac{2}{T_{go}}\right)x_2 - C_{DT}x_4 \\ x_4 \\ \left(\dfrac{\dot{V}}{V} + \dfrac{2}{T_{go}}\right)x_4 - C_{DT}x_2 \end{bmatrix}, \quad g(x) = \begin{bmatrix} 0 & 0 \\ \dfrac{1}{T_{go}} & C_{DT} \\ 0 & 0 \\ -C_{DT} & -\dfrac{1}{T_{go}} \end{bmatrix}, \quad u = [\dot{\gamma}_D, \dot{\gamma}_T]^{\mathrm{T}}$$

式(5.3.11)给出的是标称条件下的制导模型。在下压飞行过程中，下压运动与制导精度受大气密度、气动系数和相对运动信息偏差的共同影响。外部环境偏差对飞行器运动受力及运动状态造成的影响可通过闭路制导实时消除，然而相对运动信息的偏差会影响制导指令生成，其对终端制导精度的影响更大，因此可基于式(5.3.11)构建新的状态方程，即

$$\begin{cases} \dot{x} = f(x) + g(x)u + g_1(x)\omega(t) \\ y = h(x) + \delta(t) \end{cases} \tag{5.3.12}$$

其中，$\omega(t)$ 和 $\delta(t)$ 为过程噪声和测量噪声；$g_1(x)$ 为噪声对系统状态的增益；$h(x)$ 为测量信息。

2. 运动方程解耦线性化

直接基于非线性耦合运动方程(5.3.11)设计制导律具有较大的难度，因此可首先利用反馈线性化方法对原方程进行线性解耦处理。根据非线性控制理论[35]，构造如下形式的转换关系，即

$$\begin{cases} x_n = T(x) \\ \chi = \Gamma(x)u + \Xi(x) \end{cases} \tag{5.3.13}$$

其中，$\chi = [\chi_1, \chi_2]^{\mathrm{T}}$ 为新的控制向量。

反馈线性化是一种非线性坐标转换关系[35]，其中转换矩阵 $T(x)$、$\Gamma(x)$、$\Xi(x)$ 分别为

$$\begin{cases} x_n = T(x) = [h(x), L_f^1 h(x), \cdots, L_f^{n-1} h(x)]^{\mathrm{T}} \\ \Gamma(x) = L_g L_f^{n-1} h(x) \\ \Xi(x) = L_f^n h(x) \end{cases} \tag{5.3.14}$$

其中，$L_f^r h(x)$ 为函数 $h(x)$ 沿着 $f(x)$ 的第 r 阶李导数，$0 \leqslant r \leqslant n$。

将转换矩阵代入原耦合方程(5.3.10)，可得

$$
\begin{cases}
\dot{x}_n = A x_n + B\chi + \dfrac{\partial T(x)}{\partial x} g_1(x)\omega \\
\overset{\text{def}}{=} A x_n + B\chi + B_1\bar{\omega} \\
y_n = C T(x) + \delta(x)
\end{cases}
\tag{5.3.15}
$$

其中

$$
B_1 = \begin{bmatrix}
\mathbf{0}_{(\mu-1)\times(\mu-1)} & \mathbf{0}_{(\mu-1)\times(n-\mu+1)} \\
\mathbf{0}_{(n-\mu+1)\times(\mu-1)} & I_{(n-\mu+1)\times(n-\mu+1)}
\end{bmatrix}
$$

其中，μ 为干扰 ω 到输出 y 的关系度。

由于视线角和视线角速率具有严格的微分关系，因此只需对式(5.3.10)中的 x_2、x_4 进行反馈线性化便可获得线性解耦的制导模型。将 x_2、x_4 构成的子系统表述为方程(5.3.12)中标准非线性方程的形式，则相关函数矩阵为

$$
f'(x) = \begin{cases}
f'(x_2) = \left(\dfrac{\dot{V}}{V} + \dfrac{2}{T_{go}}\right)x_2 - C_{DT}x_4 \\
f'(x_4) = \left(\dfrac{\dot{V}}{V} + \dfrac{2}{T_{go}}\right)x_4 - C_{DT}x_2
\end{cases}, \quad
g'(x) = [g_1'(x), g_2'(x)] = \begin{bmatrix}
\dfrac{1}{T_{go}} & C_{DT} \\
-C_{DT} & -\dfrac{1}{T_{go}}
\end{bmatrix}
\tag{5.3.16}
$$

基于矩阵 $f'(x)$ 和 $g'(x)$，对输出函数 $h(x)$ 求一阶李导数可得转换矩阵，即

$$
\Gamma(x) = \begin{bmatrix}
L_{g_1'} h_2(x) & L_{g_2'} h_2(x) \\
L_{g_1'} h_4(x) & L_{g_2'} h_4(x)
\end{bmatrix} = \begin{bmatrix}
\dfrac{1}{T_{go}} & C_{DT} \\
-C_{DT} & -\dfrac{1}{T_{go}}
\end{bmatrix}
\tag{5.3.17}
$$

在下压飞行过程中，$\Gamma(x)$ 始终为非奇异矩阵，并且相对阶为 $r_1 = r_2 = 1$。这意味着，由 x_2、x_4 构成的子系统可完全线性化[35]。式(5.3.14)中的另一转换矩阵为

$$
\Xi(x) = \begin{bmatrix}
L_{f'} h_2(x) \\
L_{f'} h_4(x)
\end{bmatrix} = \begin{bmatrix}
\left(\dfrac{\dot{V}}{V} + \dfrac{2}{T_{go}}\right)x_2 - C_{DT}x_4 \\
\left(\dfrac{\dot{V}}{V} + \dfrac{2}{T_{go}}\right)x_4 - C_{DT}x_2
\end{bmatrix}
\tag{5.3.18}
$$

输出变换为

$$\boldsymbol{x}_n = \boldsymbol{T}(\boldsymbol{x}) = [h_2(\boldsymbol{x}), h_4(\boldsymbol{x})]^{\mathrm{T}} = [x_2, x_4]^{\mathrm{T}} \tag{5.3.19}$$

将式(5.3.13)中的输入变换、矩阵 $\boldsymbol{\Gamma}(\boldsymbol{x})$、$\boldsymbol{\Xi}(\boldsymbol{x})$ 代入原方程，则基于新的状态变量与控制变量表示的线性解耦运动方程为

$$\begin{bmatrix} \dot{x}_{n2} \\ \dot{x}_{n4} \end{bmatrix} = \begin{bmatrix} 0 & 0 \\ 0 & 0 \end{bmatrix} \begin{bmatrix} x_{n2} \\ x_{n4} \end{bmatrix} + \begin{bmatrix} 1 & 0 \\ 0 & 1 \end{bmatrix} \begin{bmatrix} \chi_1 \\ \chi_2 \end{bmatrix} \tag{5.3.20}$$

结合系统状态变量 x_1、x_3 可获得三维解耦线性模型，即

$$\begin{cases} \begin{bmatrix} \dot{x}_{n1} \\ \dot{x}_{n2} \\ \dot{x}_{n3} \\ \dot{x}_{n4} \end{bmatrix} = \begin{bmatrix} 0 & 1 & 0 & 0 \\ 0 & 0 & 0 & 0 \\ 0 & 0 & 0 & 1 \\ 0 & 0 & 0 & 0 \end{bmatrix} \begin{bmatrix} x_{n1} \\ x_{n2} \\ x_{n3} \\ x_{n4} \end{bmatrix} + \begin{bmatrix} 0 & 0 \\ 1 & 0 \\ 0 & 0 \\ 0 & 1 \end{bmatrix} \begin{bmatrix} \chi_1 \\ \chi_2 \end{bmatrix} + \begin{bmatrix} 0 & 0 \\ 1 & 0 \\ 0 & 0 \\ 0 & 1 \end{bmatrix} \begin{bmatrix} \bar{\omega}_1 \\ \bar{\omega}_2 \end{bmatrix} \\ \\ \boldsymbol{y} = \begin{bmatrix} 1 & 0 & 0 & 0 \\ 0 & 0 & 1 & 0 \end{bmatrix} \begin{bmatrix} x_{n1} \\ x_{n2} \\ x_{n3} \\ x_{n4} \end{bmatrix} + \begin{bmatrix} 1 & 0 & 0 & 0 \\ 0 & 0 & 1 & 0 \end{bmatrix} \begin{bmatrix} \delta_1 \\ 0 \\ \delta_2 \\ 0 \end{bmatrix} \end{cases} \tag{5.3.21}$$

其中，$\bar{\omega}_1$ 和 δ_1 为视线高低角的过程噪声和测量噪声；$\bar{\omega}_2$ 和 δ_2 为视线方位角过程噪声和测量噪声。

式(5.3.21)给出的多输入多输出制导模型满足 Brunovsky 标准型，其中 $[x_{n1}, x_{n2}, x_{n3}, x_{n4}] = [x_1, x_2, x_3, x_4]$，并且 $\mathrm{rank}(\boldsymbol{A}, \boldsymbol{AB}, \boldsymbol{A}^2\boldsymbol{B}, \boldsymbol{A}^3\boldsymbol{B}) = 4$，即下压制导系统具有完全能控性[35]。由于式(5.3.21)是完全解耦的线性模型，因此可在纵向和侧向两方向分别进行制导律设计。首先，给出偏差条件下纵向子系统模型，即

$$\begin{cases} \begin{bmatrix} \dot{x}_{n1} \\ \dot{x}_{n2} \end{bmatrix} = \begin{bmatrix} 0 & 1 \\ 0 & 0 \end{bmatrix} \begin{bmatrix} x_{n1} \\ x_{n2} \end{bmatrix} + \begin{bmatrix} 0 \\ 1 \end{bmatrix} \chi_1 + \begin{bmatrix} 0 \\ 1 \end{bmatrix} \bar{\omega}_1 \\ \\ y_1 = \begin{bmatrix} 1 & 0 \end{bmatrix} \begin{bmatrix} x_{n1} \\ x_{n2} \end{bmatrix} + \delta_1 \end{cases} \tag{5.3.22}$$

类似地，侧向子系统模型为

$$\begin{cases} \begin{bmatrix} \dot{x}_{n3} \\ \dot{x}_{n4} \end{bmatrix} = \begin{bmatrix} 0 & 1 \\ 0 & 0 \end{bmatrix} \begin{bmatrix} x_{n3} \\ x_{n4} \end{bmatrix} + \begin{bmatrix} 0 \\ 1 \end{bmatrix} \chi_2 + \begin{bmatrix} 0 \\ 1 \end{bmatrix} \bar{\omega}_2 \\ \\ y_2 = \begin{bmatrix} 1 & 0 \end{bmatrix} \begin{bmatrix} x_{n3} \\ x_{n4} \end{bmatrix} + \delta_2 \end{cases} \tag{5.3.23}$$

5.3.2　三维耦合制导律设计

基于反馈线性化获得的线性相对运动方程，利用 H_∞ 鲁棒控制在纵向与侧

向设计制导律。对于原非线性系统(5.3.12)，鲁棒制导律致力于寻找一个较小的正数 $\gamma > 0$，并构造控制律，使制导系统在存在外界干扰的条件下满足性能指标[36]，即

$$J(\boldsymbol{u}, \boldsymbol{\omega}) = \min\left[\int_0^T (\|\boldsymbol{y}\|^2 + \|\boldsymbol{u}\|^2 - \gamma^2 \|\boldsymbol{\omega}\|^2)\mathrm{d}t\right], \quad T \geqslant 0 \tag{5.3.24}$$

其中，$\|\cdot\|$ 表示 L_2 范数；参数 γ 可用于描述制导策略对外界干扰的抑制能力，γ 越小表示抑制能力越强，若 γ 达到最小值，则可得到最优鲁棒制导策略。

由于反馈线性化只是一种非线性坐标转换运算，因此可基于系统(5.3.12)的线性表达形式(5.3.15)设计下压制导律。首先，给出基于线性方程(5.3.15)的鲁棒性能指标[37]，即

$$\bar{J}(\boldsymbol{\chi}, \bar{\boldsymbol{\omega}}) = \min\left[\int_0^T (\|\boldsymbol{y}_n\|^2 + \|\boldsymbol{\chi}\|^2 - \gamma^2 \|\bar{\boldsymbol{\omega}}\|^2)\mathrm{d}t\right] \tag{5.3.25}$$

对于考虑外界干扰的下压鲁棒制导问题，制导律与外界噪声均可认为是系统输入，鲁棒制导的目标是寻求一种能够尽量降低外界干扰与噪声对制导精度影响的制导律。因此，下压制导可视为制导律与外界干扰之间的博弈，可表述为一个多输入的最优控制问题，其性能指标为[37]

$$\min_{\boldsymbol{\chi} \in L_{2e}} \max_{\bar{\boldsymbol{\omega}} \in L_{2e}^{n-\mu+1}} \bar{J}(\boldsymbol{\chi}, \bar{\boldsymbol{\omega}}) \leqslant 0 \tag{5.3.26}$$

基于不等式(5.3.26)，将线性方程(5.3.15)代入性能指标(5.3.25)，可得

$$\int_0^T \left(\|\boldsymbol{CT}(\boldsymbol{x})\|^2 + \|\boldsymbol{\Gamma}(\boldsymbol{x})\boldsymbol{u}^* + \boldsymbol{\Xi}(\boldsymbol{x})\|^2 - \gamma^2 \left\|\frac{\partial \boldsymbol{T}(\boldsymbol{x})}{\partial \boldsymbol{x}} g_1(\boldsymbol{x})\boldsymbol{\omega}\right\|^2\right)\mathrm{d}t \leqslant 0$$

$$\Rightarrow \int_0^T (\|\boldsymbol{CT}(\boldsymbol{x})\|^2 + \|\boldsymbol{\Gamma}(\boldsymbol{x})\boldsymbol{u}^* + \boldsymbol{\Xi}(\boldsymbol{x})\|^2 - \gamma^2 c_0^2 \|\boldsymbol{\omega}\|^2)\mathrm{d}t \leqslant 0$$

$$\Leftrightarrow g_2 = \left(\frac{\int_0^T (\|\boldsymbol{CT}(\boldsymbol{x})\|^2 + \|\boldsymbol{\Gamma}(\boldsymbol{x})\boldsymbol{u}^* + \boldsymbol{\Xi}(\boldsymbol{x})\|^2)\mathrm{d}t}{\int_0^T (\|\boldsymbol{\omega}\|^2)\mathrm{d}t}\right)^{\frac{1}{2}} \leqslant \gamma c_0 \tag{5.3.27}$$

其中，$c_0^2 = \sup\limits_{\boldsymbol{x} \in \mathrm{R}^n} \tau(\boldsymbol{x})$，$\tau(\boldsymbol{x})$ 为矩阵，即

$$g_1^{\mathrm{T}}(\boldsymbol{x}) \frac{\partial^{\mathrm{T}} \boldsymbol{T}(\boldsymbol{x})}{\partial \boldsymbol{x}} \frac{\partial(\boldsymbol{x})\boldsymbol{T}}{\partial \boldsymbol{x}} g_1(\boldsymbol{x}) \tag{5.3.28}$$

的最大特征值。

不等式(5.3.27)证明 $\boldsymbol{u}^*$ 为以下系统的鲁棒制导律，即

$$\begin{cases} \dot{\boldsymbol{x}} = \boldsymbol{A}(t)\boldsymbol{x} + \boldsymbol{B}(t)\boldsymbol{u} + \boldsymbol{g}_1(\boldsymbol{x})\boldsymbol{\omega}(t) \\ \bar{\boldsymbol{y}} = \begin{bmatrix} \boldsymbol{CT}(\boldsymbol{x}) \\ \boldsymbol{\Gamma}(\boldsymbol{x})\boldsymbol{u} + \boldsymbol{\Xi}(\boldsymbol{x}) \end{bmatrix} \end{cases} \tag{5.3.29}$$

同时，不等式(5.3.27)中第三式证明闭环系统的 L_2 增益小于等于 γc_0。基于反馈线性化处理之后的线性方程(5.3.15)，利用 H_∞ 鲁棒控制方法设计制导律。其鲁棒控制有解的充要条件是存在非负解矩阵 $\boldsymbol{H}^* \geqslant 0$，满足 Riccati 不等式[38]，即

$$\boldsymbol{A}^{\mathrm{T}}\boldsymbol{H} + \boldsymbol{HA} + \frac{1}{\gamma^2}\boldsymbol{HB}_1\boldsymbol{B}_1^{\mathrm{T}}\boldsymbol{H} - \boldsymbol{HB}_2\boldsymbol{B}_2^{\mathrm{T}}\boldsymbol{H} + \boldsymbol{C}^{\mathrm{T}}\boldsymbol{C} < \boldsymbol{0} \tag{5.3.30}$$

线性系统对应的制导律为[38]

$$\boldsymbol{\chi}^* = -\boldsymbol{B}_2^{\mathrm{T}}\boldsymbol{H}^*\boldsymbol{x}_n \tag{5.3.31}$$

将制导律(5.3.31)代入式(5.3.13)，可得鲁棒制导律，即

$$\boldsymbol{u}^* = -\boldsymbol{\Gamma}^{-1}(\boldsymbol{x})(\boldsymbol{\Xi}(\boldsymbol{x}) + \boldsymbol{B}_2^{\mathrm{T}}\boldsymbol{H}^2\boldsymbol{x}_n) \tag{5.3.32}$$

以纵向子系统为例，设置 $\gamma = 2$，Riccati 不等式(5.3.30)的一个正解为

$$\boldsymbol{H}_1^* = \begin{bmatrix} 3.87 & 2 \\ 2 & 2.58 \end{bmatrix}$$

将矩阵 $\boldsymbol{H}_1^*$ 代入不等式(5.3.30)可得

$$\boldsymbol{A}^{\mathrm{T}}\boldsymbol{H}_1^* + \boldsymbol{H}_1^*\boldsymbol{A} + \frac{1}{4}\boldsymbol{H}_1^*\boldsymbol{B}_1\boldsymbol{B}_1^{\mathrm{T}}\boldsymbol{H}_1^* - \boldsymbol{H}_1^*\boldsymbol{B}_2\boldsymbol{B}_2^{\mathrm{T}}\boldsymbol{H}_1^* + \boldsymbol{C}^{\mathrm{T}}\boldsymbol{C} = \begin{bmatrix} -5 & -3.87 \\ -3.87 & -6 \end{bmatrix}$$

其特征值为 $\lambda_1 = -9.40$、$\lambda_2 = -1.59$，满足鲁棒性设计需求，将矩阵 $\boldsymbol{B}_2$ 与 $\boldsymbol{H}_1^*$ 代入式(5.3.31)中，可得基于线性方程的下压制导律，即

$$\boldsymbol{\chi}_1^* = -\boldsymbol{B}_2^{\mathrm{T}}\boldsymbol{H}_1^* \begin{bmatrix} x_{n1} \\ x_{n2} \end{bmatrix} = -2x_{n1} - 2.58x_{n2} \tag{5.3.33}$$

式(5.3.33)是基于相关矩阵在数学上获得的制导律，但是忽视了下压制导的物理解释。新的状态变量 x_{n1} 和 x_{n2} 分别为视线角和角速率，由式(5.3.13)第二式与矩阵 $\boldsymbol{\Gamma}(\boldsymbol{x})$ 可知，新的控制变量 $\boldsymbol{\chi}$ 的物理意义为速度方位角转率的变化率，即速度方位角加速率。因此，需要将控制律(5.3.33)重构为

$$\boldsymbol{\chi}_{n1}^* = -\boldsymbol{B}_2^{\mathrm{T}}\boldsymbol{H}_1^* \begin{bmatrix} \dfrac{x_{n1}}{T_{go}^2} \\ \dfrac{x_{n2}}{T_{go}} \end{bmatrix} = -2\dfrac{x_{n1}}{T_{go}^2} - 2.58\dfrac{x_{n2}}{T_{go}} \tag{5.3.34}$$

T_{go}^2 与 T_{go} 始终为正，因此 $x_{ni}(i=1,2)$ 的符号不会改变，并且制导律的鲁棒性仍然能够保证。同理，侧向子系统的制导律为

$$\chi_{n2}^* = -\boldsymbol{B}_2^{\mathrm{T}}\boldsymbol{H}_2^* \begin{bmatrix} \dfrac{x_{n3}}{T_{go}^2} \\ \dfrac{x_{n4}}{T_{go}} \end{bmatrix} = -2\dfrac{x_{n3}}{T_{go}^2} - 2.58\dfrac{x_{n4}}{T_{go}} \tag{5.3.35}$$

将式(5.3.34)与式(5.3.35)代入式(5.3.13)，可得实际耦合系统的三维鲁棒制导律，即

$$\boldsymbol{u} = \boldsymbol{\Gamma}^{-1}(\boldsymbol{x})(-\boldsymbol{\Xi}(\boldsymbol{x}) + \boldsymbol{\chi}_n^*)$$

$$= \dfrac{1}{\dfrac{1}{T_{go}^2} - C_{DT}^2} \begin{bmatrix} \dfrac{1}{T_{go}} & C_{DT} \\ -C_{DT} & -\dfrac{1}{T_{go}} \end{bmatrix} \begin{bmatrix} -\left(\dfrac{\dot{V}}{V} + \dfrac{2}{T_{go}}\right)x_{n2} + C_{DT}x_{n4} - 2\dfrac{x_{n1}}{T_{go}^2} - 2.58\dfrac{x_{n2}}{T_{go}} \\ -\left(\dfrac{\dot{V}}{V} + \dfrac{2}{T_{go}}\right)x_{n4} + C_{DT}x_{n2} - 2\dfrac{x_{n3}}{T_{go}^2} - 2.58\dfrac{x_{n4}}{T_{go}} \end{bmatrix} \tag{5.3.36}$$

由反馈线性化中的状态变量转换关系与式(5.3.8)第一式，可知

$$[x_1, x_2, x_3, x_4]^{\mathrm{T}} = [\lambda_D + \gamma_{DF}, \dot{\lambda}_D, \lambda_{TT} + \gamma_{TF}, \dot{\lambda}_{TT}]^{\mathrm{T}} \tag{5.3.37}$$

进一步，引入分平面的下压制导律作为对比，即

$$\begin{cases} \dot{\gamma}_D = -4\dot{\lambda}_D - 2(\lambda_D + \gamma_{DF})/T_{go} \\ \dot{\gamma}_T = -4\dot{\lambda}_T - 2(\lambda_T + \gamma_{TF})/T_{go} \end{cases} \tag{5.3.38}$$

相对于传统的分平面最优制导律[式(5.3.38)]，三维耦合鲁棒制导律[式(5.3.36)]在制导指令生成中考虑下压纵向运动与侧向运动的耦合特性，并通过系数 C_{DT} 进行量化描述。另外，由于下压制导是一种闭环制导过程，其航向误差随着制导的推进不断减小，因此两方向运动的耦合作用必然不断减弱，即耦合系数 C_{DT} 不断趋向于零，此时的耦合制导律在形式上与解耦的分平面最优制导律完全相同，唯有制导增益略有差异。式(5.3.36)给出了速度方位角及高低角变化率，将其转换为需要过载的形式，即

$$\begin{cases} n_y = \dot{\gamma}_D V/g_0 \\ n_z = \dot{\gamma}_T V/g_0 \end{cases} \tag{5.3.39}$$

控制量攻角可由式(5.3.40)反插值获得，即

$$\dfrac{\rho V^2 S_r C_L}{2Mg_0} = \sqrt{n_y^2 + n_z^2} \tag{5.3.40}$$

其中，g_0 为地球海平面标准引力加速度大小。

倾侧角为

$$\upsilon = \arctan(n_z / n_y) \tag{5.3.41}$$

5.3.3　仿真分析

采用与 5.2.2 节仿真分析中相同的模型参数对下压三维耦合制导进行测试。主要弹道参数曲线如图 5.3.1 所示。由仿真结果可知，三维耦合 H_∞ 鲁棒制导律可以导引飞行器以给定的当地速度倾角和方位角对地面目标进行攻击。在飞行过程中，所有弹道曲线皆光滑变化，未出现任何抖动。在下压飞行过程中，控制能力约束必然影响飞行轨迹，但是作为一种闭路制导方法，三维鲁棒制导律能够根据当前飞行状态实时生成制导指令来消除控制能力约束引起的制导误差。

由图 5.3.2(a)可知，由于终端方位角要求飞行器在终端向偏东方向运动，因此攻角在下压伊始迅速到达饱和，同时倾侧角调整为负，以使飞行器向偏北方向运动。随后倾侧角由负转为正，并且攻角始终为正，以使飞行器由向偏北方向运动

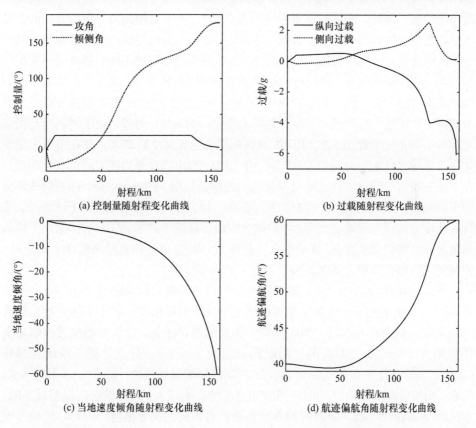

(a) 控制量随射程变化曲线

(b) 过载随射程变化曲线

(c) 当地速度倾角随射程变化曲线

(d) 航迹偏航角随射程变化曲线

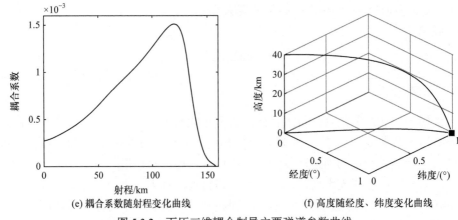

(e) 耦合系数随射程变化曲线　　　　　　(f) 高度随经度、纬度变化曲线

图 5.3.2　下压三维耦合制导主要弹道参数曲线

转为向偏东方向运动。这种先偏北后偏东的下压运动有利于飞行器实现速度方向调整和终端速度方向的控制,同时控制量的缓慢变化能够减小能量损耗与飞行器自身的结构损伤。下压速度方向的调整并非固定,而是取决于飞行器初始速度方向及终端角度约束。例如,当终端需要方位角为 30° 时,控制量倾侧角与飞行方向的调整顺序将与当前仿真结果相反。如图 5.3.2(b)所示,纵向与侧向过载随控制量一同变化。纵向过载由正调整为负,并不断减小以实现弹道的迅速下压,最终同时满足射程及当地速度倾角约束。侧向过载与倾侧角一同由负转为正,最终减小到零来保证制导系统的稳定性。图 5.3.2(a)中的制导指令导致图 5.3.2(c)中的当地速度倾角在下压前期变化缓慢,后期迅速减小,其终端误差约为 0.1°。另外,由于倾侧角与侧向过载由负到正,因此图 5.3.2(d)中的航迹偏航角也先减小后增大,并在下压末端变化趋于平稳,终端航向误差为 0.02°。图 5.3.2(e)给出耦合系数随射程的变化曲线,在下压初始阶段较远的视线距离导致较弱的耦合作用。在下压中段,随着视线距离的不断减小,以及速度方向误差的共同作用,耦合作用稍有增强。在下压终端,飞行器速度方位误差皆减小到零,导致耦合系数逐渐减小到零。图 5.3.2(f)给出下压地面轨迹及三维弹道曲线,其终端落点误差在 5m 以内。上述仿真结果验证了基于 H_∞ 控制的三维耦合制导方法在无偏差条件下的高精度性。

下压三维耦合制导的另一重要性能是,纵向与侧向运动强耦合条件下的制导精确性,并能在无须调整制导参数的情况下保证制导精度。由于下压运动的耦合作用主要由航向误差引起,因此可基于相同的制导任务,设置初始航迹偏航角变化范围为 20°~40°,对应的初始航向误差为 5°~25°,分别计算三维耦合制导[式(5.3.36)]与分平面最优制导[式(5.3.38)]的终端制导精度。如图 5.3.3 和表 5.3.1 所示,初始航向误差对终端制导精度和速度的影响较大。当初始航向误差较小时,下压运动耦合性较弱,导致两种方法几乎具有相同的制导精度。同时,终端方向误差随初始航向误差的增大而增大，但是分平面制导的终端误差明显大于三维耦合制导。相对于分平面制导，三维耦合制导能更有效地控制航向误差，因此其侧向机动幅度小于分平面制导，导致两种制导方法的终端速度差较大。仿真结果证明，下压三维鲁棒制导方法能够有效处理航向误差引起的下压运动耦合作用，在大航向偏差条件下仍能实现制导目标。

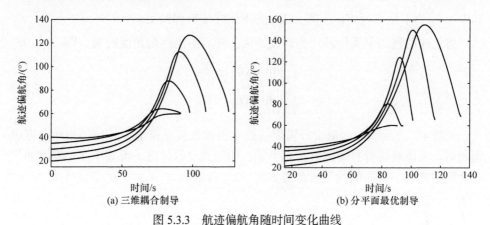

(a) 三维耦合制导　　　　　　　　(b) 分平面最优制导

图 5.3.3　航迹偏航角随时间变化曲线

表 5.3.1　三维耦合制导与分平面最优制导对比分析

σ_0 /(°)	三维耦合制导				分平面最优制导			
	σ_f /(°)	θ_f /(°)	V_f/(m/s)	落点误差/m	σ_f /(°)	θ_f /(°)	V_f/(m/s)	落点误差/m
20	61.74	−58.85	633	1.05	68.63	−50.00	492	28.15
25	61.63	−59.16	819	0.99	65.46	−55.25	593	12.47
30	60.90	−59.44	1116	4.77	64.03	−58.35	842	7.65
35	60.07	−59.71	1405	1.75	59.98	−60.04	1268	2.92
40	59.85	−59.64	1526	4.02	60.12	−60.03	1485	3.46

5.4　下压机动弹道设计

为实现下压机动飞行,本节设计满足终端约束且能实现机动飞行的下压弹道。考虑终端制导精度的下压机动弹道设计问题，即根据下压初始条件和终端约束设计纵向下压弹道，并根据给定机动幅度、机动频率等机动参数和状态参数，在侧向设计机动弹道的基本形式。

5.4.1 纵向下压弹道设计

下压段弹道设计需要满足终端落点及落角约束，在纵向的位置约束可转化为射程约束，即

$$\lim_{h \to 0} L_R(h) = L_{Rf} \tag{5.4.1}$$

其中，L_R 为下压飞行当前射程；L_{Rf} 为下压终端射程约束。

将上述射程约束条件转化为高度约束，同时给出终端角度约束，即

$$\begin{cases} \lim\limits_{L_R \to L_{Rf}} h(L_R) = 0 \\ \lim\limits_{L_R \to L_{Rf}} \theta(L_R) = \theta_f \end{cases} \tag{5.4.2}$$

式(5.4.2)表示纵向弹道设计需要在终端射程处实现落地，并满足当地速度倾角约束。考虑椭圆具有可调整长短半轴、曲线光滑等优点，可基于 1/4 椭圆曲线设计纵向弹道。纵向椭圆下压弹道如图 5.4.1 所示。

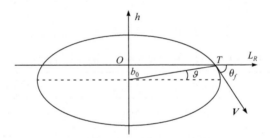

图 5.4.1　纵向椭圆下压弹道

图 5.4.1 中，T 为落点，θ_f 为终端当地速度倾角。建立下压坐标系，令原点 O 为下压起始时刻飞行器质心与地心连线与地球表面的交点，纵轴指向天为正，横轴指向终端目标方向。椭圆方程为

$$\frac{L_R^2}{a^2} + \frac{(h - b_0)^2}{b^2} = 1 \tag{5.4.3}$$

其中，a 为长半轴；b 为短半轴；b_0 为纵向偏移量。

式(5.4.3)可改写为

$$h = \frac{b}{a}\sqrt{a^2 - L_R^2} + b_0 \tag{5.4.4}$$

飞行器初始高度为 h_0，因此存在以下关系，即

$$h_0 = b + b_0 \tag{5.4.5}$$

在下压坐标系中，落点的坐标为 $(L_{Rf}, 0)$，则椭圆弹道需要满足的终端位置约

束为

$$\frac{L_{Rf}^2}{a^2} + \frac{(b-h_0)^2}{b^2} = 1 \tag{5.4.6}$$

引入极坐标系中的椭圆方程，即

$$\begin{cases} L_R = a\cos\vartheta \\ h = b\sin\vartheta + b_0 \end{cases} \tag{5.4.7}$$

其中，ϑ 为极角，同时给出微分关系，即

$$\begin{cases} \dfrac{\mathrm{d}h}{\mathrm{d}L_R} = \dfrac{\mathrm{d}h}{\mathrm{d}\vartheta} \Big/ \dfrac{\mathrm{d}L_R}{\mathrm{d}\vartheta} = -\dfrac{b}{a}\cot\vartheta \\[2mm] \cot\vartheta = \dfrac{\cos\vartheta}{\sin\vartheta} = \dfrac{L_R}{a}\cdot\dfrac{b}{h-b_0} \end{cases} \tag{5.4.8}$$

将式(5.4.8)中的第二式代入第一式可得

$$\frac{\mathrm{d}h}{\mathrm{d}L_R} = -\frac{b^2}{a^2}\cdot\frac{L_R}{h-b_0} \tag{5.4.9}$$

式(5.4.9)给出基于椭圆弹道的高度与射程之间的微分关系。这里需要引入以下运动关系，即

$$\frac{\mathrm{d}h}{\mathrm{d}L_R} = \frac{\mathrm{d}h}{\mathrm{d}t} \Big/ \frac{\mathrm{d}L_R}{\mathrm{d}t} = \frac{V\sin\theta}{V\cos\theta} = \tan\theta \tag{5.4.10}$$

显然，式(5.4.9)与式(5.4.10)相等，结合目标位置坐标 $T=(L_{Rf},0)$ 和 $\theta=\theta_f$，则终端角度约束为

$$\frac{b^2}{a^2}\frac{L_{Rf}}{b_0} = \tan\theta_f \tag{5.4.11}$$

将式(5.4.11)代入式(5.4.6)，结合式(5.4.5)可得

$$\begin{cases} b_0 = \dfrac{h_0^2}{2h_0 + L_{Rf}\tan\theta_f} \\[3mm] b = \dfrac{h_0^2 + L_{Rf}h_0\tan\theta_f}{2h_0 + L_{Rf}\tan\theta_f} \\[3mm] a = L_{Rf}\sqrt{\dfrac{b^2}{b^2-b_0^2}} \end{cases} \tag{5.4.12}$$

由式(5.4.12)可知，存在以下关系，即

$$
\begin{cases}
\lim\limits_{\theta_f \to \frac{\pi}{2}} b_0(\theta_f) = 0 \\[2mm]
\lim\limits_{\theta_f \to \frac{\pi}{2}} a(\theta_f) = L_{Rf} \\[2mm]
\lim\limits_{\theta_f \to \frac{\pi}{2}} b(\theta_f) = h_0
\end{cases}
\tag{5.4.13}
$$

式(5.4.13)表示当需要对目标进行垂直攻击时，下压弹道为 1/4 椭圆弹道。进一步，将式(5.4.12)代入式(5.4.4)可得纵向下压弹道，对式(5.4.4)求导可得期望高度变化率，即

$$
\dot{h} = -\frac{bL_R}{a\sqrt{a^2 - L_R^2}} V \cos\theta
\tag{5.4.14}
$$

5.4.2　侧向机动弹道设计

为了更加准确方便地描述侧向运动，建立图 5.4.2 所示的平面目标坐标系。

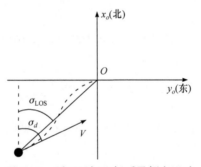

图 5.4.2　平面目标坐标系及侧向运动

图 5.4.2 中，原点 O 为目标点，Ox_o 指向正北方向，Oy_o 指向正东方向。σ_{LOS} 为视线方位角，正北方向顺时针旋转为正，可基于当前经纬度与目标经纬度通过球面三角理论求得。无机动飞行侧向制导的目标是消除航向偏差，也就是使控制航迹偏航角等于视线方位角，即

$$
\sigma_d = \sigma_{LOS}
\tag{5.4.15}
$$

下压段侧向运动需要在实现机动的同时满足落点约束，因此可在式(5.4.15)所示的制导弹道的基础上加入正弦机动项实现侧向机动飞行，即

$$
\sigma_d = \sigma_{LOS} + A_z \sin\left(k \frac{L_R}{L_{Rf}} \pi \right)
\tag{5.4.16}
$$

其中，A_z 为机动幅值；k 为机动频率。

式(5.4.16)满足

$$\lim_{L_R \to L_{Rf}} \sigma_d(L_R) = \sigma_{\mathrm{LOS}} \tag{5.4.17}$$

这表明，飞行器接近目标时，可以机动收敛到零来保证制导精度。对式(5.4.16)求导可得

$$\dot{\sigma}_d = \dot{\sigma}_{\mathrm{LOS}} + \frac{A_z k \pi V \cos\theta}{L_{Rf}} \cos\left(k \frac{L_R}{L_{Rf}} \pi\right) \tag{5.4.18}$$

由式(5.4.16)和式(5.4.18)可知，侧向机动弹道是在侧向导引的基础上增加附加机动项，目的在于消除航向偏差，实现侧向机动飞行。

5.4.3　仿真分析

采用 CAV-H 总体及气动参数进行仿真分析。初始条件设置为：经纬度 $\lambda_0 = \phi_0 = 0°$、高度 $h_0 = 40\text{km}$、速度大小 $V_0 = 2000\text{m/s}$、当地速度倾角 $\theta_0 = 0°$、航迹偏航角 $\sigma_0 = 45°$。过程约束设置为：攻角 $\alpha \in [0°, 20°]$、最大攻角变化率为 5°/s、最大过载不超过 $30g$、最大倾侧角变化率为20°/s。机动参数设置为，机动频率 $k = 4$、机动幅值 $A_z = 0.1\text{rad}$、终端当地速度倾角约束 $\theta_f = -60°$、目标经纬度 $\lambda_f = \phi_f = 1°$。

如图 5.4.3 所示，本节研究的弹道设计方法能够高精度地满足落点与落角(即当地速度倾角)约束，并实现机动飞行，落点误差约为 2m，落角误差为 0.2°。在整个飞行过程中，攻角以最快的速度达到饱和，同时倾侧角也以最大能力变化，使弹道跟踪偏差快速收敛。由于飞行器需要在机动的同时进行弹道下压，因此较快的下压速度导致倾侧角的绝对值出现大于 90° 的情况。另外，由于高空大气密度较小，因此尽管具有饱和状态的攻角和以最大能力变化的倾侧角，仍不能提供足够大的机动过载来实现弹道跟踪。随着高度降低，增大的大气密度使飞行器具

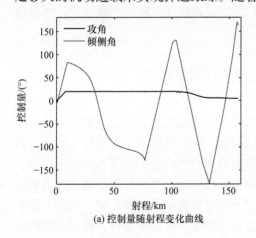

(a) 控制量随射程变化曲线

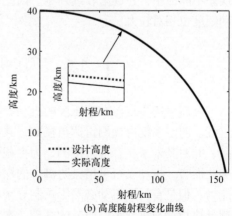

(b) 高度随射程变化曲线

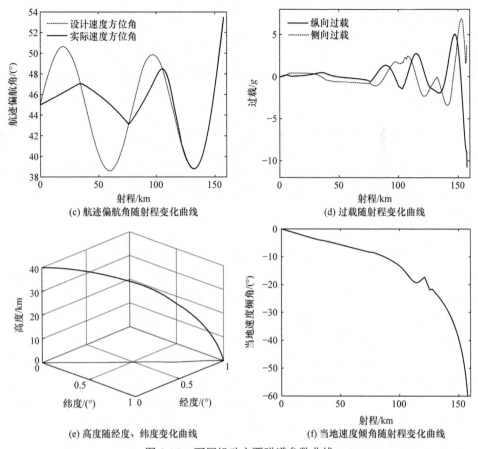

(c) 航迹偏航角随射程变化曲线　　　　　　(d) 过载随射程变化曲线

(e) 高度随经度、纬度变化曲线　　　　　(f) 当地速度倾角随射程变化曲线

图 5.4.3　下压机动主要弹道参数曲线

有足够大的气动力来实现机动飞行与弹道下压。此时，航迹偏航角和高度的跟踪误差不断缩小，并逐渐收敛到零。因此，低空段的机动过载大于高空段，而且机动幅度也相对较大。

5.5　下压机动制导策略

高超声速飞行器在下压段的机动突防过程实际是攻防双方相互博弈与对抗的过程。防空系统由探测雷达与拦截弹共同组成。探测雷达用于探测目标的运动信息，并对其未来状态进行预测，为拦截弹制导律的生成提供预测目标信息。对于突防而言，机动飞行可增大防御方的探测与拦截难度，进而有效增强飞行器突防能力，但是盲目地机动必然影响制导精度，甚至导致制导任务失败。因此，作为制导律设计与机动策略研究的基础，本节首先基于三维运动方程，利用反馈控制设计能够满足多种终端约束的下压制导律，并增加机动飞行控制项来建立机动控制模型。其次，考虑拦截弹运动信息在机动策略设计中的决定性作用，在拦截时刻确定与不确定两种情况下建立突防性能指标，并利用最优控制理论设计机动策略。最后，结合飞行器控制能力约束，以及机动飞行对制导精度的影响，对原性能指标和机动策略进行重构以获得最优机动策略及保性能机动策略，并分析制导参数对突防性能的影响。

5.5.1　下压机动制导建模

由于复杂的气动力、引力、控制力的影响，下压弹道与传统的弹道导弹自由段弹道大不相同，因此无法直接通过相对位置和速度建立机动控制方程。式(5.3.36)所示的制导律能够实现下压精确制导，但是弹道过于平直，必然导致突防性能下降。因此，为同时实现高精度制导与机动飞行，可在基于线性方程设计的制导律的基础上增加附加机动项，即

$$u_{\text{integrate}} = u_g + u_m \tag{5.5.1}$$

其中，u_g 为不含机动的下压制导律；$u_m = [u_{mD}, u_{mT}]^{\text{T}}$ 为机动控制律，新的制导律 $u_{\text{integrate}}$ 可称为制导与机动的复合制导律。

利用式(5.5.1)，通过设计机动控制 u_m 可获得不同形式的机动弹道。将复合制导律 $u_{\text{integrate}}$ 代入式(5.3.13)中，可得

$$u = \Gamma^{-1}(x)(-\Xi(x) + u_{\text{integrate}}) \tag{5.5.2}$$

由式(5.5.2)可知，下压机动制导律是在三维耦合制导律的基础上，增加机动控制项 u_m，并将其转换到原非线性方程中实现机动飞行，并精确攻击目标。

5.5.2　遭遇时刻确定的最优机动策略

设计合理的机动控制律可实现高超声速飞行器的有效突防。飞行器的突防性能与遭遇时刻的速度和机动过载密切相关，速度和过载越大则突防性能越强，但是过于剧烈的机动飞行必然导致能量损失过多。其飞行速度的降低则会导致突防性能下降。因此，首先需要设计突防性能评价准则，然后利用最优控制研究最优机动策略。

1. 机动策略设计

以纵向机动为例研究机动策略，首先基于零化视线角速率设计制导律，并增加机动项建立机动控制模型，即

$$\begin{cases} \dot{x} = -k_D x + u_{mD} \\ y = x \end{cases} \tag{5.5.3}$$

其中，x 为视线角速率；k_D 为有效导航比，通常在 3～5。

以视线角速率间接表征机动过载，根据突防性能影响因素，基于能量损耗与遭遇时刻的视线角速率建立复合性能指标，即

$$J = \min\left(-\frac{1}{2}x^2 t_f + \frac{1}{2}\int_0^{t_f} u_{mD}^2 \mathrm{d}t \right) \tag{5.5.4}$$

其中，t_f 为遭遇时刻。

式(5.5.4)的物理意义是：在时间区间 $[0, t_f]$ 范围内，通过设计机动控制输入 u_{mD} 获得能量损耗最小值及遭遇时刻视线角速率的最大值。考虑性能指标，基于一维机动模型[式(5.5.3)]的最优控制律为

$$u_{mD}^* = -K(t)x = -R^{-1}B^{\mathrm{T}}P(t)x \tag{5.5.5}$$

其中，$B=1$；$R=1$；$P(t)$ 可由 Riccati 微分方程获得，即

$$\begin{cases} \dot{P}(t) + P(t)A + A^{\mathrm{T}}P(t) - P(t)BR^{-1}B^{\mathrm{T}}P(t) = 0 \\ P(t_f) = F \end{cases} \tag{5.5.6}$$

其中，$F = -1$。

式(5.5.6)的最优解为

$$P(t) = \frac{-2k_D \exp(-2k_D t_f)}{\exp(-2k_D t_f) + (2k_D - 1)\exp(-2k_D t)} \tag{5.5.7}$$

选取有效导航比 $k_D = 4$，不同拦截时刻的机动增益 $K(t)$ 如图 5.5.1 所示。

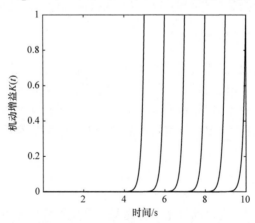

图 5.5.1　不同拦截时刻的机动增益

由图 5.5.1 可知，只在拦截时刻附近进行大范围机动能够尽可能地降低能量

损耗并增大机动过载。将式(5.5.7)代入式(5.5.5)可得纵向最优机动策略，即

$$u_{mD}^* = \frac{2k_D \exp(-2k_D t_f)}{\exp(-2k_D t_f) + (2k_D - 1)\exp(-2k_D t)}x \tag{5.5.8}$$

由式(5.5.7)可知，获得最小能量消耗和末端最大视线角速率的最优机动策略为：当飞行器与拦截弹相对距离较远时，机动增益系数基本为零，即无须采取任何机动来减小能量损失；当双方很接近时，机动增益与视线角速率迅速增大来增大机动过载，进而增大拦截脱靶量。然而，机动飞行需要在达到最大机动幅值之后收敛到零，以减小能量损耗并降低机动飞行对制导精度的影响。另外，式(5.5.8)给出的最优机动策略要求视线角速率在遭遇时刻迅速增大，但是忽略了实际制导系统存在控制能力受限问题。因此，需要基于理论上的最优机动策略及上述关键问题对性能指标和机动策略进行重构。

性能指标式(5.5.4)用于获得最小能量损耗及拦截时刻最大的视线角速率。最小能量损耗意味着最大终端速度，因此式(5.5.4)可重构为

$$J = \max_{t=t_f}\left(k_{\text{revise}}x(t) + \frac{V(t)}{V_0} \right) \tag{5.5.9}$$

其中，V_0 为下压初始速度，此处对速度进行归一化使 $V(t)/V_0 \in [0,1]$；k_{revise} 为修正系数，使 $k_{\text{revise}}x(t)$ 与 $V(t)/V_0$ 具有相同的数量级。

式(5.5.9)给出的新型性能指标以实际视线角速率、速度大小为基本元素，因此符合实际机动过程。由式(5.5.9)可知，当速度大小与视线角速率的加权平均值达到最大时，突防性能达到最优。基于式(5.5.9)，综合考虑控制能力约束和制导精度，式(5.5.8)可重构为

$$u_{mD} = K_{D\max} \exp\left(-\left(\frac{t-t_f}{\xi}\right)^2 \right)x \tag{5.5.10}$$

其中，$K_{D\max}$ 为最大机动幅值；ξ 可用于调节机动开始时间及结束时间。

与式(5.5.8)类似，该策略要求飞行器在拦截遭遇时刻进行大范围机动，可以获得较大的机动过载和终端速度。重构之后的机动策略可描述为，在下压初始阶段，无须机动以减小能量损耗，而在飞行器接近拦截弹时，视线角速率迅速增大来增大机动过载，并在遭遇时刻无须机动以减小能量损耗达到最大，随后机动幅值迅速减小，降低机动飞行对制导精度造成的影响，其中机动幅值、机动起始时间、机动结束时间皆可控制。相对于式(5.5.8)，式(5.5.10)虽然是机动策略中的次优解，但是充分考虑了其在实际系统中的应用情况，因此具有更强的实际应用性。

2. 仿真分析

下压飞行初始状态设置为：速度大小为 2000m/s、当地速度倾角为 0°、航迹偏航角为 45°、经纬度皆为 0°、高度为 40km。终端参数设置为：经纬度皆为 1°，当地速度倾角为 $-80°$；控制能力约束设置为：攻角 $\alpha \in [0°, 20°]$、攻角变化率 $|\dot{\alpha}|_{max} < 5°/s$、最大过载 $n_{max} \in [0, 20g]$、最大倾侧角变化率 $|\dot{\upsilon}|_{max} < 20°/s$。

拦截遭遇时刻确定的最优机动控制参数设置为：$t_f = 60s$、$\xi = 3$、$k_{revise} = 180/\pi$、机动幅值 $K_{Dmax} \in [0, 0.3]$。基于上述仿真参数，在下压制导的基础上开展纵向机动飞行仿真，下压最优机动弹道曲线如图 5.5.2 所示。由仿真结果可知，利用本章提出的最优机动策略可同时实现下压高精度制导与机动飞行，终端当地速度倾角误差皆在 0.5° 以内，视线角速率在下压末端能够收敛到零，同时能够产生 $3g \sim 3.5g$ 的机动过载。根据机动策略与参数设置，当飞行时间小于 55s 时，四条弹道的机动幅值均为零，此时的运动状态皆为单纯下压制导律作用的结果。如图 5.5.2(a) 所示，当飞行时间大于 55s 时，攻角迅速增大以产生能够实现大范围机动的气动升力与

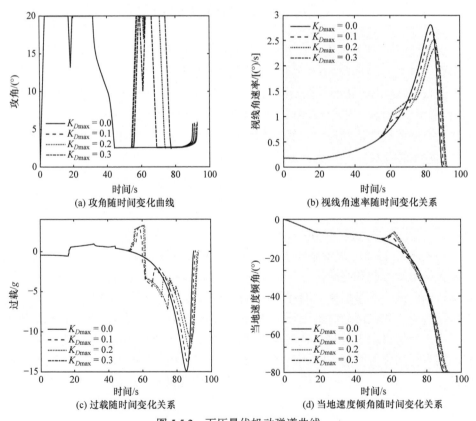

(a) 攻角随时间变化曲线
(b) 视线角速率随时间变化关系
(c) 过载随时间变化关系
(d) 当地速度倾角随时间变化关系

图 5.5.2　下压最优机动弹道曲线

机动过载。如图 5.5.2(b)所示，由于飞行器控制能力的限制，攻角和攻角变化率存在饱和现象，实际视线角速率和机动过载不能随需要机动幅值的增大而线性增大。如图 5.5.2(c)与图 5.5.2(d)所示，当最大机动幅值 $K_{D\max} > 0.2$ 时，不同机动幅值对应的弹道曲线差异较小。在下压飞行过程中，虽然存在大范围的机动，但是在机动飞行结束之后，视线角速率均匀变化并在末端减小为零。这表明，飞行器能够高精度地满足终端的多种约束。

上述仿真结果只能证明，机动控制律能够在保证制导精度的前提下实现给定拦截遭遇时刻的机动飞行，因此需要进一步分析不同的机动参数 ξ 与 $K_{D\max}$ 对突防性能的影响，并以此为基础获得最优机动参数。设置机动参数 $K_{D\max} \in [0.1, 2.0]$、$\xi \in [1, 20]$ 并保持其他参数不变，不同机动参数下的突防性能指标如图 5.5.3 和图 5.5.4 所示。由仿真结果可知，突防性能与 ξ 和 $K_{D\max}$ 密切相关。由于突防性能指标是拦截遭遇时刻飞行速度与视线角速率组成的复合性能指标，因此机动参数不能过大或过小。对于给定的参数 ξ，当 $K_{D\max} < 0.3$ 时，性能指标随机动幅值的增大而迅速增大；当 $K_{D\max} > 0.5$ 时，飞行器控制能力约束导致突防性能基本保持不变。同样对于给定的参数 $K_{D\max}$，当 $\xi = 5, 6, 7$ 时性能指标达到最大。因此，由仿真结果可知，$\xi = 5, 6, 7$ 且 $K_{D\max} > 0.3$ 为最优机动参数组合。

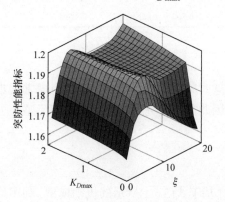

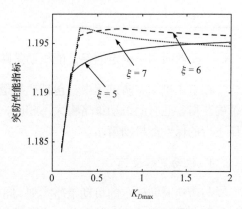

图 5.5.3　不同参数 ξ 与 $K_{D\max}$ 下的　　图 5.5.4　不同参数 ξ 下的突防性能指标
　　　　　突防性能指标

机动飞行必然对制导精度造成不良影响，因此需要综合考虑制导精度进一步优化选取机动参数。如表 5.5.1 所示，相对于性能指标为 $J = 1.152$ 的无机动弹道，机动飞行可明显增强突防性能。另外，相对较小的机动参数 ξ 与 $K_{D\max}$ 意味着幅度较小的机动飞行，此时的制导精度较高。当 ξ 与 $K_{D\max}$ 选取较大时，大范围机动虽然能够提升突防性能，但是容易造成较大的制导误差，甚至导致制导任务的失败，如 $\xi = 8$ 且 $K_{D\max} = 0.6$ 的情况。综合考虑表 5.5.1 中的制导精度与突防性能可知，$\xi = 6$ 且 $K_{D\max} = 0.4$ 为最优机动参数组合。此时，突防性能能够到达最优，同时机动飞行对制导精度的影响也较小。

表 5.5.1　机动参数 ξ 与 $K_{D\max}$ 对突防性能的影响

$K_{D\max}$	ξ	J	落点误差/m	当地速度倾角/(°)
0	—	1.152	1.652	−80.097
0.2	2	1.174	1.681	−79.873
0.2	4	1.187	1.124	−79.933
0.2	6	1.192	1.702	−80.203
0.2	8	1.185	2.221	−79.662
0.4	2	1.176	1.362	−79.908
0.4	4	1.189	1.743	−79.731
0.4	6	1.196	1.876	−80.809
0.4	8	1.194	56.210	−82.330
0.6	2	1.176	1.142	−79.772
0.6	4	1.190	1.798	−80.126
0.6	6	1.196	143.500	−86.413
0.6	8	1.194	416.700	−87.979

5.5.3　遭遇时刻不确定的保性能机动策略

在下压机动突防过程中，包括拦截遭遇时刻在内的拦截弹运动信息通常很难精确获得，此时的机动策略将大不相同，因此需要研究将机动飞行贯穿于整个下压飞行的保性能机动策略。

1. 机动策略设计

与遭遇时间确定的机动策略类似，同样基于式(5.5.3)所示的机动模型，利用最优控制获得机动策略，并充分考虑终端制导精度和控制能力约束，对突防性能指标和策略进行重构，即可获得实际的保性能机动策略。以纵向机动为例研究保性能机动策略，首先选取性能指标，即

$$J = \min\left(\frac{1}{2}x(T_g)Fx(T_g) + \frac{1}{2}\int_0^{T_g} u_{mD}^2 - x^2 \mathrm{d}t\right) \tag{5.5.11}$$

其中，T_g 为下压飞行结束时间。

性能指标(5.5.11)的目的是：在整个下压飞行过程中获得最小能量损耗和最大视线角速率。基于式(5.5.3)与式(5.5.11)，获取机动策略的关键在于 Riccati 微分方程的求解，即

$$\begin{cases} \dot{P}(t) + P(t)A + A^{\mathrm{T}}P(t) - P(t)BR^{-1}B^{\mathrm{T}}P(t) + Q(t) = 0 \\ P(t_f) = F \end{cases} \quad (5.5.12)$$

其中，$A = -k_D$；$B = 1$；$R = 1$；$Q = -1$；$F = 0$。

求解微分方程可得

$$P(t) = -k_D + \sqrt{k_D^2 - 1} \cdot \tanh\left[(T_g - t)\sqrt{k_D^2 - 1} + \operatorname{artanh}\left(\frac{k_D}{\sqrt{k_D^2 - 1}}\right)\right] \quad (5.5.13)$$

将 $P(t)$ 代入最优控制中可获得机动控制律，即

$$u_{mD}^* = -K(t)x = \left\{k_D - \sqrt{k_D^2 - 1} \cdot \tanh\left[(T_g - t)\sqrt{k_D^2 - 1} + \operatorname{artanh}\left(\frac{k_D}{\sqrt{k_D^2 - 1}}\right)\right]\right\}x \quad (5.5.14)$$

与拦截遭遇时刻确定的最优机动策略相同，在式(5.5.14)中设置不同的制导结束时间 T_g 为 50～100s，以及有效导航比 $k_D = 4$，不同终端时间的机动增益 $K(t)$ 如图 5.5.5 所示。

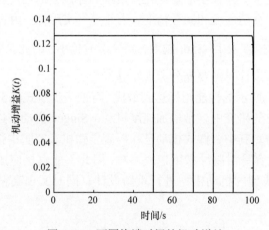

图 5.5.5　不同终端时间的机动增益

由图 5.5.5 可知，式(5.5.14)给出的保性能最优机动策略要求飞行器在整个下压过程中不断进行机动来增大机动过载，而在下压末端，机动幅值迅速收敛到零来减小机动飞行对终端制导精度的不良影响。但是，由机动增益系数变化规律可知，当相对距离较远时，飞行器进行常值机动，此时的机动策略实际是对原制导增益的修正，通过减小能量损耗的方式增强突防性能。另外，考虑飞行器控制能力的受限问题，机动幅值在末端无法按照机动策略减小到零。因此，需要对性能指标和理论机动策略进行重构。

与式(5.5.11)所示的性能指标类似，基于终端速度大小及整个下压过程中的

视线角速率积分构建新的性能指标。这里，视线角速率积分用于间接描述过载大小，即

$$J_1 = \max\left(k_v \frac{V(L_{Rf})}{V_0} + k_{\dot{\lambda}} \int_0^{T_g} \dot{\lambda}_D^2 \mathrm{d}t \right) \tag{5.5.15}$$

其中，$V(L_{Rf})$ 为实际下压终端速度；k_v 与 $k_{\dot{\lambda}}$ 为修正系数。

为获得最优突防性能，需要在机动飞行的同时尽可能地增大终端速度与过载的加权平均值。然而，机动飞行必然对终端速度和制导精度造成影响，在机动幅值过大时甚至会导致制导任务失败。因此，需要根据式(5.5.15)和终端制导精度，重构新型的复合性能指标，即

$$J_2 = \max\left(k_v \frac{V(L_{Rf})}{V_0} + k_{\dot{\lambda}} \int_0^{T_g} \dot{\lambda}_D^2 \mathrm{d}t - k_{Er} Er - k_{\theta} \left| \theta(T_g) - \theta_f \right| \right) \tag{5.5.16}$$

其中，Er 为落点误差；$\theta(T_g)$ 为终端当地速度倾角；k_{Er} 和 k_{θ} 为落点误差和当地速度倾角误差的修正系数。

相对于单纯用于获得最小能量损耗及最小制导误差的性能指标，式(5.5.16)所示的指标综合考虑突防性能和制导精度，因此更具实用性。由式(5.5.16)所示的性能指标可知，终端速度及 $\int_0^{T_g} \dot{\lambda}_D^2 \mathrm{d}t$ 越大，制导误差越小，因此突防性能越强。这意味着，在机动策略设计时需要充分考虑制导误差。

为使式(5.5.16)所示的性能指标达到最优，需进一步对式(5.5.14)所示机动策略进行重构。在已有的研究中，常值加速度机动、Singer 机动，以及摆式机动皆可实现有效机动突防。其中，摆式机动已在反舰导弹机动突防中得到成功应用[32]。然而，该机动方式容易对制导精度造成影响，因此不能直接应用于下压段机动突防。为此，可对典型的机动模型进行重新设计以同时实现高精度制导和机动突防，即

$$u_{mD}^* = \begin{cases} K_{D\max} \sin\left(F_D \dfrac{h_0 - h}{h_0 - h_{\mathrm{midd}}} \pi \right), & h > h_{\mathrm{midd}} \\ 0, & h \leqslant h_{\mathrm{midd}} \end{cases} \tag{5.5.17}$$

其中，$K_{D\max}$ 为机动幅值；F_D 为机动频率；h 为实际飞行高度；h_{midd} 为机动结束高度，即切换高度。

重构之后的机动策略是：当飞行高度大于切换高度，即 $h > h_{\mathrm{midd}}$ 时，采取正弦规律进行机动飞行以增强突防性能；当 $h \leqslant h_{\mathrm{midd}}$ 时，机动幅值为零，意味着在低空无需任何机动以保证制导精度。与拦截时刻确定的最优机动策略类似，该机动策略是下压全程保性能机动问题的次优解，但是充分考虑了机动飞行对终端制导精

度的影响。另外，该策略能够进一步通过优化机动参数 $K_{D\max}$、F_D、h_{midd} 获得最优保性能机动策略。

2. 仿真分析

以 CAV-H 为例进行仿真分析，采用与 5.5.2 节相同的仿真初始及终端参数，选取机动参数为 $F_D = 4$、$h_{\mathrm{midd}} = 5\mathrm{km}$、$k_v = 1$、$k_\lambda = 180/\pi$、$k_{Er} = 0.01$、$k_\theta = 1$。不同机动幅值对应的保性能机动弹道曲线如图 5.5.6 所示。由仿真结果可知，三维下压制导律及保性能机动控制律能够实现高超声速飞行器下压段高精度制导及机动飞行，终端落点及落角(即当地速度倾角)误差分别在 2m 和 1°以内。相对于遭遇时间确定的最优机动弹道及无机动弹道曲线，保性能机动弹道对应的攻角变化更加剧烈，且弹道形式更加复杂。剧烈变化的攻角导致视线角速率、过载、当地速度倾角在下压飞行过程中皆存在大幅度的变化。由式(5.5.17)给出的机动弹道与仿真结果可知，在末端减小到零的机动弹道为满足落点和落角约束提供了有利条件。该仿真结果验证了三维制导律及保性能机动策略的有效性。

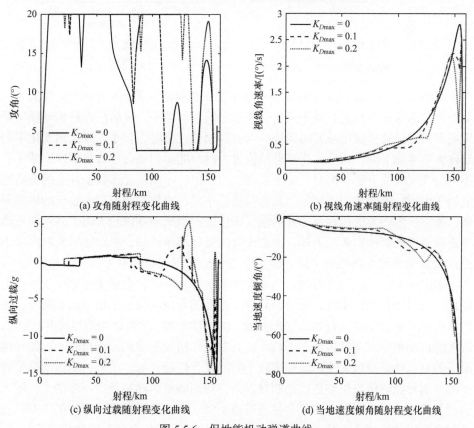

(a) 攻角随射程变化曲线

(b) 视线角速率随射程变化曲线

(c) 纵向过载随射程变化曲线

(d) 当地速度倾角随射程变化曲线

图 5.5.6　保性能机动弹道曲线

　　上述仿真结果验证了本章研究的制导及机动方法能够实现高超声速飞行器下压段高精度制导及机动飞行，但是未验证不同机动参数条件下的突防性能。式(5.5.17)中的机动参数主要包括机动幅值$K_{D\max}$和机动频率F_D，因此需要进一步分析该机动参数对突防性能的影响。设置机动幅值$K_{D\max}$变化范围为 0.1～1、机动频率F_D变化范围为 0～5，不同机动参数下的突防性能指标和制导机动复合性能指标如图 5.5.7 和图 5.5.8 所示。

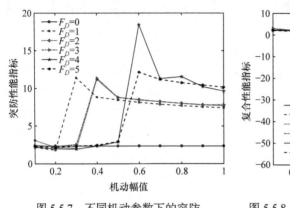

图 5.5.7　不同机动参数下的突防　　　图 5.5.8　不同机动参数下的制导机动复合
　　　　　性能指标(J_1)　　　　　　　　　　　　性能指标(J_2)

　　由图 5.5.7 可知，机动飞行能够明显增强下压突防性能，并且其突防性能与机动参数的选取密切相关。对于任何一种给定的机动频率，突防性能随机动幅值呈现先迅速增强随后缓慢减弱的趋势。当机动幅值过小时，较小的视线角变化率会导致突防性能下降。相反，当机动幅值过大时，能量损耗会导致终端速度减小，使突防性能缓慢下降。同时，由于控制能力受限，不同机动参数条件下的突防性能趋于相同。类似地，当给定的机动幅值较小时，小机动频率对应较长的机动周期，能够产生较大的机动范围并增强突防性能；当机动幅值较大时，高频率机动比低频率机动更加有效。另外，由曲线峰值变化规律可知，机动频率选取得过小或过大都会导致突防性能下降，最强突防性能出现在机动频率的中间值附近。

　　由图 5.5.8 和表 5.5.2 可知，当考虑终端制导精度时，性能指标会出现很大的变化。当机动频率较小时，复合制导突防性能随着机动幅值的增大迅速减小，原因是机动频率较小时飞行器能够产生较大的机动范围，进而影响制导精度。反之，较大的机动频率对应的机动范围较小，其对制导精度造成的影响也较小，此种情况下的复合性能指标大于机动频率较小时的复合性能指标。另外，当机动幅值较小时，制导能够消除机动造成的制导误差，然而随着机动幅值的不断增大，增大的制导误差会导致制导突防复合性能迅速下降。对比两种性能指标，虽然本章设计的全程机动弹道已充分考虑制导精度，但是机动飞行仍会对制导造成严重影响，

即下压机动飞行与制导具有一定程度的矛盾。例如，突防性能 J_1 最大值出现在
$K_{D\max}$ =0.6、F_D =4 处，但是此时的制导误差太大，导致复合性能指标 J_2 较小。因
此，当飞行器在下压机动飞行的同时需要实现高精度攻击，机动幅值及频率都不
能过大或过小。在该组仿真分析中，当 $K_{D\max}$ = 0.4、F_D = 6 时，复合性能指标最
大，即制导突防性能达到最优。

表 5.5.2　机动参数 $K_{D\max}$ 与 F_D 对制导精度和突防性能的影响

$K_{D\max}$	F_D	J_1	J_2	落点误差/m	当地速度倾角/(°)
0	—	2.529	2.429	1.648	−80.096
0.2	2	1.858	1.561	1.062	−80.295
0.2	4	1.985	1.592	1.808	−80.391
0.2	6	1.992	1.980	1.575	−80.009
0.4	2	11.340	−5.494	283.200	−88.273
0.4	4	2.213	1.996	1.428	−80.216
0.4	6	4.201	4.159	1.282	−79.959
0.6	2	8.131	−37.203	403.700	−83.127
0.6	4	17.150	−30.150	98.660	−79.904
0.6	6	2.916	2.849	1.240	−79.936
0.8	2	7.690	−45.824	797.600	−81.919
0.8	4	11.700	−3.700	31.740	−84.593
0.8	6	12.297	−1.063	38.070	−84.485

参 考 文 献

[1] 钱杏芳, 林瑞雄, 赵亚男. 导弹飞行力学. 北京: 北京理工大学出版社, 2013.

[2] Yang C D, Yang C C. A unified approach to proportional navigation. IEEE Transactions on Aerospace and Electronic Systems, 1997, 33(2): 557-567.

[3] 高峰, 唐胜景, 师娇, 等. 一种基于落角约束的偏置比例导引律. 北京理工大学学报, 2014, (3): 277-282.

[4] Jeon I S, Lee J I, Tahk M J. Impact-time-control guidance law for anti-ship missiles. IEEE Transactions on Control Systems Technology, 2006, 14(2): 260-266.

[5] Zarchan P. Tactical and Strategic Missile Guidance.6th ed. Virginia: AIAA, 2012.

[6] 王辉, 林德福, 崔晓曦. 一类扩展的弹道成型制导律. 北京理工大学学报, 2014, 34(6): 597-602.

[7] Rusnak I, Meir L. Optimal guidance for acceleration constrained missile and maneuvering target. IEEE Transactions on Aerospace and Electronic Systems, 1990, 26(4): 618-624.

[8] Brierley S D, Longchamp R. Application of sliding-mode control to air-air interception problem. IEEE Transactions on Aerospace and Electronic Systems, 1990, 26(2): 306-325.

[9] Zhou D, Mu C, Xu W. Adaptive sliding-mode guidance of a homing missile. Journal of Guidance, Control, and Dynamics, 1999, 22(4): 589-594.

[10] 周荻. 寻的导弹新型导引规律. 北京: 国防工业出版社, 2002.

[11] Lee C H, Kim T H, Tahk M J. Design of impact angle control guidance laws via high-performance sliding mode control. Proceedings of the Institution of Mechanical Engineers, 2013, 227(2): 235-253.

[12] Zhao Y, Sheng Y Z, Liu X D. Time-varying sliding mode guidance with impact angle constraints against nonmaneuvering targets//Proceedings of the 32nd Chinese Control Conference, Xi'an, 2013: 4898-4903.

[13] Zhang Y, Sun M, Chen Z. Finite-time convergent guidance law with impact angle constraint based on sliding-mode control. Nonlinear Dynamics, 2012, 70(1): 619-625.

[14] Kumar S R, Rao S, Ghose D. Nonsingular terminal sliding mode guidance with impact angle constraints. Journal of Guidance Control & Dynamics, 2014, 37(4): 1114-1130.

[15] Fridman L, Shtessel Y B, Edwards C, et al. Higher-order sliding-mode observer for state estimation and input reconstruction in nonlinear systems. International Journal of Robust and Nonlinear Control, 2008, 18(4-5): 399-412.

[16] Lisa F, Andrea S, Michael A B, et al. Nonlinear robust adaptive control of flexible air-breathing hypersonic vehicles. Journal of Guidance, Control, and Dynamics, 2009, 32(2): 401-415.

[17] Joongsup Y, Chang K R. Missile guidance law estimation using modified interactive multiple model filter. Journal of Guidance, Control, and Dynamics, 2014, 37(2): 484-496.

[18] Zanetti R, Majji M, Bishop R H, et al. Norm-constrained Kalman filtering. Journal of Guidance, Control, and Dynamics, 2009, 32(5): 1458-1465.

[19] Zhu J W, Liu L H, Tang G J, et al. Three-dimensional robust diving guidance for hypersonic vehicle. Advances in Space Research, 2016, 57(2): 562-575.

[20] 顾文锦, 赵红超, 王凤莲. 反舰导弹末端机动的突防效果研究. 宇航学报, 2005, 26(6): 758-761.

[21] 吕俊军. 白蛉导弹战斗能力辨识. 飞航导弹, 1999, 19(8): 13-17.

[22] 郦苏丹, 任萱, 吴瑞林. 再入弹头的螺旋机动研究. 宇航学报, 2000, 21(4): 41-48.

[23] 朱建文, 刘鲁华, 汤国建, 等. 高超声速飞行器俯冲机动最优制导方法. 国防科技大学学报, 2013, 35(6): 25-30.

[24] Jung B, Kim K S, Kim Y. Guidance Law for Evasive Aircraft Maneuvers Using Artificial Intelligence//AIAA Guidance, Navigation and Control Conference and Exhibit, Austin, 2003: 5119.

[25] Ryoo C K, Whang I H, Tahk M J. 3-D evasive maneuver policy for anti-ship missiles against close-in weapon systems//AIAA Guidance, Navigation and Control Conference and Exhibit, Austin, 2003: 5653.

[26] 马骏声. 博弈论: 机动弹头攻防的核心. 航天电子对抗, 2006, 22(1): 4-6.

[27] Shima T, Shinar J. Time-varying linear pursuit-evasion game models with bounded controls. Journal of Guidance, Control, and Dynamics, 2002, 25(3): 425-432.

[28] Guo Y, Yao Y, Wang S C. Maneuver control strategies to maximize prediction errors in ballistic

middle phase. Journal of Guidance, Control, and Dynamics, 2013, 36(4): 1225-1234.

[29] Ohlmeyer E J. Root-mean-square miss distance of proportional navigation missile against sinusoidal target. Journal of Guidance, Control, and Dynamics, 1996, 19(3): 563-568.

[30] Zarchan P. Proportional navigation and weaving targets. Journal of Guidance, Control, and Dynamics, 1995, 18(5): 969-974.

[31] 赵红超, 顾文锦. 反舰导弹末端机动与末制导段的一体化设计. 航空兵器, 2006, (3): 16-18.

[32] Kim Y H, Tahk M J. Guidance synthesis for evasive maneuver of anti-ship missiles//AIAA Guidance, Navigation and Control Conference and Exhibit, Hilton Head, 2007: 6783.

[33] 周荻, 邹昕光, 孙德波. 导弹机动突防滑模制导律. 宇航学报, 2006, 27(2): 213-215.

[34] 于德海, 范作娥, 史贤俊. 带落角约束的末端机动 Terminal 滑模导引律设计. 海军航空工程学院学报, 2011, 26(5): 517-520.

[35] Isidori A. Nonlinear Control Systems. London: Springer, 2005.

[36] Petersen I R, Ugrinovskii V A, Savkin A V. Robust Control Design Using H_∞ Methods. London: Springer, 2000.

[37] Alif A, Darouach M. Design of robust H_∞ reduced-order unknown-input filter for a class of uncertain linear neutral systems. IEEE Transactions on Automatic Control, 2010, 55(1): 6-19.

[38] Kim D K, Park P, Ko J W. Output feedback H_∞ control of systems over communication networks using a deterministic switching system approach. Automatica, 2004, 40(7): 1205-1212.

附　　录

附录 A：高超声速滑翔飞行运动模型

如图 A.1 所示，假设地球为旋转圆球，O_E 和 O_1 分别为地心和飞行器质心位置。飞行器的位置矢量 r 用地心距 r、经度 λ 及地心纬度 ϕ 描述，而速度矢量 V 则用速度大小 V、当地速度倾角 θ 及航迹偏航角 σ 描述。为了推导滑翔飞行运动模型，定义一个地心坐标系 $O_E\text{-}xyz$。其中，x 轴沿位置矢量方向，y 轴在赤道平面 $O_E XY$ 内垂直于 x 轴并指向东方，而 z 轴与 x 轴和 y 轴构成右手直角坐标系。

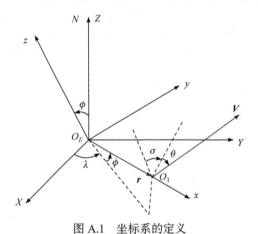

图 A.1　坐标系的定义

设 ω_e 为地球自转角速度矢量。考虑高超声速飞行器滑翔段为无动力飞行，以地心坐标系 $O_E\text{-}XYZ$ 为参考系，则运动方程的矢量形式为

$$\frac{\mathrm{d}V}{\mathrm{d}t} = g + R - 2\omega_e \times V - \omega_e \times (\omega_e \times r)$$

$$\frac{\mathrm{d}r}{\mathrm{d}t} = V$$

(A.1)

其中，g 和 R 分别为引力和气动力对应的加速度项；$-2\omega_e \times V$ 和 $-\omega_e \times (\omega_e \times r)$ 分别为科氏加速度和牵连加速度。

为了确定式(A.1)中的各个向量，可以将它们分别投影到旋转坐标系 $O_E\text{-}xyz$。设 i、j、k 为沿坐标系 $O_E\text{-}xyz$ 各轴的单位向量，则

$$\begin{cases} \boldsymbol{r} = r\boldsymbol{i} \\ \boldsymbol{V} = (V\sin\theta)\boldsymbol{i} + (V\cos\theta\sin\sigma)\boldsymbol{j} + (V\cos\theta\cos\sigma)\boldsymbol{k} \end{cases} \tag{A.2}$$

同理，$\boldsymbol{\omega}_e$ 在坐标系 $O_E\text{-}xyz$ 中的分量为

$$\boldsymbol{\omega}_e = (\omega_e\sin\phi)\boldsymbol{i} + (\omega_e\cos\phi)\boldsymbol{k} \tag{A.3}$$

因此，科氏加速度 $-2\boldsymbol{\omega}_e\times\boldsymbol{V}$ 和牵连加速度 $-\boldsymbol{\omega}_e\times(\boldsymbol{\omega}_e\times\boldsymbol{r})$ 可分别表示为

$$-2\boldsymbol{\omega}_e\times\boldsymbol{V} = (2\omega_e V\cos\phi\cos\theta\sin\sigma)\boldsymbol{i} - 2\omega_e V(\cos\phi\sin\theta - \sin\phi\cos\theta\cos\sigma)\boldsymbol{j}$$
$$- (2\omega_e V\sin\phi\cos\theta\sin\sigma)\boldsymbol{k} \tag{A.4}$$

$$-\boldsymbol{\omega}_e\times(\boldsymbol{\omega}_e\times\boldsymbol{r}) = (\omega_e^2 r\cos^2\phi)\boldsymbol{i} - (\omega_e^2 r\sin\phi\cos\phi)\boldsymbol{k} \tag{A.5}$$

同理，可得

$$\boldsymbol{g} = -g\boldsymbol{i} \tag{A.6}$$

此外，气动加速度项 $\boldsymbol{R}$ 可分解为与 $\boldsymbol{V}$ 方向相反的阻力加速度 $\boldsymbol{D}$ 和与 $\boldsymbol{V}$ 垂直的升力对应加速度项 $\boldsymbol{L}$。参考式(A.2)中第二式，可得

$$\boldsymbol{D} = (-D\sin\theta)\boldsymbol{i} - (D\cos\theta\sin\sigma)\boldsymbol{j} - (D\cos\theta\cos\sigma)\boldsymbol{k} \tag{A.7}$$

如图 A.2 所示，$\boldsymbol{L}$ 可分解为铅垂平面内的 $L\cos\upsilon$ 及水平面内的 $L\sin\upsilon$。

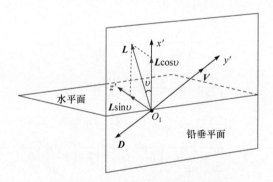

图 A.2 升力和阻力加速度示意图

为了推导 $\boldsymbol{L}$ 在坐标系 $O_E\text{-}xyz$ 中的分量形式，有必要定义一个坐标系 $O_1\text{-}x'y'z'$。其中，x' 轴、y' 轴和 z' 轴分别沿 $L\cos\upsilon$、$\boldsymbol{V}$ 和 $L\sin\upsilon$ 方向。由于坐标系 $O_E\text{-}xyz$ 可由坐标系 $O_1\text{-}x'y'z'$ 绕 z' 轴正方向旋转 θ，再绕 x 轴反方向旋转 $(\pi/2-\sigma)$ 得到，即

$$\begin{bmatrix} x \\ y \\ z \end{bmatrix} = \boldsymbol{M}_1\left[-\left(\frac{\pi}{2}-\sigma\right)\boldsymbol{M}_3(\theta)\right]\begin{bmatrix} x' \\ y' \\ z' \end{bmatrix} = \begin{bmatrix} \cos\theta & \sin\theta & 0 \\ -\sin\sigma\sin\theta & \sin\sigma\cos\theta & -\cos\sigma \\ -\sin\theta\cos\sigma & \cos\sigma\cos\theta & \sin\sigma \end{bmatrix}\begin{bmatrix} x' \\ y' \\ z' \end{bmatrix} \tag{A.8}$$

则 $\boldsymbol{L}$ 在坐标系 $O_E\text{-}xyz$ 中的分量可表示为

$$\begin{bmatrix} L_x \\ L_y \\ L_z \end{bmatrix} = \begin{bmatrix} \cos\theta & \sin\theta & 0 \\ -\sin\sigma\sin\theta & \sin\sigma\cos\theta & -\cos\sigma \\ -\sin\theta\cos\sigma & \cos\sigma\cos\theta & \sin\sigma \end{bmatrix} \begin{bmatrix} L\cos\upsilon \\ 0 \\ -L\sin\upsilon \end{bmatrix} \tag{A.9}$$

即

$$\boldsymbol{L} = (L\cos\upsilon\cos\theta)\boldsymbol{i} - (L\cos\upsilon\sin\sigma\sin\theta - L\sin\upsilon\cos\sigma)\boldsymbol{j}$$
$$- (L\cos\upsilon\sin\theta\cos\sigma + L\sin\upsilon\sin\sigma)\boldsymbol{k} \tag{A.10}$$

由于坐标系 O_E-xyz 是由地心系 O_E-XYZ 绕 Z 轴正方向转动 λ，再绕 y 轴负方向转动 ϕ 得到的，因此旋转坐标系 O_E-xyz 的角速度 $\boldsymbol{\Omega}$ 为

$$\boldsymbol{\Omega} = \left(\frac{\mathrm{d}\lambda}{\mathrm{d}t}\sin\phi\right)\boldsymbol{i} - \left(\frac{\mathrm{d}\phi}{\mathrm{d}t}\right)\boldsymbol{j} + \left(\frac{\mathrm{d}\lambda}{\mathrm{d}t}\cos\phi\right)\boldsymbol{k} \tag{A.11}$$

由 Poisson 公式，可得

$$\frac{\mathrm{d}\boldsymbol{i}}{\mathrm{d}t} = \boldsymbol{\Omega}\times\boldsymbol{i}, \quad \frac{\mathrm{d}\boldsymbol{j}}{\mathrm{d}t} = \boldsymbol{\Omega}\times\boldsymbol{j}, \quad \frac{\mathrm{d}\boldsymbol{k}}{\mathrm{d}t} = \boldsymbol{\Omega}\times\boldsymbol{k} \tag{A.12}$$

将式(A.11)代入式(A.12)，可得

$$\frac{\mathrm{d}\boldsymbol{i}}{\mathrm{d}t} = \left(\frac{\mathrm{d}\lambda}{\mathrm{d}t}\cos\phi\right)\boldsymbol{j} + \frac{\mathrm{d}\phi}{\mathrm{d}t}\boldsymbol{k} \tag{A.13}$$

$$\frac{\mathrm{d}\boldsymbol{j}}{\mathrm{d}t} = -\left(\frac{\mathrm{d}\lambda}{\mathrm{d}t}\cos\phi\right)\boldsymbol{i} + \left(\frac{\mathrm{d}\lambda}{\mathrm{d}t}\sin\phi\right)\boldsymbol{k} \tag{A.14}$$

$$\frac{\mathrm{d}\boldsymbol{k}}{\mathrm{d}t} = -\left(\frac{\mathrm{d}\phi}{\mathrm{d}t}\right)\boldsymbol{i} - \left(\frac{\mathrm{d}\lambda}{\mathrm{d}t}\sin\phi\right)\boldsymbol{j} \tag{A.15}$$

将式(A.2)中第一式对 t 求导数，结合式(A.13)，可得

$$\boldsymbol{V} = \frac{\mathrm{d}\boldsymbol{r}}{\mathrm{d}t} = \frac{\mathrm{d}r}{\mathrm{d}t}\boldsymbol{i} + \left(r\frac{\mathrm{d}\lambda}{\mathrm{d}t}\cos\phi\right)\boldsymbol{j} + \left(r\frac{\mathrm{d}\phi}{\mathrm{d}t}\right)\boldsymbol{k} \tag{A.16}$$

对比式(A.2)中第二式和式(A.16)可得运动学方程，即

$$\begin{cases} \dfrac{\mathrm{d}r}{\mathrm{d}t} = V\sin\theta \\[2mm] \dfrac{\mathrm{d}\lambda}{\mathrm{d}t} = \dfrac{V\cos\theta\sin\sigma}{r\cos\phi} \\[2mm] \dfrac{\mathrm{d}\phi}{\mathrm{d}t} = \dfrac{V\cos\theta\cos\sigma}{r} \end{cases} \tag{A.17}$$

将式(A.2)中第二式对时间 t 求导，并将式(A.13)～式(A.15)代入求导后的公式，可得

$$\frac{\mathrm{d}\boldsymbol{V}}{\mathrm{d}t} = \left(\frac{\mathrm{d}V}{\mathrm{d}t}\sin\theta + V\cos\theta\frac{\mathrm{d}\theta}{\mathrm{d}t} - V\cos\theta\sin\sigma\cos\phi\frac{\mathrm{d}\lambda}{\mathrm{d}t} - V\cos\theta\cos\sigma\frac{\mathrm{d}\phi}{\mathrm{d}t} \right)\boldsymbol{i}$$

$$+ \left(V\sin\theta\cos\phi\frac{\mathrm{d}\lambda}{\mathrm{d}t} + V\cos\theta\cos\sigma\frac{\mathrm{d}\sigma}{\mathrm{d}t} - V\sin\theta\sin\sigma\frac{\mathrm{d}\theta}{\mathrm{d}t} \right.$$

$$\left. + \frac{\mathrm{d}V}{\mathrm{d}t}\cos\theta\sin\sigma - V\cos\theta\cos\sigma\sin\phi\frac{\mathrm{d}\lambda}{\mathrm{d}t} \right)\boldsymbol{j}$$

$$+ \left(V\sin\theta\frac{\mathrm{d}\phi}{\mathrm{d}t} - V\sin\theta\cos\sigma\frac{\mathrm{d}\theta}{\mathrm{d}t} - V\cos\theta\sin\sigma\frac{\mathrm{d}\sigma}{\mathrm{d}t} \right.$$

$$\left. + V\cos\theta\sin\sigma\sin\phi\frac{\mathrm{d}\lambda}{\mathrm{d}t} + \frac{\mathrm{d}V}{\mathrm{d}t}\cos\theta\cos\sigma \right)\boldsymbol{k} \tag{A.18}$$

将式(A.17)代入式(A.18)，可得

$$\frac{\mathrm{d}\boldsymbol{V}}{\mathrm{d}t} = \left(\frac{\mathrm{d}V}{\mathrm{d}t}\sin\theta + V\cos\theta\frac{\mathrm{d}\theta}{\mathrm{d}t} - \frac{V^2\cos^2\theta}{r} \right)\boldsymbol{i}$$

$$+ \left[\frac{\mathrm{d}V}{\mathrm{d}t}\cos\theta\sin\sigma - \frac{\mathrm{d}\theta}{\mathrm{d}t}V\sin\theta\sin\sigma + \frac{\mathrm{d}\sigma}{\mathrm{d}t}V\cos\theta\cos\sigma \right.$$

$$\left. + \frac{V^2}{r}\sin\sigma\cos\theta\left(\sin\theta - \cos\theta\cos\sigma\tan\phi\right) \right]\boldsymbol{j}$$

$$+ \left[\frac{\mathrm{d}V}{\mathrm{d}t}\cos\theta\cos\sigma - \frac{\mathrm{d}\theta}{\mathrm{d}t}V\sin\theta\cos\sigma - \frac{\mathrm{d}\sigma}{\mathrm{d}t}V\cos\theta\sin\sigma \right.$$

$$\left. + \frac{V^2}{r}\cos\theta\left(\sin\theta\cos\sigma + \sin^2\sigma\tan\phi\cos\theta\right) \right]\boldsymbol{k} \tag{A.19}$$

将式(A.4)~式(A.7)、式(A.10)、式(A.19)代入式(A.1)，可得

$$\frac{\mathrm{d}V}{\mathrm{d}t}\sin\theta + \frac{\mathrm{d}\theta}{\mathrm{d}t}V\cos\theta - \frac{V^2\cos^2\theta}{r}$$

$$= -D\sin\theta + L\cos\theta\cos\upsilon - g + 2\omega_e V\cos\phi\cos\theta\sin\sigma + \omega_e^2 r\cos^2\phi \tag{A.20}$$

$$\frac{\mathrm{d}V}{\mathrm{d}t}\cos\theta - \frac{\mathrm{d}\theta}{\mathrm{d}t}V\sin\theta + \frac{\mathrm{d}\sigma}{\mathrm{d}t}V\cos\theta\arctan\sigma + \frac{V^2}{r}\cos\theta(\sin\theta - \cos\theta\cos\sigma\tan\phi)$$

$$= -D\cos\theta - L(\sin\theta\cos\upsilon - \arctan\sigma\sin\upsilon) - \frac{2\omega_e V}{\sin\sigma}(\cos\phi\sin\theta - \sin\phi\cos\theta\cos\sigma)$$

$$\tag{A.21}$$

$$\frac{\mathrm{d}V}{\mathrm{d}t}\cos\theta - \frac{\mathrm{d}\theta}{\mathrm{d}t}V\sin\theta - \frac{\mathrm{d}\sigma}{\mathrm{d}t}V\cos\theta\tan\sigma + \frac{V^2}{r}\cos\theta(\sin\theta + \sin\sigma\tan\sigma\tan\phi\cos\theta)$$

$$= -D\cos\theta - L(\sin\theta\cos\upsilon + \tan\sigma\sin\upsilon) - 2\omega_e V\sin\phi\cos\theta\tan\sigma - \frac{\omega_e^2 r\sin\phi\cos\phi}{\cos\sigma}$$

$$\tag{A.22}$$

由式(A.20)～式(A.22)可得动力学方程，即

$$\frac{\mathrm{d}\sigma}{\mathrm{d}t} = \frac{V}{r}\cos\theta\tan\phi\sin\sigma + \frac{L\sin\upsilon}{V\cos\theta} + 2\omega_e(\sin\phi - \cos\phi\tan\theta\cos\sigma)$$

$$+ \frac{\omega_e^2 r\sin\phi\cos\phi\sin\sigma}{V\cos\theta} \tag{A.23}$$

$$\frac{\mathrm{d}\theta}{\mathrm{d}t} = \frac{L\cos\upsilon}{V} - \left(g - \frac{V^2}{r}\right)\frac{\cos\theta}{V} + 2\omega_e\sin\sigma\cos\phi$$

$$+ \frac{\omega_e^2 r}{V}(\cos\phi\sin\phi\cos\sigma\sin\theta + \cos^2\phi\cos\theta) \tag{A.24}$$

$$\frac{\mathrm{d}V}{\mathrm{d}t} = -D - g\sin\theta + \omega_e^2 r(\cos^2\phi\sin\theta - \cos\phi\sin\phi\cos\sigma\cos\theta) \tag{A.25}$$

附录 B：一般运动模型与换极运动模型的转换

根据图 3.2.1 所示的换极地心坐标系的定义可知，一般运动模型与换极运动模型对应的地心距、当地速度倾角、速度大小的定义是一致的，即

$$r = \hat{r}, \quad \theta = \hat{\theta}, \quad V = \hat{V} \tag{B.1}$$

定义参考坐标系 $O_o\text{-}x_o y_o z_o$，坐标原点 O_o 为滑翔起始点飞行器质心地心矢径与地球表面的交点；y_o 轴沿起始点地心矢径方向；x_o 轴垂直于 y_o 轴指向运动方向；z_o 轴与其他两轴构成右手直角坐标系。一般地心坐标系 $O_E\text{-}XYZ$ 到坐标系 $O_o\text{-}x_o y_o z_o$ 的转换矩阵为

$$\boldsymbol{G}_E = \boldsymbol{M}_2[-(\pi/2 + \psi_0)]\boldsymbol{M}_1(\phi_0)\boldsymbol{M}_3(\lambda_0 - \pi/2) \tag{B.2}$$

其中，λ_0、ϕ_0、ψ_0 分别为滑翔起始点飞行器经度、地心纬度、方位角；$\boldsymbol{M}_1$、$\boldsymbol{M}_2$、$\boldsymbol{M}_3$ 分别表示绕坐标系 x 轴、y 轴、z 轴正方向旋转 γ 对应的方向余弦阵，即

$$\boldsymbol{M}_1(\gamma) = \begin{bmatrix} 1 & 0 & 0 \\ 0 & \cos\gamma & \sin\gamma \\ 0 & -\sin\gamma & \cos\gamma \end{bmatrix}$$

$$\boldsymbol{M}_2(\gamma) = \begin{bmatrix} \cos\gamma & 0 & -\sin\gamma \\ 0 & 1 & 0 \\ \sin\gamma & 0 & \cos\gamma \end{bmatrix} \tag{B.3}$$

$$\boldsymbol{M}_3(\gamma) = \begin{bmatrix} \cos\gamma & \sin\gamma & 0 \\ -\sin\gamma & \cos\gamma & 0 \\ 0 & 0 & 1 \end{bmatrix}$$

　　根据坐标系的定义，换极地心坐标系 $O_E\text{-}\hat{X}\hat{Y}\hat{Z}$ 与坐标系 $O_o\text{-}x_o y_o z_o$ 的转换关系如图 B.1 所示。

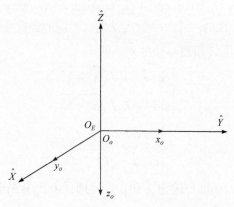

图 B.1　　$O_E\text{-}\hat{X}\hat{Y}\hat{Z}$ 与 $O_o\text{-}x_o y_o z_o$ 的转换关系

对应的转换矩阵为

$$\boldsymbol{G}_{\hat{E}} = \boldsymbol{M}_3(\pi/2)\boldsymbol{M}_2(\pi) = \begin{bmatrix} 0 & 1 & 0 \\ 1 & 0 & 0 \\ 0 & 0 & -1 \end{bmatrix} \tag{B.4}$$

因此，坐标系 $O_E\text{-}XYZ$ 与 $O_E\text{-}\hat{X}\hat{Y}\hat{Z}$ 的转换关系为

$$\begin{bmatrix} \hat{r}\cos\hat{\phi}\cos\hat{\lambda} \\ \hat{r}\cos\hat{\phi}\sin\hat{\lambda} \\ \hat{r}\sin\hat{\phi} \end{bmatrix} = \boldsymbol{G}_{\hat{E}}{}^{\mathrm{T}}\boldsymbol{G}_E \begin{bmatrix} r\cos\phi\cos\lambda \\ r\cos\phi\sin\lambda \\ r\sin\phi \end{bmatrix} \overset{\text{def}}{=\!=} \boldsymbol{G}\begin{bmatrix} r\cos\phi\cos\lambda \\ r\cos\phi\sin\lambda \\ r\sin\phi \end{bmatrix} \tag{B.5}$$

其中

$$\boldsymbol{G}$$
$$= \begin{bmatrix} \cos\phi_0\cos\lambda_0 & \cos\phi_0\sin\lambda_0 & \sin\phi_0 \\ -\sin\psi_0\sin\lambda_0 - \cos\psi_0\sin\phi_0\cos\lambda_0 & \sin\psi_0\cos\lambda_0 - \cos\psi_0\sin\phi_0\sin\lambda_0 & \cos\psi_0\cos\phi_0 \\ \cos\psi_0\sin\lambda_0 - \sin\psi_0\sin\phi_0\cos\lambda_0 & -\cos\psi_0\cos\lambda_0 - \sin\psi_0\sin\phi_0\sin\lambda_0 & \sin\psi_0\cos\phi_0 \end{bmatrix}$$
$$\overset{\text{def}}{=\!=} \begin{bmatrix} G_{11} & G_{12} & G_{13} \\ G_{21} & G_{22} & G_{23} \\ G_{31} & G_{32} & G_{33} \end{bmatrix}$$

由式(B.5)可得

$$\cos\hat{\phi}\cos\hat{\lambda} = G_{11}\cos\phi\cos\lambda + G_{12}\cos\phi\sin\lambda + G_{13}\sin\phi \overset{\text{def}}{=\!=} k_1 \tag{B.6}$$

$$\cos\hat\phi\sin\hat\lambda = G_{21}\cos\phi\cos\lambda + G_{22}\cos\phi\sin\lambda + G_{23}\sin\phi \overset{\text{def}}{=\!=} k_2 \tag{B.7}$$

$$\sin\hat\phi = G_{31}\cos\phi\cos\lambda + G_{32}\cos\phi\sin\lambda + G_{33}\sin\phi \overset{\text{def}}{=\!=} k_3 \tag{B.8}$$

基于式(B.6)~式(B.8)，可由一般运动模型对应的经度 λ 和地心纬度 ϕ 计算换极运动模型对应的经度 $\hat\lambda$ 和地心纬度 $\hat\phi$，即

$$\begin{cases} \cos\hat\lambda = k_1 / \sqrt{k_1^2 + k_2^2} \\ \sin\hat\lambda = k_2 / \sqrt{k_1^2 + k_2^2} \end{cases} \tag{B.9}$$

$$\begin{cases} \sin\hat\phi = k_3 \\ \cos\hat\phi = \sqrt{k_1^2 + k_2^2} \end{cases} \tag{B.10}$$

由式(B.9)和式(B.10)即可确定 $\hat\lambda$ 和 $\hat\phi$。同理，由式(B.5)可得

$$\cos\phi\cos\lambda = G_{11}\cos\hat\phi\cos\hat\lambda + G_{21}\cos\hat\phi\sin\hat\lambda + G_{31}\sin\hat\phi \overset{\text{def}}{=\!=} \tilde k_1 \tag{B.11}$$

$$\cos\phi\sin\lambda = G_{12}\cos\hat\phi\cos\hat\lambda + G_{22}\cos\hat\phi\sin\hat\lambda + G_{32}\sin\hat\phi \overset{\text{def}}{=\!=} \tilde k_2 \tag{B.12}$$

$$\sin\phi = G_{13}\cos\hat\phi\cos\hat\lambda + G_{23}\cos\hat\phi\sin\hat\lambda + G_{33}\sin\hat\phi \overset{\text{def}}{=\!=} \tilde k_3 \tag{B.13}$$

则由 $\hat\lambda$ 和 $\hat\phi$ 确定的 λ 和 ϕ 表达式为

$$\begin{cases} \cos\lambda = \tilde k_1 / \sqrt{\tilde k_1^{\,2} + \tilde k_2^{\,2}} \\ \sin\lambda = \tilde k_2 / \sqrt{\tilde k_1^{\,2} + \tilde k_2^{\,2}} \end{cases} \tag{B.14}$$

$$\begin{cases} \sin\phi = \tilde k_3 \\ \cos\phi = \sqrt{\tilde k_1^{\,2} + \tilde k_2^{\,2}} \end{cases} \tag{B.15}$$

根据定义，两个运动模型对应的航迹偏航角 σ 与 $\hat\sigma$ 的关系如图 B.2 所示。

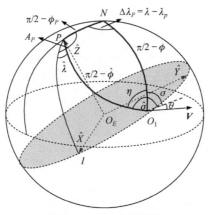

图 B.2　σ 与 $\hat\sigma$ 的关系

在球面三角形 PNO_1 中，利用正弦定理和余弦定理可得

$$\begin{cases} \sin\eta = \dfrac{\sin(\lambda-\lambda_P)\cos\phi_P}{\cos\hat\phi} \\ \cos\eta = -\cos(A_P-\hat\lambda)\cos(\lambda-\lambda_P)+\sin(A_P-\hat\lambda)\sin(\lambda-\lambda_P)\sin\phi_P \end{cases} \quad (B.16)$$

则方位角的相互转换关系为 $\hat\sigma=\sigma+\eta$。

附录 C：CAV-H 模型

CAV-H 质量为 907kg，气动参考面积为 0.4839m^2。其气动数据如表 C.1 所示。

表 C.1　CAV-H 气动数据

Ma	升阻比 L/D			升力系数 C_L			阻力系数 C_D		
	10°	15°	20°	10°	15°	20°	10°	15°	20°
3.5	2.2000	2.5000	2.2000	0.4500	0.7400	1.0500	0.2045	0.2960	0.4770
5	2.5000	2.6616	2.3616	0.4250	0.7000	1.0000	0.1700	0.2630	0.4230
8	3.1000	2.9846	2.6846	0.4000	0.6700	0.9500	0.1290	0.2240	0.3540
10	3.5000	3.2000	2.9000	0.3800	0.6300	0.9000	0.1090	0.1970	0.3100
15	3.3846	3.0846	2.7846	0.3700	0.6000	0.8500	0.1090	0.1950	0.3050
20	3.2692	2.9692	2.6692	0.3600	0.5700	0.8000	0.1090	0.1920	0.3000
23	3.2000	2.9000	2.6000	0.3500	0.5570	0.7800	0.1090	0.1920	0.3000

附录 D：阻力加速度剖面对应航程及升阻比

航天飞机典型再入飞行的阻力加速度剖面包括温控段、拟平衡滑翔段、常阻力加速度段、过渡段。阻力加速度剖面的航程估计如表 D.1 所示。阻力加速度剖面对应的弹道参数如表 D.2 所示。其中，用 V_s^2 代替拟平衡滑翔等式中的 gr，V_s 为任意常数，V_F 为各飞行段终端时刻的速度，带下标"0"的参数为参考阻力加速度剖面相关参数。

表 D.1 阻力加速度剖面的航程估计

飞行阶段	阻力加速度剖面 D	航程估计公式($V \in [V_0, V_F]$)
温控段 (二次曲线段)	$C_1 + C_2 V + C_3 V^2$	$Q = 4C_3 C_1 - C_2^2$ $R = \dfrac{-1}{2C_3} \ln \dfrac{C_1 + C_2 V_F + C_3 V_F^2}{C_1 + C_2 V + C_3 V^2}$ $+ \begin{cases} \dfrac{C_2}{(C_3\sqrt{Q})}\left(\arctan\left(\dfrac{2C_3 V_F + C_2}{\sqrt{Q}}\right) - \arctan\left(\dfrac{2C_3 V + C_2}{\sqrt{Q}}\right) \right), & Q > 0 \\ \dfrac{C_2}{(2C_3\sqrt{-Q})} \ln \left(\dfrac{\dfrac{2C_3 V_F + C_2 - \sqrt{-Q}}{2C_3 V_F + C_2 + \sqrt{-Q}}}{\dfrac{2C_3 V + C_2 - \sqrt{-Q}}{2C_3 V + C_2 + \sqrt{-Q}}} \right), & Q < 0 \end{cases}$
拟平衡滑翔段	$\dfrac{g}{L_V / D}\left[1 - \left(\dfrac{V}{V_s}\right)^2\right]$	$\dfrac{V_s^2 - V^2}{2D} \ln \dfrac{V_F^2 - V_s^2}{V^2 - V_s^2}$
常阻力加速度段	C_4	$\dfrac{V^2 - V_F^2}{2C_4}$
过渡段	$D_F + C_5(E - E_F)$	$\dfrac{E - E_F}{D - D_F} \ln\left(\dfrac{D}{D_F}\right)$

表 D.2 阻力加速度剖面对应的弹道参数

飞行阶段	高度变化率 $\dot{h}_0$	标准升阻比 $(L_V / D)_0$
温控段 (二次曲线段)	$-\dfrac{h_s}{V}\left(2C_1 + C_2 V - \dfrac{\dot{C}_{D0}}{C_{D0}} V\right)$	$\dfrac{g}{D_0}\left[1 - \left(\dfrac{V}{V_s}\right)^2\right] - \dfrac{4h_s C_1}{V^2} - \dfrac{h_s C_2}{V}$ $-\dfrac{h_s \dot{C}_{D0}}{C_{D0} D_0}\left(\dfrac{\dot{C}_{D0}}{C_{D0}} - \dfrac{D_0}{V}\right) + \dfrac{h_s \ddot{C}_{D0}}{C_{D0} D_0}$
拟平衡滑翔段	$-\dfrac{h_s}{V}\left[\dfrac{2D_0}{1 - \left(\dfrac{V}{V_s}\right)^2} - \dfrac{\dot{C}_{D0}}{C_{D0}} V\right]$	$\dfrac{g}{D_0}\left[1 - \left(\dfrac{V}{V_s}\right)^2\right] - \dfrac{4h_s D_0}{V^2\left[1 - \left(\dfrac{V}{V_s}\right)^2\right]}$ $-\dfrac{h_s \dot{C}_{D0}}{C_{D0} D_0}\left(\dfrac{\dot{C}_{D0}}{C_{D0}} - \dfrac{D_0}{V}\right) + \dfrac{h_s \ddot{C}_{D0}}{C_{D0} D_0}$
常阻力加速度段	$-\dfrac{h_s}{V}\left(2D_0 - \dfrac{\dot{C}_{D0}}{C_{D0}} V\right)$	$\dfrac{g}{D_0}\left[1 - \left(\dfrac{V}{V_s}\right)^2\right] - \dfrac{4h_s D_0}{V^2}$ $-\dfrac{h_s \dot{C}_{D0}}{C_{D0} D_0}\left(\dfrac{\dot{C}_{D0}}{C_{D0}} - \dfrac{D_0}{V}\right) + \dfrac{h_s \ddot{C}_{D0}}{C_{D0} D_0}$

飞行阶段	高度变化率 $\dot{h}_0$	标准升阻比 $(L_V/D)_0$
过渡段	$-h_s\left(\dfrac{2D_0V-C_5V^3}{V^2+2h_sg}-\dfrac{\dot{C}_{D0}V}{C_{D0}}\right)$	$\dfrac{g}{D_0}\left[1-\left(\dfrac{V}{V_s}\right)^2\right]+\dfrac{\dot{h}_0}{V}+\dfrac{g\dot{h}_0^2}{D_0V^2}$ $+\dfrac{2V\dot{h}_0+\dfrac{2\dot{h}_0^2g}{D_0}-h_sC_5V^2+2D_0h_s}{V^2+2g\cdot h_s}$ $+\dfrac{\dfrac{2}{V}-\dfrac{3C_5V}{D_0}}{V^2+2g\cdot h_s}g\dot{h}_0h_s$ $-\dfrac{h_s\dot{C}_{D0}}{C_{D0}D_0}\left(\dfrac{\dot{C}_{D0}}{C_{D0}}-\dfrac{D_0}{V}\right)+\dfrac{h_s\ddot{C}_{D0}}{C_{D0}D_0}$

附录 E：雅可比矩阵

雅可比矩阵 $\boldsymbol{F}$ 的计算公式为(矩阵中未列出项均为 0)

$$F_{1,4}=1$$

$$F_{2,5}=1$$

$$F_{3,6}=1$$

$$F_{4,1}=-\frac{\mu}{r^3}+\frac{3\mu x^2}{r^5}+\omega_e^2-\frac{x\beta}{r}g_0N_x$$

$$F_{4,2}=\frac{3\mu xy}{r^5}-\frac{y\beta}{r}g_0N_x$$

$$F_{4,3}=\frac{3\mu x(z+R_0)}{r^5}-\frac{(z+R_0)\beta}{r}g_0N_x$$

$$F_{4,4}=2\frac{g_0N_xV_x}{V^2}$$

$$F_{4,5}=2\omega_e\sin B+2\frac{g_0N_xV_y}{V^2}$$

$$F_{4,6}=-2\omega_e\cos B+2\frac{g_0N_xV_z}{V^2}$$

$$F_{4,7}=g_0$$

$$F_{5,1}=\frac{3\mu xy}{r^5}-\frac{x\beta}{r}g_0N_y$$

$$F_{5,2}=-\frac{\mu}{r^3}+\frac{3\mu y^2}{r^5}+\omega_e^2\sin^2 B-\frac{y\beta}{r}g_0N_y$$

$$F_{5,3} = \frac{3\mu y(z+R_0)}{r^5} - \omega_e^2 \sin B \cos B - \frac{(z+R_0)\beta}{r} g_0 N_y$$

$$F_{5,4} = -2\omega_e \sin B + 2\frac{g_0 N_y V_x}{V^2}$$

$$F_{5,5} = 2\frac{g_0 N_y V_y}{V^2}$$

$$F_{5,6} = 2\frac{g_0 N_y V_z}{V^2}$$

$$F_{5,8} = g_0$$

$$F_{6,1} = \frac{3\mu x(z+R_0)}{r^5} - \frac{x\beta}{r} g_0 N_z$$

$$F_{6,2} = \frac{3\mu y(z+R_0)}{r^5} - \omega_e^2 \sin B \cos B - \frac{y\beta}{r} g_0 N_z$$

$$F_{6,3} = -\frac{\mu}{r^3} + \frac{3\mu(z+R_0)^2}{r^5} + \omega_e^2 \cos^2 B - \frac{(z+R_0)\beta}{r} g_0 N_z$$

$$F_{6,4} = 2\omega_e \cos B + 2\frac{g_0 N_z V_x}{V^2}$$

$$F_{6,5} = 2\frac{g_0 N_z V_y}{V^2}$$

$$F_{6,6} = 2\frac{g_0 N_z V_z}{V^2}$$

$$F_{6,9} = g_0$$

$$F_{7,1} = -\frac{x\beta}{r} N_x$$

$$F_{7,2} = -\frac{y\beta}{r} N_x$$

$$F_{7,3} = -\frac{(z+R_0)\beta}{r} N_x$$

$$F_{7,4} = 2\frac{N_x V_x}{V^2}$$

$$F_{7,5} = 2\frac{N_x V_y}{V^2}$$

$$F_{7,6} = 2\frac{N_x V_z}{V^2}$$

$$F_{8,1} = -\frac{x\beta}{r} N_y$$

$$F_{8,2} = -\frac{y\beta}{r}N_y$$

$$F_{8,3} = -\frac{(z+R_0)\beta}{r}N_y$$

$$F_{8,4} = 2\frac{N_yV_x}{V^2}$$

$$F_{8,5} = 2\frac{N_yV_y}{V^2}$$

$$F_{8,6} = 2\frac{N_yV_z}{V^2}$$

$$F_{9,1} = -\frac{x\beta}{r}N_z$$

$$F_{9,2} = -\frac{y\beta}{r}N_z$$

$$F_{9,3} = -\frac{(z+R_0)\beta}{r}N_z$$

$$F_{9,4} = 2\frac{N_zV_x}{V^2}$$

$$F_{9,5} = 2\frac{N_zV_y}{V^2}$$

$$F_{9,6} = 2\frac{N_zV_z}{V^2}$$